Kopfrechentraining

71

71 + 25 = 96
96 : 4 = 24
24 + 56 = 80
80 – 49 = 31
31 · 2 = 62
62 – 36 = 26
26 · 3 = 78
78 : 6 = 13

1

56
: 7
· 4
+ 17
: 7
· 8
– 16
: 5
· 8

2

: 2
: 7
· 9
· 2
: 8
· 3

3

: 7
: 2
: 7
· 20
: 2
: 5
· 7
: 8

4

36
+ 9
: 5
· 9
– 18
: 9
· 6
– 7
: 5

5

4
· 8
+ 16
: 8
· 6
: 4
· 3
+ 27
: 6

6

27
· 2
– 27
: 9
· 13
+ 27
+ 11
: 7
+ 13

7

54
: 9
· 3
: 9
· 8
: 2
· 9
: 8
· 7

8

72
: 8
+ 25
· 2
+ 13
: 9
+ 45
: 6
· 12

9

88
: 11
· 9
: 2
: 4
· 7
– 9
: 6
· 3

10

98
: 2
+ 7
: 8
· 9
+ 9
: 9
· 3
+ 18

11

42
: 7
· 8
: 6
· 5
– 8
: 4
· 3
· 2

12

56
: 2
: 4
· 6
: 7
· 8
+ 6
: 9
· 7

13

26
+ 46
: 9
· 6
: 8
· 7
– 6
: 4
· 11

Mathematik 6

Mecklenburg-Vorpommern

Autoren:

Bernd Liebau
Uwe Scheele
Wilhelm Wilke

westermann

Zeichenerklärung:

Seite mit grauem Streifen	Einführung in ein neues Thema und Übungen auf Grundniveau zur Auswahl
Seite mit blauem Streifen	Übungen auf gehobenem Niveau und Zusatzstoffe
Seite mit rotem Streifen	Übungen auf hohem Niveau und Zusatzstoffe

6 Aufgaben mit Prüfzahlen zur Selbstkontrolle.

Aufgaben zum Tüfteln

Anregung zum projektorientierten Arbeiten

Grundwissen

Suche in geeigneten Medien
(z. B. Lexikon, Atlas, Internet, ...)

Druck A[5] / Jahr 2018
Alle Drucke der Serie A sind inhaltlich unverändert.

Lektorat: Gerhard Strümpler
Typografie, Umschlaggestaltung und Layout: Andrea Heissenberg
Herstellung: Reinhard Hörner
Satz: O & S Satz GmbH, Hildesheim
Repro, Druck und Bindung: westermann druck GmbH, Braunschweig

ISBN 978-3-14-**121806**-0

1 Teilbarkeit

2 Gebrochene Zahlen

Mengen

$\mathbb{N} = \{0, 1, 2, 3, \ldots\}$	Menge der natürlichen Zahlen
$M = \{4, 5, 6, 7\}$	Menge aus den Elementen 4, 5, 6 und 7 in aufzählender Form
T_a	Menge der Teiler von a
V_a	Menge der Vielfachen von a

Beziehungen zwischen Zahlen

$a = b$	a gleich b	$a > b$	a größer als b
$a \neq b$	a ungleich b	$a < b$	a kleiner als b
$a \mid b$	a ist Teiler von b		

Verknüpfungen von Zahlen

$a + b$	Summe	$a \cdot b$	Produkt
$a - b$	Differenz	$a : b$	Quotient

Rechengesetze

Kommutativgesetz

$a + b = b + a$ $\quad$ $a \cdot b = b \cdot a$

$3 + 7 = 7 + 3$ $\quad$ $3 \cdot 7 = 7 \cdot 3$

Assoziativgesetz

$a + (b + c) = (a + b) + c$ $\quad$ $a \cdot (b \cdot c) = (a \cdot b) \cdot c$

$3 + (7 + 5) = (3 + 7) + 5$ $\quad$ $3 \cdot (7 \cdot 5) = (3 \cdot 7) \cdot 5$

Distributivgesetz

$a \cdot (b + c) = a \cdot b + a \cdot c$ $\quad$ $a \cdot (b - c) = a \cdot b - a \cdot c$

$6 \cdot (8 + 5) = 6 \cdot 8 + 6 \cdot 5$ $\quad$ $6 \cdot (8 - 5) = 6 \cdot 8 - 6 \cdot 5$

Geometrie

A, B, C, …	Punkte
$\overline{AB}$	Strecke mit den Endpunkten A und B
AB	Verbindungsgerade durch die Punkte A und B
g, h, k, …	Geraden
$g \parallel h$	g ist parallel zu h
$g \perp k$	g ist senkrecht zu k
$P\,(3 \mid 4)$	Punkt im Koordinatensystem mit den Koordinaten 3 (x-Wert) und 4 (y-Wert)
$\alpha, \beta, \gamma, \delta, \varepsilon$; $\sphericalangle\,(a, b)$; $\sphericalangle\,ASB$	Winkel

1 Man erzählt sich die schöne, aber fast unglaubliche Geschichte von einem Herrscher, der ein Gefängnis mit 100 Zellen und 100 Wärtern hatte. Jährlich zu seinem Geburtstag entließ der Herrscher einen Teil der Gefangenen nach folgender Methode:
Die Wärter gingen von Tür zu Tür und machten Kreuze. Der erste machte an jeder Tür ein Kreuz, der zweite an jeder zweiten, beginnend bei der zweiten Tür, der dritte an jeder dritten Tür usw. Anschließend ließ er alle Gefangenen frei, an deren Tür genau zwei Kreuze waren.

Beantwortet zunächst die Fragen der Schülergruppe.

Formuliert ähnliche Fragen und stellt sie eurem Partner oder eurer Partnerin.

Beantwortet die Fragen eures Partners oder eurer Partnerin.

Findet ein einfaches Verfahren zum Ermitteln der Türen mit nur zwei Kreuzen.

1 Bei einem Staffelwettbewerb sollen 72 Schülerinnen und Schüler in gleich große Riegen eingeteilt werden. Jede Riege soll mehr als 5 und weniger als 20 Schülerinnen und Schüler stark sein. Welche Möglichkeiten gibt es?

2 a) Anna hält sich mit ihrer Klasse in der Jugendherberge Burg/Spreewald auf. Für eine Paddeltour sollen die 24 Schülerinnen und Schüler in gleich große Gruppen aufgeteilt werden. Welche gleich großen Gruppen lassen sich bilden?
b) In der Parallelklasse befinden sich 27 Schülerinnen und Schüler. Welche Aufteilung ist dort möglich?

Vielfaches
Teiler

$54 : 6 = 9$
54 ist durch 6 teilbar.
6 ist **Teiler** von 54.
Man schreibt: $6 \mid 54$

ist Teiler von
6 → 54
54 → 6
ist Vielfaches von

$54 = 6 \cdot 9$
54 ist ein **Vielfaches** von 6

45 ist nicht durch 8 teilbar. Beim Teilen bleibt ein Rest.
8 ist **nicht Teiler** von 45.
Man schreibt: $8 \nmid 45$
45 ist **nicht Vielfaches** von 8.

3 Welche Zahlen zwischen 10 und 70 sind Vielfache
a) von 11 b) von 20 c) von 5 d) von 4 e) von 49 f) von 84?

4 a) Sebastian hat alle neun Teiler von 36 gefunden. Welche sind es?
b) Findest du zehn Teiler von 48?

5 Schreibe zu den ersten drei Vielfachen einer Zahl die nächsten vier Vielfachen auf.
a) 8, 16, 24, … b) 13, 26, 39, … c) 16, 32, 48, … d) 24, 48, 72, …

6 Notiere die Buchstaben, bei denen du das Zeichen „$\nmid$" für den Platzhalter eingesetzt hast. Sie ergeben ein Lösungswort.

a)			b)			c)			d)			e)		
4 ■ 12	A		2 ■ 87	R		12 ■ 36	T		30 ■ 120	N		12 ■ 48	D	
19 ■ 19	E		26 ■ 13	E		11 ■ 11	S		48 ■ 6	T		144 ■ 72	R	
8 ■ 56	K		6 ■ 24	O		44 ■ 11	I		32 ■ 4	E		36 ■ 72	N	

1 Tim hat alle Teiler von 36 gefunden und aufgeschrieben. Bestimme jeweils alle Teiler der Zahlen 12, 15, 16 und 25.

2 Wie heißen die ersten zehn Vielfachen der Zahl 9 (13; 25 und 60)?

Teilermenge

Vielfachenmenge

Alle Teiler einer Zahl können in der **Teilermenge** zusammengefasst werden.
$T_{20} = \{1, 2, 4, 5, 10, 20\}$

Alle Vielfachen einer Zahl können in der **Vielfachenmenge** zusammengefasst werden.
$V_8 = \{8, 16, 24, 32, \ldots\}$

Jede Vielfachenmenge hat unendlich viele Elemente.

3 Bilde folgende Teilermengen.

a) T_{18} b) T_{24} c) T_{28} d) T_{32} e) T_{40} f) T_{42} g) T_{45} h) T_{50} i) T_{70}

4 Einige Teilermengen sind falsch angegeben. Suche sie heraus und schreibe sie richtig in dein Heft.

a) $T_{24} = \{1, 2, 3, 6, 8, 12, 24\}$
$T_{36} = \{1, 2, 3, 4, 9, 12, 18, 36\}$
$T_{50} = \{1, 2, 5, 10, 25\}$

b) $T_{30} = \{2, 3, 5, 6, 10, 30\}$
$T_{42} = \{1, 2, 3, 6, 7, 14, 21, 42\}$
$T_{48} = \{1, 2, 3, 4, 6, 8, 12, 16, 24, 48\}$

5 Welche Zahlen fehlen hier? Schreibe die vollständige Teilermenge in dein Heft.

a) $T_{■} = \{1, ■, 25\}$
$T_{■} = \{1, 3, ■\}$

b) $T_{■} = \{1, 2, 3, 4, ■, 12\}$
$T_{■} = \{1, 2, 3, ■\}$

c) $T_{■} = \{■, 17\}$
$T_{■} = \{■, 5, 11, ■\}$

6 Wo ist die Menge aller Vielfachen richtig angegeben?

a) $V_{12} = \{12, 24, 36, 48, 60, \ldots\}$
b) $V_{31} = \{31, 62, 63, 94, \ldots\}$
c) $V_{20} = \{40, 60, 80, 100, 120, \ldots\}$
d) $V_{11} = \{11, 22, 33, 44, 55\}$

7 Schreibe die Vielfachenmenge auf. Gib die ersten sechs Elemente an.

a) V_7 b) V_{11} c) V_{15} d) V_{21} e) V_{25} f) V_{30} g) V_{110}

8 Alle Teiler einer Zahl sind hier versteckt. Wie heißt die Zahl? Du erhältst ein Lösungswort.

a) 1 K | 28 E | 24 T | 6 M | 2 L | 30 U | 4 A | 12 R | 7 S | 14 S

b) 4 E | 10 I | 40 S | 50 U | 2 H | 6 T | 1 C | 30 K | 5 M | 20 E

1 An der Straßenfront des Kindergartens sollen in gleichmäßigen Abständen Sträucher eingepflanzt werden. Welche Abstände sind dabei möglich? Nenne nur ganze Meterzahlen.

gemeinsame Teiler
ggT

$T_{12} = \{\underline{1}, \underline{2}, 3, \underline{4}, 6, 12\}$
$T_{16} = \{\underline{1}, \underline{2}, \underline{4}, 8, 16\}$

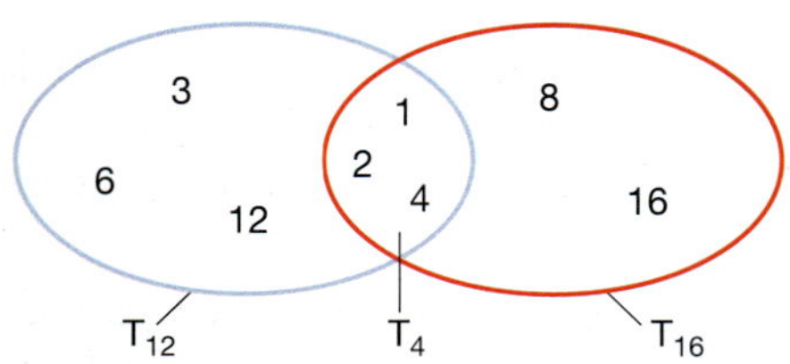

Beide Mengen haben gemeinsame Elemente: 1; 2; 4

Der **größte gemeinsame Teiler** von 12 und 16 ist 4.

Man schreibt: ggT (12; 16) = 4

2 Schreibe jeweils die Teilermengen auf und unterstreiche die gemeinsamen Teiler. Bestimme anschließend den größten gemeinsamen Teiler.
a) 15 und 25 b) 30 und 24 c) 25 und 10 d) 30 und 40 e) 24 und 16

3 Bestimme im Kopf den ggT von:

a) 10 und 50	b) 12 und 28	c) 24 und 32	d) 14 und 28	e) 10, 25 und 35
60 und 20	11 und 17	35 und 21	32 und 16	12, 18 und 21

4 Ersetze den Platzhalter.

a) ggT (18; 20) = ■	b) ggT (17; 21) = ■	c) ggT (32; 48) = ■	d) ggT (16; 20) = ■
ggT (45; 60) = ■	ggT (8; 42) = ■	ggT (9; 35) = ■	ggT (36; 48) = ■

L 1; 1; 2; 2; 4; 12; 15; 16

5 Bestimme den ggT von:

a) 16, 20 und 24	b) 36, 54 und 18	c) 12, 15 und 21	d) 15, 18 und 42
24, 36 und 60	42, 56 und 63	36, 54 und 90	14, 35 und 70

L 18; 7; 4; 18; 12; 3; 3; 7

6 Der ggT ist angegeben. Finde passende Zahlen.

a) ggT (12; ■) = 4	b) ggT (6; ■) = 3	c) ggT (■; 24) = 12	d) ggT (■; 45) = 15
ggT (28; ■) = 7	ggT (25; ■) = 5	ggT (■; 16) = 8	ggT (■; 14) = 14

1 Am Hauptbahnhof fahren um 8 Uhr eine U-Bahn und eine Straßenbahn ab. Die Straßenbahnen verkehren im Abstand von 9 Minuten, die U-Bahnen alle 6 Minuten.
Zu welchen Zeiten fahren Straßenbahnen und U-Bahnen bis 12 Uhr wiederum gleichzeitig ab?

gemeinsame Vielfache kgV

$V_4 = \{4, 8, \underline{12}, 16, 20, \underline{24}, 28, 32, \underline{36}, \dots\}$

$V_6 = \{6, \underline{12}, 18, \underline{24}, 30, \underline{36}, 42, \dots\}$

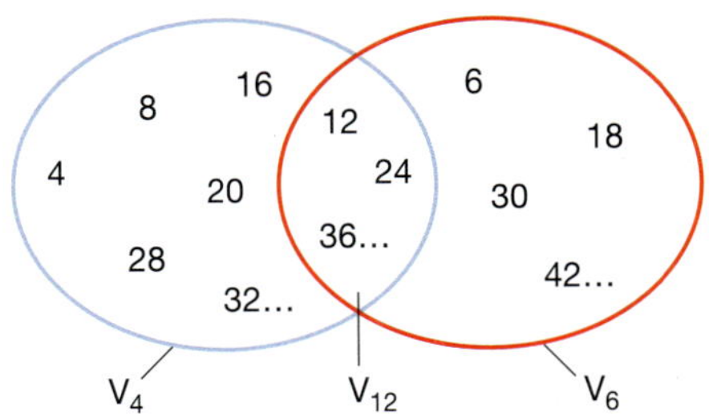

Die **gemeinsamen Vielfachen** von 4 und 6 sind die Zahlen 12, 24, 36, …

Das **kleinste gemeinsame Vielfache (kgV)** von 4 und 6 ist 12.

Man schreibt: kgV (4; 6) = 12

2 Schreibe die Vielfachenmengen auf und unterstreiche die gemeinsamen Vielfachen. Bestimme anschließend das kleinste gemeinsame Vielfache.

a) 6 und 8	b) 20 und 30	c) 15 und 20	d) 8 und 12	e) 16 und 24
10 und 15	6 und 9	4 und 12	13 und 26	3 und 15

3 Bestimme das kleinste gemeinsame Vielfache (kgV).

a) 30 und 5	b) 7 und 8	c) 16 und 24	d) 15, 12, und 6	e) 12, 20 und 30
20 und 25	5 und 9	12 und 30	14, 35 und 7	4, 9 und 12

4 Bestimme im Kopf das kgV.

a) 2 und 5	b) 11 und 4	c) 10 und 12	d) 33 und 22	e) 4,6 und 8
6 und 8	9 und 6	15 und 20	40 und 60	8, 12 und 24
8 und 9	25 und 20	111 und 777	2 und 125	3,4 und 6

1 a) Schreibe die jeweils ersten fünf Vielfachen von 12 und 15 auf. Übertrage die Zeichnung in dein Heft und trage diese Vielfachen von 12 und 15 richtig ein.
b) Gib das kgV von 12 und 15 an.

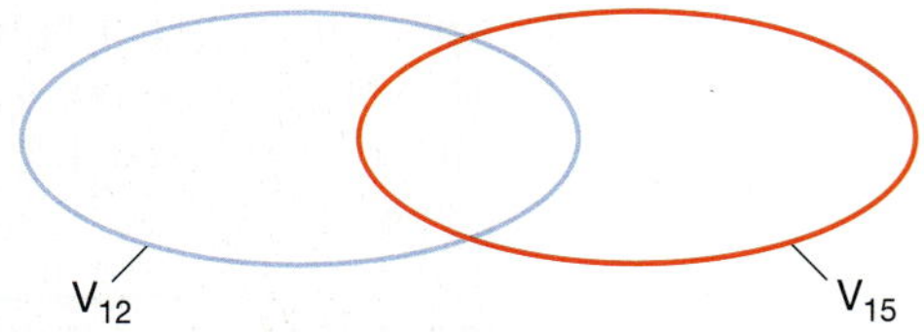

2 Übertrage die Zeichnung vergrößert in dein Heft. Setze jeweils die ersten sechs Vielfachen ein. Wie heißt das kgV?

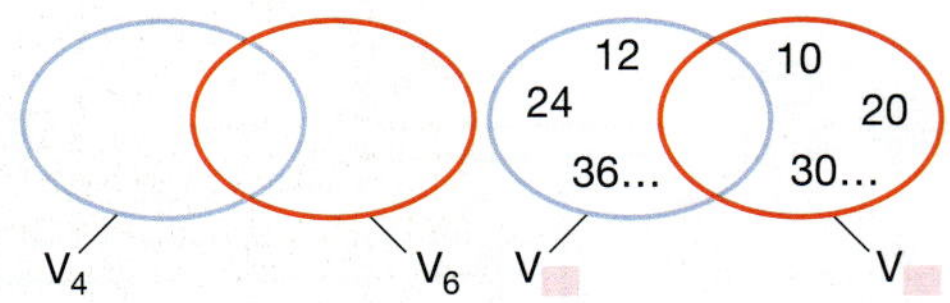

3 Vervollständige die Tabellen im Heft.

a)

	2; 4	7; 9	8; 12	18; 27	11; 13	17; 51	3; 44
kgV							
ggT							

b)

	14; 35	24; 36	20; 25	53; 100	30; 45
ggT					
kgV					

4 a) Das kleinste gemeinsame Vielfache zweier Zahlen ist 24. Gib drei Möglichkeiten an, wie die beiden Zahlen heißen können.
b) Schreibe je drei Zahlenpaare auf, wenn das kgV 30 (45, 63, 75) heißt.

5 Zwei Kinder wollen gleich hohe Türme aus Holzwürfeln bauen. Das erste Kind nimmt nur Würfel mit 8 cm Kantenlänge, das andere nur Würfel mit 10 cm Kantenlänge.
a) Wann sind beide Türme das erste Mal gleich hoch?
b) Wie viele Würfel hat jeder dabei aufgestapelt?

6 Zwei Läufer trainieren gleichzeitig auf der 400 m-Bahn eines Stadions. Der erste braucht für eine Runde zwei Minuten, der zweite 90 Sekunden.
Nach wie vielen Minuten überrundet der zweite den ersten Läufer?

7 Beim Schwimmtraining im 25 m-Becken braucht Birgit für eine Bahn 30 s, Kerstin 25 s.
Nach wie vielen Bahnen schlagen beide gleichzeitig am Beckenrand an?

8

Eine Treppe hat 50 Stufen. Philipp nimmt beim Treppensteigen bei jedem Schritt zwei Stufen auf einmal, sein größerer Bruder Dirk drei Stufen. Auf welchen Stufen treten sie jeweils gemeinsam auf?

1

a) Welche der abgebildeten Zahlen sind durch 2 teilbar?
b) Woran erkennst du, ob eine Zahl durch 2 teilbar ist?
c) Welche der abgebildeten Zahlen sind durch 5 teilbar?
d) Woran erkennst du die Teilbarkeit durch 5?

2 a) Welche der folgenden Zahlen sind durch 10 teilbar?
7433 2800 33 384 625 72 100 80 005 5000 7720
6950 217 31 000 3611 180 901 010 8727
b) Welche der Zahlen lassen sich durch 100, durch 1000 teilen?
c) Woran erkennst du die Teilbarkeit durch 10, 100, 1000, …?

Eine Zahl ist **durch 10 teilbar,** wenn ihre letzte Ziffer eine **0** ist.
Eine Zahl ist **durch 5 teilbar,** wenn ihre letzte Ziffer eine **0** oder **5** ist.
Eine Zahl ist durch **2 teilbar,** wenn ihre letzte Ziffer eine **0, 2, 4, 6** oder **8** ist.

3 a) Suche aus der Tabelle die Zahlen heraus, die durch 2 teilbar sind.
b) Finde die Zahlen, die durch 5 teilbar sind.
Bei richtiger Lösung erhältst du die Namen von zwei großen europäischen Städten.

G	B	K	I	E	L	R	A	S	N	F	T
246	375	803	777	420	801	1115	3003	7009	3000	9066	5007

4 Setze $\mid$ oder $\nmid$ ein. Notiere die Buchstaben, bei denen du das Zeichen $\nmid$ für den Platzhalter eingesetzt hast. Sie ergeben ein Lösungswort.

a)			b)			c)			d)		
2 ▢ 443	E		5 ▢ 6060	B		5 ▢ 5642	R		2 ▢ 8170	N	
5 ▢ 335	A		2 ▢ 4248	K		2 ▢ 4050	S		5 ▢ 22 022	P	
10 ▢ 8400	O		10 ▢ 5005	U		10 ▢ 8001	O		10 ▢ 33 005	A	

5 Schreibe alle Zahlen zwischen 31 und 41 auf, die teilbar sind
a) durch 2, aber nicht durch 5
b) durch 5, aber nicht durch 2
c) durch 2 und durch 5
d) weder durch 2 noch durch 5.

6 a) Finde für jede der folgenden Zahlen die nächstkleinere Zahl, die durch 5 teilbar ist:
423 7077 1024 4018 9079 1000 2225 10 800
b) Gib zu jeder Zahl die nächstgrößere an, die durch 2 teilbar ist.

1 a) Erkan zerlegt die Zahlen 5112, 436 und 7424 und stellt fest, dass sie durch 4 teilbar sind.
Kannst du das begründen?

5112 = 5100 + 12
436 = 400 + 36
7424 = 7400 + 24

b) Welche der folgenden Zahlen sind durch 4 teilbar?
136, 216, 325, 540, 608, 729, 5811, 1122, 3304, 9908

2 Schreibe die Vielfachen von 25 bis 500 auf. Welche Regelmäßigkeit erkennst du?

> Eine Zahl ist **durch 4 teilbar,** wenn die beiden letzten Ziffern Nullen sind oder eine durch 4 teilbare Zahl bilden.
>
> Eine Zahl ist **durch 25 teilbar,** wenn die beiden letzten Ziffern 25, 50, 75 oder 00 lauten.

3 Setze | oder ∤ ein.

4 ▢ 504 D	25 ▢ 2000 U	4 ▢ 522 T	25 ▢ 3460 O
4 ▢ 886 A	25 ▢ 375 N	25 ▢ 800 H	4 ▢ 5008 A
4 ▢ 3002 R	25 ▢ 1250 H	4 ▢ 3012 S	25 ▢ 5550 E

Wenn du die Buchstaben der „|"Lösungen richtig zusammensetzt, erhältst du die Namen von zwei Säugetieren.

4 a) Welche Zahlen sind durch 4 teilbar?
b) Welche Zahlen sind durch 25 teilbar?

312	446	774	875	900	558	364	835	1300	3725	1950	4936
W	E	O	M	I	T	L	R	N	S	K	A

Bei richtiger Lösung erhältst du die Namen von zwei europäischen Städten.

5 Suche für jede der folgenden Zahlen die nächstkleinere Zahl, die durch 4 teilbar ist.
a) 47, 55, 70, 85, 99, 149, 200
b) 641, 660, 719, 827, 800, 912, 1000

6 Schreibe alle Zahlen von 1 bis 50 in dein Heft. Streiche alle Zahlen durch, die durch 2 oder durch 4, 5, 10 oder 25 teilbar sind. Welche zwanzig Zahlen bleiben übrig?

7 Schreibe fünf Zahlen auf, die man aus 238 durch Vertauschen der Ziffern bilden kann. Zwei dieser Zahlen sind durch 4 teilbar. Nenne sie.

8 Welche der Zahlen sind durch 2, aber nicht durch 4 teilbar?

S	T	A	H	E	O	U	M	N	S	E
36	226	100	142	714	1204	5000	3334	6775	9010	7390

Bei richtiger Lösung erhältst du den Namen eines großen europäischen Flusses.

Vier radeln um die Wette
Anna fährt langsamer als Steffi und Markus, Steffi fährt langsamer als Markus, aber nicht so langsam wie Boris. Wer fährt am schnellsten?

1

Hat das Mädchen Recht? Überprüfe durch eine schriftliche Division.

2 So kannst du feststellen, ob die Zahlen 387 und 4215 durch 9 teilbar sind:

1.	Bilde die Quersumme.	3 + 8 + 7 = [18]	4 + 2 + 1 + 5 = [12]
2.	Überprüfe, ob die Quersumme ohne Rest durch 9 teilbar ist.	[18] : 9 = 2	[12] : 9 = 1 + 3 : 9
3.	Schreibe das Ergebnis auf.	387 **ist** teilbar	4215 **ist nicht** teilbar durch 9 durch 9.

Mache die Probe, indem du die Beispielzahlen 387 und 4215 jeweils durch 9 teilst.

3 Prüfe an einigen Zahlen, ob es auch für die Zahl 3 eine Quersummenregel gibt.

> Eine Zahl ist **durch 9 teilbar,** wenn ihre Quersumme durch 9 teilbar ist.
> Eine Zahl ist **durch 3 teilbar,** wenn ihre Quersumme durch 3 teilbar ist.

4 Welche Zahlen sind durch 3 teilbar? Sind diese auch durch 9 teilbar?
a) 123 828 457 5679 2637 6193
b) 8955 16 729 45297 94 995 87 413

5 Sarah hat fünf Fehler gemacht. Suche sie heraus und schreibe die Aussagen richtig in dein Heft. Die Kennbuchstaben ergeben, richtig zusammengesetzt, ein Lösungswort.

a)		b)		c)		d)	
$3 \mid 555$	B	$9 \nmid 8808$	U	$3 \mid 2202$	K	$9 \mid 63\,981$	M
$3 \nmid 596$	L	$9 \mid 5436$	I	$9 \nmid 5409$	E	$3 \mid 77\,765$	S
$3 \mid 787$	N	$9 \nmid 1809$	A	$3 \mid 1004$	R	$9 \nmid 72\,802$	T

6 Welche Zahlen sind durch 3 **und** durch 9 teilbar?
a) 7569 3213 3675 22 713
b) 45 957 920 526 672 678 888 192
c) 4653 11 502 16 296 124 581
d) 45 954 111 105 370 368 740 757

1 a) Welche Zahl liegt zwischen 100 und 110, die durch 9 teilbar ist?
b) Welche Zahl liegt zwischen 110 und 120, die durch 2 und durch 3 teilbar ist?
c) Welches ist die kleinste vierstellige Zahl, die durch 3 teilbar ist?

2 Ergänze mit einer Ziffer, sodass wahre Aussagen entstehen.

a) 2 ∣ 167■	b) 5 ∣ 538■	c) 5 ∣ 143■	d) 3 ∣ 222■	e) 6 ∣ 1374■
3 ∣ 4■72	6 ∣ 835■	9 ∣ 12■4	2 ∣ 317■	9 ∣ 7■342

3 Für den Klassenausflug zum Vogelpark Walsrode haben alle Schülerinnen und Schüler der Klasse 6c 9 € eingezahlt. Lars und Andreas zählen 242 €. Deniz meint, hier stimmt etwas nicht.

4 Nenne zwei Zahlen unter 100, die die Quersumme 9 haben und durch 5 teilbar sind.

5 a) Lege eine Tabelle an. Überprüfe folgende Zahlen auf ihre Teilbarkeit durch 2, 3 und 6:
42, 54, 72, 96, 84, 420, 312
b) Stelle eine Teilbarkeitsregel für die Zahl 6 auf.

Zahl	teilbar durch 2	teilbar durch 3	teilbar durch 6
42	×	×	×
54	■	■	■
72	■	■	■

c) Welche Zahlen sind durch 6 teilbar?
428 378 291 684 2781 6004 47 340 126 834 5003 62 840

6 Finde alle Teiler der sieben Zahlen. Die Buchstaben, die sich unter den Teilern befinden, ergeben, zeilenweise gelesen, ein Sprichwort.

Die Zahl hat den/die Teiler	2	3	4	5	6	9	10	25
59 049	A	U	O	I	S	E	N	B
31 271	L	K	A	U	E	O	R	T
46 656	B	U	N	D	G	M	U	N
15 625	S	T	E	A	R	N	O	C
32 768	H	E	T	I	A	S	S	E
406 875	B	D	N	E	R	A	U	N
60 000	M	E	I	S	T	M	E	R

7 Übertrage das Quadrat in dein Heft. Trage alle sechzehn Zahlen so ein, dass benachbarte Zahlen stets Teiler beziehungsweise Vielfache voneinander sind. (Nachbarn liegen unmittelbar neben, unter oder über einer Zahl.)

32			**10**
		40	
	48		
12			**3**

1 Katja, Nina und Daniel spielen in einer Freistunde das Teiler-Würfelspiel. Jeder würfelt mit zwei Würfeln und bildet aus den Augenzahlen eine zweistellige Zahl. Einen Gewinnpunkt erhält, wer die zweistellige Zahl mit der geringsten Anzahl von Teilern gebildet hat.

a) Wer bekommt den Gewinnpunkt? Begründe.

b) Probiert dieses Spiel selbst einmal aus.

2 Bestimme jeweils alle Teiler der Zahlen 7, 13, 17, 23, 31. Was fällt dir auf?

3 Welche der folgenden Zahlen haben nur zwei Teiler: 5, 9, 12, 15 und 19?

Primzahl

> Natürliche Zahlen, die genau zwei Teiler haben, nennt man **Primzahlen.** Sie sind nur durch 1 und sich selbst teilbar. **1 ist keine Primzahl.**

4 Der griechische Mathematiker Eratosthenes fand vor über 2200 Jahren ein Verfahren zur Bestimmung von Primzahlen: das **Sieb des Eratosthenes.**

So kannst du mit diesem Verfahren die Primzahlen von 1 bis 100 bestimmen:

~~1~~	(2)	(3)	~~4~~	(5)	~~6~~
7	~~8~~	~~9~~	~~10~~	11	~~12~~
13	~~14~~	~~15~~	~~16~~	17	~~18~~
19	~~20~~	~~21~~			
~~25~~					

Schreibe alle Zahlen von 1 bis 100 auf.
1 ist keine Primzahl und wird deshalb gestrichen.
Kreise die Zahl 2 ein. Streiche alle Vielfachen von 2.
Die Zahl 3 ist die kleinste nicht durchgestrichene Zahl. Kreise sie ein und streiche alle Vielfachen von 3.
Kreise die kleinste nicht durchgestrichene Zahl ein und streiche alle Vielfachen.
Setze das Verfahren fort.

Die eingekreisten Zahlen sind die Primzahlen zwischen 1 und 100.
Wie viele Primzahlen erhältst du? Schreibe sie auf.

5 Suche die Primzahlen heraus. Bei jeder Aufgabe erhältst du ein Lösungswort.

a) 45 R, 39 M, 11 A, 31 U, 51 B, 23 P, 69 G, 19 E, 96 F, 47 S, 93 L

b) 75 C, 83 E, 61 T, 97 A, 57 H, 63 S, 79 F, 81 N, 59 L, 65 B

6 Zeige mithilfe der Teilbarkeitsregeln, dass folgende Zahlen keine Primzahlen sind:
a) 123 267 2675 3339 1115
b) 368 549 7092 8091 5055

7 Suche die einzige Primzahl heraus: 27 831 99 127 729 2871 91

8 a) Resa hat jeweils acht quadratische Plättchen zu einem Rechteck zusammengelegt. Findest du eine weitere Möglichkeit? Begründe deine Antwort.
b) Wie viele verschiedene Rechtecke lassen sich aus 5 oder 11 Plättchen bilden?

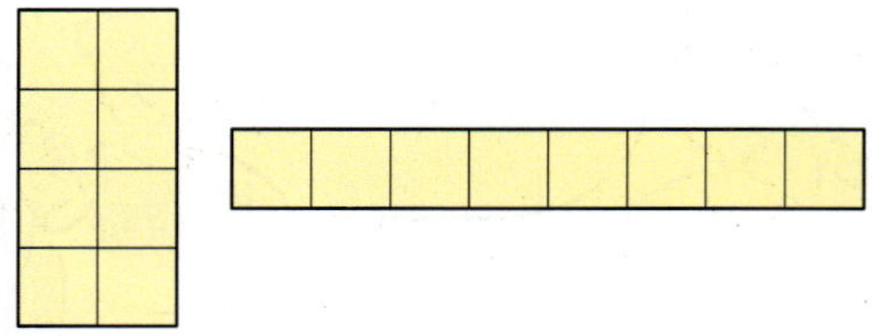

9 Welche Aussagen sind wahr? Begründe deine Antwort mithilfe von Zahlenbeispielen.
a) Es gibt Primzahlen, die unmittelbar aufeinander folgen.
b) Es gibt Primzahlen, zwischen denen nur eine natürliche Zahl steht.
c) Es gibt keine Primzahl, die als letzte Ziffer eine 9 hat.
d) Es gibt eine gerade Primzahl.
e) Nach jedem Vielfachen von 6 folgt immer eine Primzahl.
f) Zwischen 1 und 40 gibt es vier Vielfache von 6, die zwischen zwei Primzahlen stehen.

10 Wie lang können die Seiten a, b und c des Dreiecks sein, wenn der Zahlenwert des Umfangs eine Primzahl sein soll? Gib zwei verschiedene Lösungen an.

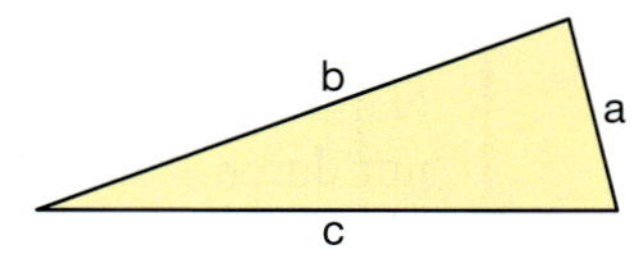

11 Die Seiten des Vierecks a, b, c und d sind verschieden lang. Der Zahlenwert des Umfangs soll eine Primzahl sein. Suche eine Lösung.

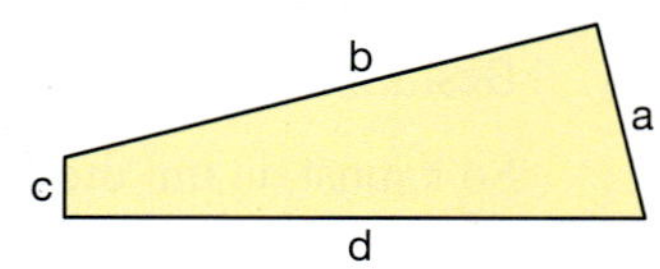

12 Bei einem Rechteck sind die Zahlenwerte von Länge und Breite natürliche Zahlen. Kann der Flächeninhalt eine Primzahl sein?

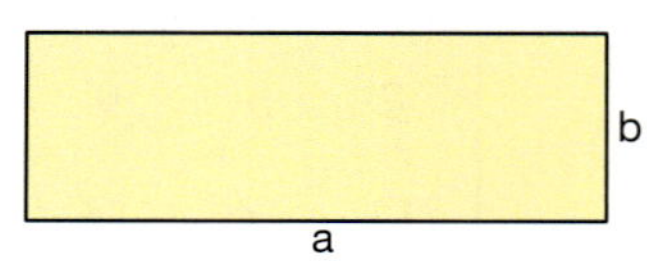

13 Beispiele für Primzahlzwillinge
3 und 5
29 und 31
Schreibe alle Primzahlzwillinge zwischen 1 und 100 auf.
Suche zwei Zwillingspaare, die größer als 100 sind.

Zwei Primzahlen, deren Differenz 2 ist, heißen **Primzahlzwillinge.**
Zwischen 1 und 100 gibt es 8 Zwillingspaare, zwischen 901 und 1000 gar keines, zwischen 1001 und 1100 aber wieder 5 Primzahlzwillinge. Es ist noch nicht bewiesen, dass unter den Primzahlen unendlich viele Zwillinge vorkommen.

Große Primzahlen

Amerikanische Wissenschaftler haben 2006 die bisher größte Primzahl entdeckt. Die Zahl, die nur durch eins und durch sich selbst geteilt werden kann, hat mehr als 9 Millionen Stellen. Auf Rechenkaros hintereinander geschrieben hätte diese Zahl eine Länge von fast 50 Kilometern. Primzahlen werden für die Entwicklung fälschungssicherer Codes genutzt.

Von Computern berechnete Primzahlen

Jahr	Anzahl der Stellen
1951*	39
1970	3376
1971	6002
1983	39751
1992	227832
2006	9808358

* Die Primzahl lautet ausgeschrieben:
170 141 183 460 469 231 731 687 303 515 884 105 727

Alle **Teiler** einer Zahl können in einer **Teilermenge** zusammengefasst werden.

$T_{12} = \{1, 2, 3, 4, 6, 12\}$
$T_{18} = \{1, 2, 3, 6, 9, 18\}$

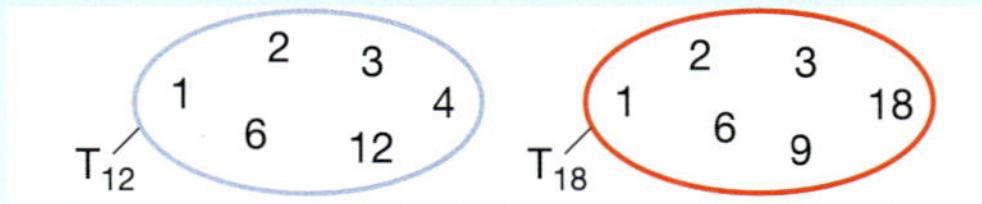

Alle **Vielfachen** einer Zahl können in einer **Vielfachenmenge** zusammengefasst werden.

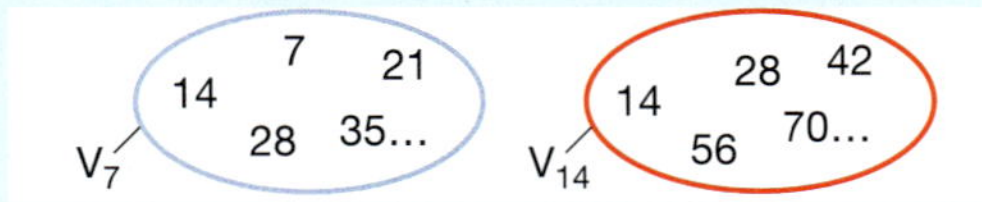

$V_7 = \{7, 14, 21, 28, 35, \ldots\}$
$V_{14} = \{14, 28, 42, 56, 70, \ldots\}$

Jede Vielfachenmenge hat unendlich viele Elemente.

Vergleicht man die Teilermengen zweier oder mehrerer Zahlen, so findet man den **größten gemeinsamen Teiler (ggT).**
$T_{12} = \{1, 2, 3, 4, 6, 12\}$
$T_{18} = \{1, 2, 3, 6, 9\}$
ggT (12, 18) = 6

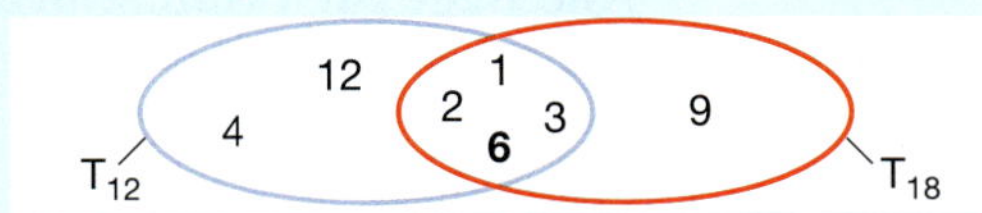

Vergleicht man die Vielfachenmengen zweier oder mehrerer Zahlen, so findet man das **kleinste gemeinsame Vielfache (kgV).**
$V_7 = \{7, 14, 21, 28, 35, \ldots\}$
$V_{14} = \{14, 28, 42, 56, 70, \ldots\}$
kgT (7, 14) = 14

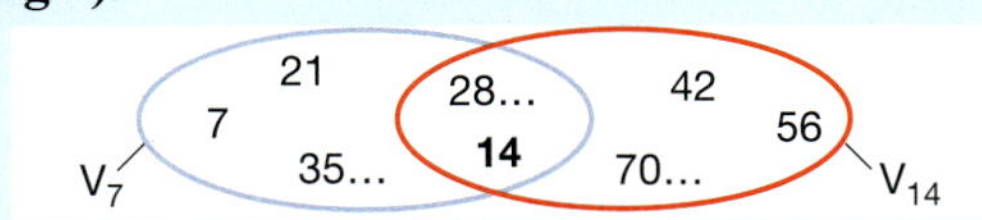

Teilbarkeitsregeln

Eine Zahl ist **durch 2 teilbar,** wenn ihre letzte Ziffer eine 0, 2, 4, 6 oder 8 ist.	110; 232; 314; 466; 708 sind durch 2 teilbar.
Eine Zahl ist **durch 3 teilbar,** wenn ihre Quersumme durch 3 teilbar ist.	4197 ist durch 3 teilbar. Quersumme: $4 + 1 + 9 + 7 = 21$ $3 \mid 21$
Eine Zahl ist **durch 4 teilbar,** wenn die letzten beiden Ziffern Nullen sind oder eine durch 4 teilbare Zahl bilden.	75948 ist durch 4 teilbar, denn $4 \mid 48$
Eine Zahl ist **durch 5 teilbar,** wenn ihre letzte Ziffer eine 0 oder 5 ist.	25; 110; 3785; 5070 sind durch 5 teilbar.
Eine Zahl ist **durch 6 teilbar,** wenn sie durch 2 und durch 3 teilbar ist.	1902 ist durch 6 teilbar, denn $2 \mid 1902$ und $3 \mid 1902$.
Eine Zahl ist **durch 9 teilbar,** wenn ihre Quersumme durch 9 teilbar ist.	4743 ist durch 9 teilbar. Quersumme: $4 + 7 + 4 + 3 = 18$ $9 \mid 18$
Eine Zahl ist **durch 10 teilbar,** wenn ihre letzte Ziffer eine 0 ist.	10; 70; 340; 1370 sind durch 10 teilbar.

Natürliche Zahlen, die genau zwei Teiler haben, nennt man **Primzahlen.** Sie sind nur durch 1 und sich selbst teilbar.
Primzahlen von 1 bis 50: 2, 3, 5, 7, 11, 13, 17, 19, 23, 29, 31, 37, 41, 43, 47

1 Jede natürliche Zahl, die selbst keine Primzahl ist, kann in ein Produkt von Primzahlen zerlegt werden.

$15 = 3 \cdot 5$

$22 = 2 \cdot 11$

$70 = 2 \cdot 5 \cdot 7$

Schreibe als Produkt von Primzahlen.

a) $21 = □ \cdot □$
$26 = □ \cdot □$
$33 = □ \cdot □$
$35 = □ \cdot □$

b) $12 = □ \cdot □ \cdot □$
$20 = □ \cdot □ \cdot □$
$30 = □ \cdot □ \cdot □$
$66 = □ \cdot □ \cdot □$

2 So kannst du große Zahlen in Primfaktoren zerlegen:

$240 = 4 \cdot 60$
$= 2 \cdot 2 \cdot 6 \cdot 10$
$= 2 \cdot 2 \cdot 2 \cdot 3 \cdot 2 \cdot 5$
$= 2 \cdot 2 \cdot 2 \cdot 2 \cdot 3 \cdot 5$

$240 = 8 \cdot 30$
$= 2 \cdot 4 \cdot 5 \cdot 6$
$= 2 \cdot 2 \cdot 2 \cdot 5 \cdot 2 \cdot 3$
$= 2 \cdot 2 \cdot 2 \cdot 2 \cdot 3 \cdot 5$

$240 = 10 \cdot 24$
$= 2 \cdot 5 \cdot 4 \cdot 6$
$= 2 \cdot 5 \cdot 2 \cdot 2 \cdot 2 \cdot 3$
$= 2 \cdot 2 \cdot 2 \cdot 2 \cdot 3 \cdot 5$

Alle Wege zur Primfaktorzerlegung führen zu demselben Ergebnis.
a) Zerlege die Zahl 240 in Primfaktoren indem du mit $240 = 2 \cdot 120$ beginnst.
b) Findest du weitere Wege?

3 Welche Zahl ist hier in Primfaktoren zerlegt worden?

a) $□ = 2 \cdot 2 \cdot 3$
$□ = 2 \cdot 3 \cdot 5 \cdot 7$

b) $□ = 3 \cdot 7 \cdot 11$
$□ = 2 \cdot 3 \cdot 7 \cdot 13$

c) $□ = 3 \cdot 5 \cdot 17$
$□ = 2 \cdot 3 \cdot 7 \cdot 11$

d) $□ = 2 \cdot 5 \cdot 19$
$□ = 23 \cdot 29$

4 Zerlege in Primfaktoren.
a) 24, 32, 80, 120, 136, 176
b) 188, 192, 208, 224, 320, 400

5 Zerlege in Primfaktoren. Wende die Teilbarkeitsregeln an.
a) 21 55 26
18 28 32
b) 40 42 36
66 84 50
c) 99 90 81
75 85 95
d) 68 96 126
80 98 144

6 Manche Zahlen bestehen nur aus gleichen Primfaktoren. $16 = 2 \cdot 2 \cdot 2 \cdot 2$
Bei welchen Zahlen zwischen 1 und 300 besteht die Primfaktorzerlegung nur aus
a) Zweien
b) Dreien
c) Fünfen.

7 Schreibe alle Zahlen bis 120 auf, deren Primfaktoren nur aus den beiden Zahlen
a) 2 und 7
b) 3 und 7
c) 2 und 11 bestehen.

8 Faktoren, die in der Primfaktorzerlegung mehrfach auftreten, kann man mithilfe der Potenzschreibweise zusammenfassen.

$40 = 2 \cdot 2 \cdot 2 \cdot 5 = 2^3 \cdot 5$

$36 = 2 \cdot 2 \cdot 3 \cdot 3 = 2^2 \cdot 3^2$

Welche Zahl hat die folgende Primfaktorzerlegung?
a) $□ = 2^3 \cdot 3^2$
b) $□ = 2^4 \cdot 3^2 \cdot 5$
c) $□ = 2^4 \cdot 3^3$
d) $□ = 3^2 \cdot 11^2$

9 Zerlege in Primfaktoren. Verwende Potenzen.
a) 81 b) 128 c) 250 d) 400 e) 108 f) 2100 g) 1024 h) 1728

1 Den ggT kannst du auch mithilfe von Primfaktoren bestimmen:

1. ggT (30, 36, 54) = ■	2. ggT (18, 54, 90) = ■	3. ggT (12, 25, 75) = ■
$30 = \underline{2} \cdot \underline{3} \cdot 5$	$18 = \underline{2} \cdot \underline{3} \cdot \underline{3}$	$12 = 2 \cdot 2 \cdot 3$
$36 = \underline{2} \cdot 2 \cdot \underline{3} \cdot 3$	$54 = \underline{2} \cdot \underline{3} \cdot \underline{3} \cdot 3$	$25 = 5 \cdot 5$
$54 = \underline{2} \cdot \underline{3} \cdot 3 \cdot 3$	$90 = \underline{2} \cdot \underline{3} \cdot \underline{3} \cdot 5$	$75 = 3 \cdot 5 \cdot 5$
ggT (36; 54; 30) = $2 \cdot 3 = 6$	ggT (18; 54; 90) = $2 \cdot 3 \cdot 3 = 18$	ggT (12; 25; 75) = 1

2 Bestimme durch Zerlegen in Primfaktoren den ggT.

a) 12 und 60; 18 und 21
b) 36 und 48; 56 und 96
c) 60 und 100; 51 und 102
d) 125 und 175; 135 und 375
e) 180 und 420; 90 und 225

L 3, 8, 12, 12, 15, 20, 25, 45, 51, 60

3 Bestimme mithilfe der Primfaktorzerlegung den ggT von:

a) 64 und 88; 96 und 144
b) 84 und 63; 55 und 132
c) 45 und 105; 72 und 126
d) 80, 120 und 200; 16, 80 und 128
e) 63, 45 und 144; 96, 150 und 204

L 6, 21, 8, 9, 11, 15, 16, 40, 48, 18

4 So kannst du das kgV mithilfe von Primfaktoren bestimmen:

1. kgV (30, 36, 54) = ■	2. kgV (20, 30, 50) = ■
$30 = 2 \cdot 3 \cdot \underline{5}$	$20 = \underline{2} \cdot \underline{2} \cdot 5$
$36 = \underline{2} \cdot \underline{2} \cdot 3 \cdot 3$	$30 = 2 \cdot \underline{3} \cdot 5$
$54 = 2 \cdot \underline{3} \cdot \underline{3} \cdot \underline{3}$	$50 = 2 \cdot \underline{5} \cdot \underline{5}$
kgV (36; 54; 30) = $2 \cdot 2 \cdot 3 \cdot 3 \cdot 3 \cdot 5 = 540$	kgV (20; 20; 50) = $2 \cdot 2 \cdot 3 \cdot 5 \cdot 5 = 300$

5 Bestimme mithilfe der Primfaktoren das kgV von

a) 24 und 30; 35 und 50
b) 27 und 36; 72 und 48
c) 12 und 45; 12 und 60
d) 15, 25 und 45; 48, 60 und 72
e) 27, 54 und 126; 24, 68 und 102

L 120, 108, 180, 225, 720, 350, 144, 60, 378, 408

6 Berechne den ggT und das kgV von

a) 45 und 75; 140 und 56
b) 96 und 168; 84 und 126
c) 216 und 243; 132 und 165
d) 44, 66 und 88; 54, 72 und 90
e) 125, 200 und 250; 350, 500 und 700

L 15, 18, 22, 24, 25, 27, 28, 33, 42, 50, 225, 252, 264, 280, 660, 672, 1944, 1000, 1080, 3500

7 Berechne den ggT

a) 72 und 108; 105 und 490
b) 264 und 308; 216 und 864
c) 702 und 1134; 540 und 2025
d) 1650 und 4900; 245 und 1225
e) 2205 und 6300; 5250 und 7350

L 35, 36, 44, 50, 54, 135, 216, 245, 315, 1050

8 Berechne das kgV

a) 105 und 130; 324 und 540
b) 110 und 132; 120 und 144
c) 48, 96 und 168; 51, 68 und 85
d) 28, 44, 56 und 64; 120, 210, 250 und 600

L 660, 672, 720, 1020, 1620, 2730, 4928, 21 000

1 Zerlege die folgenden Zahlen zunächst in Primfaktoren. Fasse anschließend gleiche Faktoren mithilfe von **Potenzen** zusammen.

a) 81 b) 128 c) 250 d) 400
e) 108 f) 2100 g) 1024 h) 1728

$54 = 2 \cdot 3 \cdot 3 \cdot 3$ $144 = 2 \cdot 2 \cdot 2 \cdot 2 \cdot 3 \cdot 3$
$54 = 2 \cdot 3^3$ $144 = 2^4 \cdot 3^2$

2 Welche Zahl hat die folgende Primfaktorzerlegung?

a) ■ $= 2^3 \cdot 3^2$ b) ■ $= 2^4 \cdot 3^2 \cdot 5$ c) ■ $= 2^4 \cdot 3^3$ d) ■ $= 3^2 \cdot 11^2$

3 In den folgenden Beispielen siehst du, wie jeweils der ggT und das kgV ermittelt wird.

a) ggT (360, 2700) = ■

$360 = 2^3 \cdot \underline{3^2} \cdot \underline{5}$
$2700 = \underline{2^2} \cdot 3^3 \cdot 5^2$
ggT (360; 2700) = $2^2 \cdot 3^2 \cdot 5 = 180$

b) ggT (1800, 1890) = ■

$1800 = 2^3 \cdot \underline{3^2} \cdot 5^2$
$1890 = \underline{2} \cdot 3^3 \cdot \underline{5} \cdot 7$
ggT (1800; 1890) = $2 \cdot 3^2 \cdot 5 = 90$

Den größten gemeinsamen Teiler (ggT) erhältst du als Produkt der **niedrigsten** Potenzen der **gemeinsamen** Primfaktoren, die in der Zerlegung auftreten.

c) kgV (900, 1080) = ■

$900 = 2^2 \cdot 3^2 \cdot \underline{5^2}$
$1080 = \underline{2^3} \cdot \underline{3^3} \cdot 5$
kgV (900; 1080) = $\underline{2^3} \cdot \underline{3^3} \cdot 5^2 = 5400$

d) kgV (144, 300) = ■

$144 = \underline{2^4} \cdot \underline{3^2}$
$300 = 2^2 \cdot 3 \cdot \underline{5^2}$
kgV (144; 300) = $2^4 \cdot 3^2 \cdot \underline{5^2} = 3600$

Das kleinste gemeinsame Vielfache (kgV) erhältst du als Produkt der **höchsten** Potenzen **aller** auftretenden Primfaktoren.

4 Bestimme den ggT der beiden Zahlen.

a) 56 und 196; 96 und 216
b) 168 und 560; 200 und 500
c) 192 und 432; 392 und 560
d) 225 und 1350; 784 und 1568
e) 360 und 1080; 972 und 1458

L 24, 28, 48, 56, 56, 100, 225, 784, 360, 486

5 Bestimme das kgV der beiden Zahlen.

a) 80 und 100; 72 und 324
b) 192 und 144; 84 und 126
c) 120 und 450; 189 und 441
d) 400 und 720; 315 und 945
e) 180 und 1260; 1260 und 1800

L 400, 648, 576, 252, 1800, 1323, 3600, 945, 1260, 12 600

Summenregel: Sind alle Summanden einer Summe durch dieselbe Zahl teilbar, dann ist auch die Summe durch diese Zahl teilbar.

$$\begin{aligned} &= 583 : 11 \\ &= (550 + 33) : 11 \\ &= 550 : 11 + 33 : 11 \\ &= 50 + 3 \\ &= 53 \end{aligned}$$

1 Zerlege in eine Summe aus zwei Summanden und überprüfe die Teilbarkeit.

	a)	b)	c)	d)	e)	f)	g)	h)	i)
Zahl	728	648	671	1449	1166	1365	2472	3090	3451
teilbar durch	7	12	11	7	11	13	12	15	17

2 Zerlege in eine Summe aus drei Summanden und überprüfe die Teilbarkeit.

	a)	b)	c)	d)	e)	f)	g)	h)	i)
Zahl	1547	1617	1265	1342	1368	1488	2769	4056	4695
teilbar durch	7	7	11	11	12	12	13	13	15

3 a) Erkläre die Regel für die Teilbarkeit durch 4 anhand der Beispiele.
b) Zeige ebenso, dass 216 und 3240 durch 4 teilbar sind.

Eine Zahl ist durch 4 teilbar, wenn die beiden letzten Ziffern Nullen sind oder eine durch 4 teilbare Zahl bilden.

$$\begin{aligned} & 124 : 4 \\ &= (100 + 24) : 4 \\ &= 25 + 6 \\ &= 31 \end{aligned} \qquad \begin{aligned} & 2236 : 4 \\ &= (2200 + 36) : 4 \\ &= 550 + 9 \\ &= 559 \end{aligned}$$

4 Welche Zahlen sind durch 4 teilbar?
a) 112, 232, 513, 700, 327, 630
b) 2360, 5422, 1344, 1672, 3138, 6188

5 a) So kannst du mithilfe der Summenregel die Quersummenregel für die Teilbarkeit durch 9 begründen. Erkläre.
b) Begründe die Quersummenregel für die Teilbarkeit durch 9 am Beispiel der Zahl 675.

Eine Zahl ist durch 9 teilbar, wenn ihre Quersumme durch 9 teilbar ist.

$$\begin{aligned} 486 &= 4 \cdot 100 + 8 \cdot 10 + 6 \\ &= 4 \cdot (99 + 1) + 8 \cdot (9 + 1) + 6 \\ &= 4 \cdot 99 + 4 + 8 \cdot 9 + 8 + 6 \\ &= \underbrace{4 \cdot 99 + 8 \cdot 9}_{\text{durch 9 teilbar}} + \underbrace{(4 + 8 + 6)}_{\text{durch 9 teilbar}} \end{aligned}$$

6 Welche Zahlen sind durch 9 teilbar?
a) 4563, 6740, 3285, 1702, 9864
b) 19682, 23 464, 63 927, 44 290, 84 321

7 Ergänze eine Ziffer, sodass die Zahl durch 9 teilbar ist.
a) 37□4, 5□83, 480□, □851
b) 34□78, 23□79, 3□911, 751□5

8 Gib die kleinste vierstellige (fünfstellige) Zahl an, die durch 9 teilbar ist.

In einem Gasthaus trafen sich drei Freunde: Herr Braun, Herr Schwarz und der Maler Weiß. „Es ist seltsam, dass einer von uns weiße, einer schwarze und einer braune Haare hat, dass jedoch keiner von uns die Haarfarbe hat, die seinem Namen entspricht“, sagt der Braunhaarige. „Du hast Recht“, sagt Maler Weiß. Welche Haarfarbe hat der Maler Weiß?

1 

a) Arne möchte zunächst ein Viertel von seiner Tafel Schokolade essen. Wie viele Stückchen sind das? Welchen Bruchteil behält er übrig?

b) Nicole möchte zwei Drittel von ihrer Tafel Schokolade übrig behalten. Wie viele Stückchen kann sie essen?

2 Nina, Isabel, Mirko und Wanja kaufen drei Pizzas beim Pizzabäcker.

a) Wie können die drei Pizzas unter den vier Kindern gleichmäßig aufgeteilt werden? Es gibt mehrere Möglichkeiten.

b) Wie viel Euro muss jedes Kind bezahlen?

3 Kristin, Viktoria, Stefan und Marcel haben zusammen 60 Lakritzschnecken gekauft. Kristin hat ein Zehntel des Preises bezahlt, Viktoria zwei Zehntel, Stefan drei Zehntel und Marcel den Rest.

a) Welchen Bruchteil des Preises hat Marcel bezahlt?

b) Wie viele Lakritzschnecken erhält jeder?

4 Überlege, wo dir im täglichen Leben Brüche begegnen. Nenne vier Beispiele.

Bruch
Zähler
Nenner

Die Brüche ein Halb $\left(\frac{1}{2}\right)$, zwei Drittel $\left(\frac{2}{3}\right)$, ein Viertel $\left(\frac{1}{4}\right)$, drei Fünftel $\left(\frac{3}{5}\right)$, ... sind Bezeichnungen für Bruchteile.

Der **Nenner** eines **Bruches** gibt an, in wie viele gleich große Teile das Ganze eingeteilt wurde.

Der **Zähler** gibt an, wie viele Teile genommen werden.

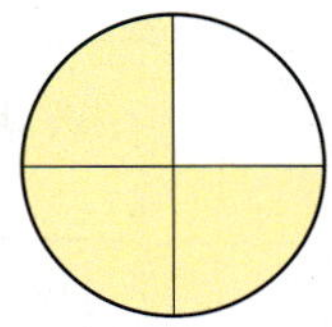

Bruch $\frac{3}{4}$ – Zähler – Bruchstrich – Nenner

1 In wie viele gleich große Teile sind die folgenden Figuren eingeteilt? Welcher Bruchteil ist gefärbt (weiß)?

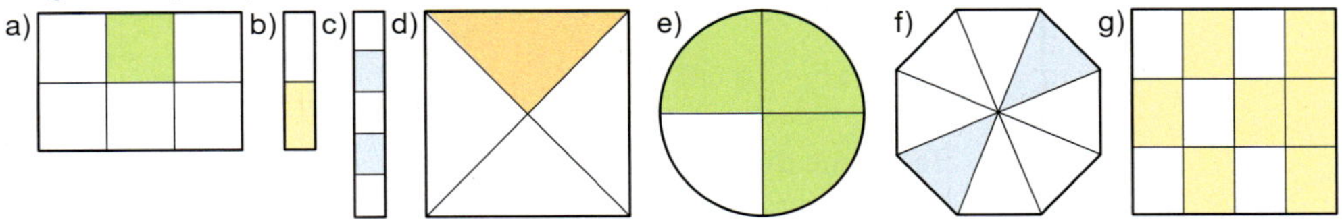

2 Welcher Bruchteil ist nicht gefärbt?

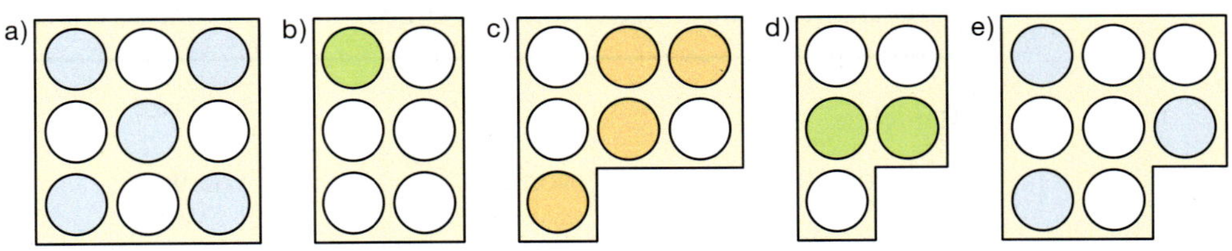

3 Welcher Bruchteil der Flächen ist grün (gelb, orange, blau)?

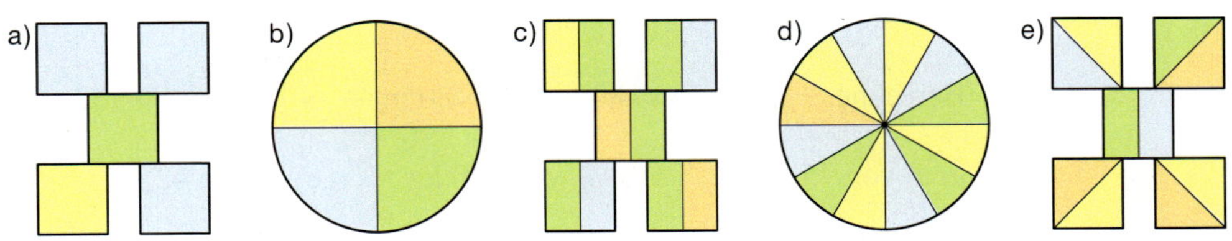

4 Zeichne zu jeder Aufgabe einen Kreis (r = 2 cm) und färbe den angegebenen Bruchteil.

a) $\frac{1}{2}$ b) $\frac{1}{4}$ c) $\frac{1}{8}$ d) $\frac{1}{3}$ e) $\frac{2}{3}$ f) $\frac{3}{4}$ g) $\frac{5}{8}$ h) $\frac{5}{6}$

5 a) Welcher Bruchteil der Buchstaben ist farbig (weiß)?

b) Schreibe deinen Vornamen. Unterteile die Buchstaben in gleich große Teile und färbe einen beliebigen Bruchteil ein. Gib diesen für jeden Buchstaben an.

1

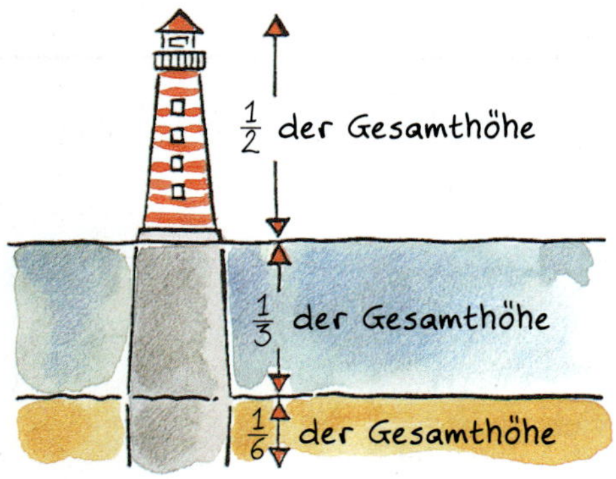

Der Leuchtturm hat mit Fundament eine Gesamthöhe von 60 m.

a) Wie hoch ragt er aus dem Wasser?
b) Wie tief steckt er im Meeresboden?
c) Wie tief ist das Wasser an seinem Standort?

2

1. Berechne ein **Fünftel** des Ganzen. Teile dazu 80 cm durch 5. Du erhältst 16 cm.

   80 cm : 5 = 16 cm

2. Bestimme **drei Fünftel** des Ganzen. Multipliziere dazu 16 cm mit 3.

   16 cm · 3 = 48 cm

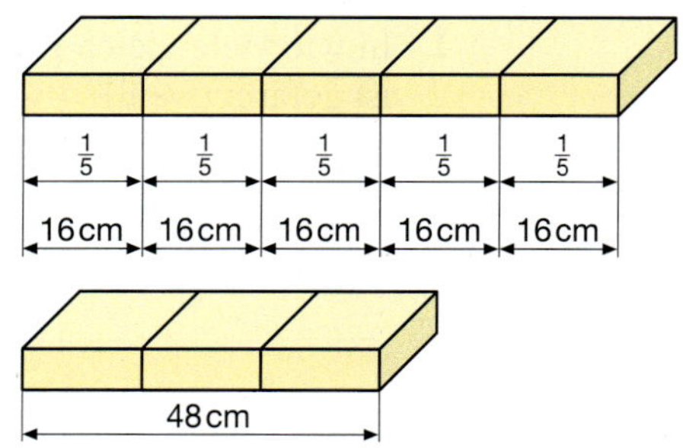

3. Schreibe die Aufgabe mit dem Ergebnis auf: **$\frac{3}{5}$ von 80 cm sind 48 cm.**

Berechne:

a) $\frac{1}{4}$ von 60 cm	b) $\frac{2}{3}$ von 240 €	c) $\frac{5}{6}$ von 90 m	d) $\frac{3}{10}$ von 1200 t
$\frac{2}{4}$ von 60 cm	$\frac{2}{5}$ von 50 kg	$\frac{3}{7}$ von 84 *l*	$\frac{5}{9}$ von 360 m
$\frac{3}{4}$ von 60 cm	$\frac{3}{8}$ von 80 km	$\frac{5}{12}$ von 36 min	$\frac{3}{11}$ von 770 g

3 Berechne. $\frac{11}{15}$ von 180 m sind: 180 m $\xrightarrow{:15}$ 12 m $\xrightarrow{\cdot 11}$ 132 m

a) $\frac{3}{5}$ von 75 ml	b) $\frac{7}{12}$ von 120 kg	c) $\frac{6}{7}$ von 42 m	d) $\frac{4}{15}$ von 90 min
$\frac{7}{15}$ von 300 ha	$\frac{5}{12}$ von 96 €	$\frac{7}{8}$ von 56 g	$\frac{3}{25}$ von 1000 g
$\frac{5}{9}$ von 540 m	$\frac{11}{12}$ von 144 g	$\frac{8}{9}$ von 72 ha	$\frac{11}{30}$ von 2400 m

Das Ganze bestimmen

4 Berechne das Ganze. $\frac{3}{4}$ des Geldes sind 30 €; 30 € $\xrightarrow{:3}$ 10 € $\xrightarrow{\cdot 4}$ 40 €

a) $\frac{3}{4}$ der Strecke sind 12 km	b) $\frac{8}{10}$ des Geldes sind 24 €	c) $\frac{3}{5}$ der Menge sind 45 g
$\frac{3}{8}$ der Strecke sind 18 km	$\frac{6}{7}$ des Geldes sind 60 €	$\frac{5}{8}$ der Menge sind 450 g
$\frac{4}{9}$ der Strecke sind 28 km	$\frac{3}{10}$ des Geldes sind 51 €	$\frac{5}{6}$ der Menge sind 245 g

5 Ollie hat zwei Siebtel aller Elfmeter gehalten. Das waren im letzten Jahr vier gehaltene Elfmeter. Bei wie viel Elfmetern stand Ollie im letzten Jahr im Tor?

Erweitern

Kürzen

Erweitern

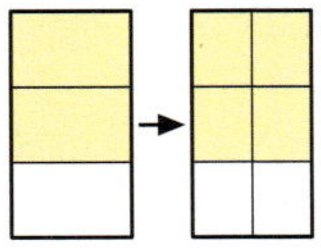

$\frac{2}{3}$ wird erweitert mit **2**

$\frac{2 \cdot 2}{3 \cdot 2} = \frac{4}{6}$

Zähler **und** Nenner werden mit **derselben** Zahl multipliziert.

Kürzen

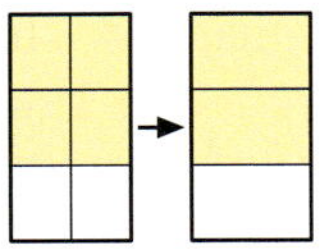

$\frac{4}{6}$ wird gekürzt durch **2**

$\frac{4 : 2}{6 : 2} = \frac{2}{3}$

Zähler **und** Nenner werden durch **dieselbe** Zahl dividiert.

1 Erweitere. $\frac{2 \cdot 5}{7 \cdot 5} = \frac{10}{35}$

										a)	b)	c)	d)
$\frac{2}{5}$	$\frac{1}{4}$	$\frac{3}{7}$	$\frac{4}{9}$	$\frac{4}{10}$	$\frac{5}{11}$	$\frac{6}{13}$	$\frac{7}{15}$	$\frac{8}{17}$	mit	5	7	9	11

2 Suche die Erweiterungszahl und berechne den Platzhalter.

a) $\frac{5}{6} = \frac{\square}{30}$ b) $\frac{11}{16} = \frac{55}{\square}$ c) $\frac{35}{80} = \frac{70}{\square}$ d) $\frac{6}{7} = \frac{\square}{21}$ e) $\frac{3}{4} = \frac{27}{\square}$ f) $\frac{5}{13} = \frac{\square}{65}$

g) $\frac{20}{47} = \frac{80}{\square}$ h) $\frac{21}{30} = \frac{\square}{150}$ i) $\frac{16}{20} = \frac{48}{\square}$ k) $\frac{4}{15} = \frac{16}{\square}$ l) $\frac{12}{18} = \frac{\square}{108}$ m) $\frac{7}{17} = \frac{42}{\square}$

3 Kürze. $\frac{10 : 2}{36 : 2} = \frac{5}{18}$

											a)	b)	c)
$\frac{6}{12}$	$\frac{6}{18}$	$\frac{12}{30}$	$\frac{18}{24}$	$\frac{30}{42}$	$\frac{36}{48}$	$\frac{48}{54}$	$\frac{42}{72}$	$\frac{60}{96}$	$\frac{54}{120}$	durch	2	3	6

4 Suche die Kürzungszahl und berechne den Platzhalter.

a) $\frac{15}{35} = \frac{\square}{7}$ b) $\frac{16}{20} = \frac{8}{\square}$ c) $\frac{21}{36} = \frac{7}{\square}$ d) $\frac{32}{48} = \frac{\square}{24}$ e) $\frac{26}{39} = \frac{\square}{3}$ f) $\frac{64}{96} = \frac{16}{\square}$

g) $\frac{44}{55} = \frac{\square}{5}$ h) $\frac{34}{51} = \frac{2}{\square}$ i) $\frac{14}{49} = \frac{\square}{7}$ k) $\frac{45}{60} = \frac{3}{\square}$ l) $\frac{36}{48} = \frac{\square}{4}$ m) $\frac{38}{114} = \frac{19}{\square}$

5 Kürze so weit wie möglich.

a) $\frac{180}{360}$ b) $\frac{440}{880}$ c) $\frac{150}{450}$ d) $\frac{360}{540}$ e) $\frac{100}{350}$ f) $\frac{168}{216}$ g) $\frac{176}{208}$ h) $\frac{324}{405}$

$\frac{90}{225}$ $\frac{36}{108}$ $\frac{35}{180}$ $\frac{72}{120}$ $\frac{130}{260}$ $\frac{125}{1000}$ $\frac{375}{1000}$ $\frac{56}{800}$

6 Welche Brüche wurden richtig erweitert oder gekürzt? Die Buchstaben ergeben hintereinander gelesen ein Lösungswort.

$\frac{3}{8} = \frac{18}{49}$ R	$\frac{3}{7} = \frac{15}{28}$ F	$\frac{2}{11} = \frac{14}{77}$ S	$\frac{2}{3} = \frac{18}{27}$ P	$\frac{16}{20} = \frac{4}{6}$ Ö	$\frac{20}{47} = \frac{60}{141}$ I
$\frac{32}{48} = \frac{4}{7}$ T	$\frac{30}{57} = \frac{10}{19}$ E	$\frac{6}{11} = \frac{72}{122}$ L	$\frac{20}{140} = \frac{2}{14}$ L	$\frac{54}{81} = \frac{6}{9}$ E	$\frac{51}{60} = \frac{15}{20}$ S

Einen Bruch mit dem Nenner 10, 100, 1000, … kann man als Dezimalbruch schreiben.

$\frac{5}{10} = 0{,}5$	$\frac{56}{100} = 0{,}56$ $\quad \frac{3}{100} = 0{,}03$	$\frac{307}{1000} = 0{,}307$ $\quad \frac{8}{1000} = 0{,}008$
$1\frac{7}{10} = 1{,}7$ $\quad \frac{23}{10} = 2{,}3$	$2\frac{11}{100} = 2{,}11$ $\quad \frac{416}{100} = 4{,}16$	$2\frac{455}{1000} = 2{,}455$ $\quad \frac{3218}{1000} = 3{,}218$

1 Schreibe als Dezimalbruch

a) $\frac{5}{10}$ $\frac{4}{10}$ $\frac{6}{10}$ $\frac{1}{10}$ $\frac{12}{100}$ $\frac{63}{100}$ $\frac{41}{100}$

b) $\frac{7}{100}$ $\frac{99}{100}$ $\frac{30}{100}$ $\frac{3}{100}$ $\frac{11}{100}$ $\frac{7}{100}$ $\frac{80}{100}$

c) $1\frac{6}{10}$ $3\frac{2}{10}$ $5\frac{42}{100}$ $6\frac{5}{100}$ $\frac{49}{10}$ $\frac{27}{10}$ $\frac{256}{100}$

d) $11\frac{18}{100}$ $13\frac{5}{100}$ $\frac{957}{100}$ $\frac{405}{100}$ $21\frac{17}{100}$ $19\frac{3}{100}$

2 Schreibe als Bruch oder als gemischte Zahl. $4{,}07 = 4\frac{7}{100}$

a) 0,3 0,6 0,89 0,56 0,07 0,03 0,10

b) 2,3 5,7 1,56 5,04 3,32 12,04 1,05

c) 0,235 0,078 0,503 0,004 2,012

d) 0,809 2,907 11,207 10,006 0,090

e) 0,4678 0,8072 0,0906 0,0056 0,0003

f) 2,0059 11,0408 19,7 0,8005 2,0001

$0{,}6 = \frac{6}{10} = \frac{3}{5}$

$1{,}2 = 1\frac{2}{10} = 1\frac{1}{5}$

3 Schreibe als Bruch oder als gemischte Zahl. Kürze dann.

a)	b)	c)	d)	e)	f)	g)
0,8	0,36	0,04	0,025	1,25	3,050	9,008
0,02	0,44	0,12	0,225	4,75	6,625	8,405
0,070	0,375	0,055	0,875	1,025	7,075	0,008

4 Gib in Dezimalschreibweise an. $\frac{11}{20} = \frac{55}{100} = 0{,}55$

a)	b)	c)	d)	e)	f)	g)
$\frac{3}{5}$	$\frac{7}{20}$	$\frac{11}{20}$	$\frac{19}{50}$	$\frac{31}{250}$	$\frac{3}{8}$	$\frac{11}{40}$
$\frac{3}{20}$	$\frac{14}{25}$	$\frac{17}{25}$	$\frac{18}{200}$	$\frac{101}{200}$	$\frac{5}{8}$	$\frac{19}{125}$

$\frac{1}{2} = \frac{5}{10} = 0{,}5$

$\frac{1}{4} = \frac{25}{100} = 0{,}25$

$\frac{1}{10} = 0{,}1$

$\frac{1}{20} = \frac{5}{100} = 0{,}05$

$\frac{1}{5} = \frac{2}{10} = 0{,}2$

$\frac{1}{8} = \frac{125}{1000} = 0{,}125$

5 Diese Brüche kannst du durch Kürzen und anschließendes Erweitern in einen Dezimalbruch umwandeln. $\frac{6}{8} = \frac{3}{4} = \frac{75}{100} = 0{,}75$

a)	b)	c)	d)	e)	f)	g)
$\frac{4}{16}$	$\frac{12}{15}$	$\frac{28}{70}$	$\frac{45}{60}$	$\frac{18}{45}$	$\frac{51}{170}$	$\frac{27}{18}$
$\frac{3}{15}$	$\frac{6}{75}$	$\frac{17}{34}$	$\frac{8}{64}$	$\frac{12}{32}$	$\frac{28}{32}$	$\frac{81}{45}$

6 Schreibe die Zahlen als Bruch und vergleiche.

a) 0,3 0,30 0,300 0,3000 0,30000

b) 1,7 1,70 1,700 1,7000 1,70000

In Dezimalbrüchen dürfen Endnullen angehängt oder fortgelassen werden, der Wert ändert sich nicht.

$0{,}7 = 0{,}70 = 0{,}700$ $\qquad$ $0{,}300 = 0{,}30 = 0{,}3$

$\frac{7}{10} = \frac{70}{100} = \frac{700}{1000}$ $\qquad$ $\frac{300}{1000} = \frac{30}{100} = \frac{3}{10}$

Brüche und Dezimalbrüche, die auf dem Zahlenstrahl an der gleichen Stelle liegen, bezeichnen dieselbe **gebrochene Zahl.**

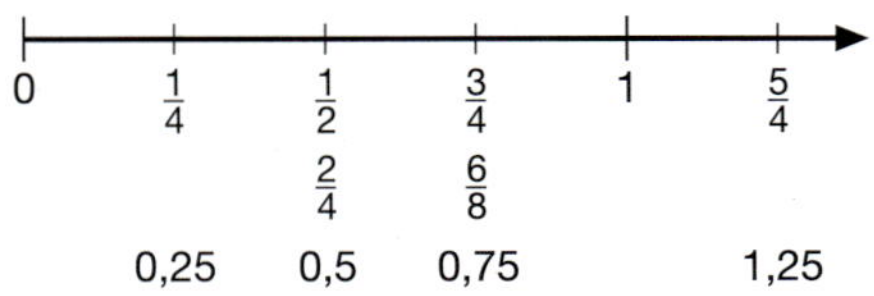

1 Zeichne einen Zahlenstrahl von 0 bis 2 (16 cm) und trage folgende gebrochenen Zahlen ein:

0,25; 1,5; $1\frac{1}{2}$; $\frac{7}{8}$; 0,75; $\frac{3}{8}$; $1\frac{3}{4}$; 1,125; $\frac{3}{4}$; 0,375; $1\frac{1}{8}$; $\frac{3}{2}$

Welche Brüche und Dezimalbrüche liegen auf dem Zahlenstrahl an der gleichen Stelle?

2 Gib jeweils eine gebrochene Zahl an, die zu der markierten Stelle gehört.

a)
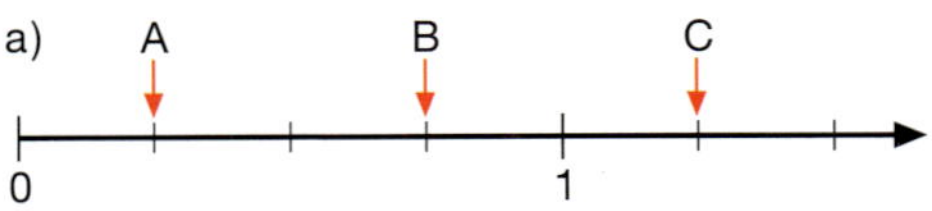

b)
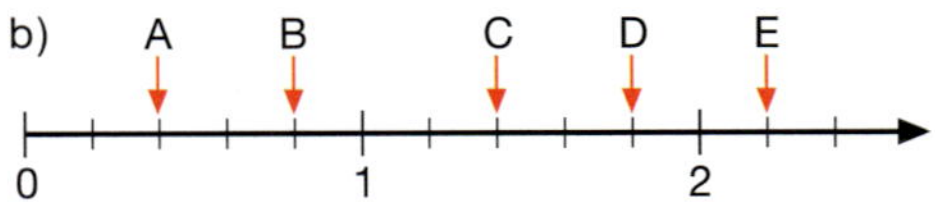

c)
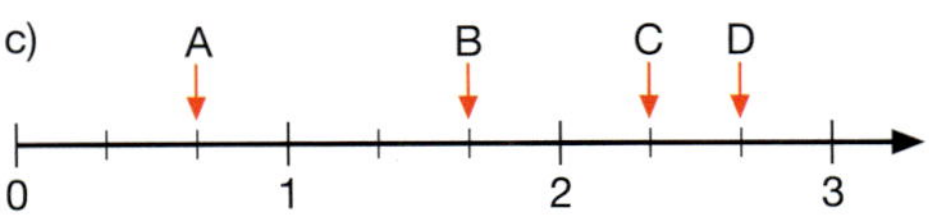

d)
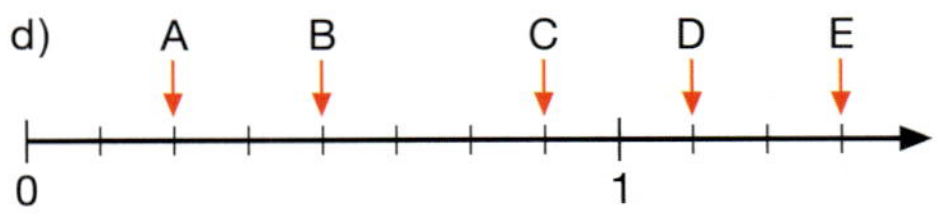

3 Ordne die angegebenen gebrochenen Zahlen den markierten Punkten zu.

0,25; 0,75; 2,75; 0,5; 3,25; $\frac{5}{2}$; $2\frac{3}{4}$; 6,25; $5\frac{1}{2}$; $\frac{7}{4}$; $1\frac{1}{4}$; $4\frac{1}{4}$

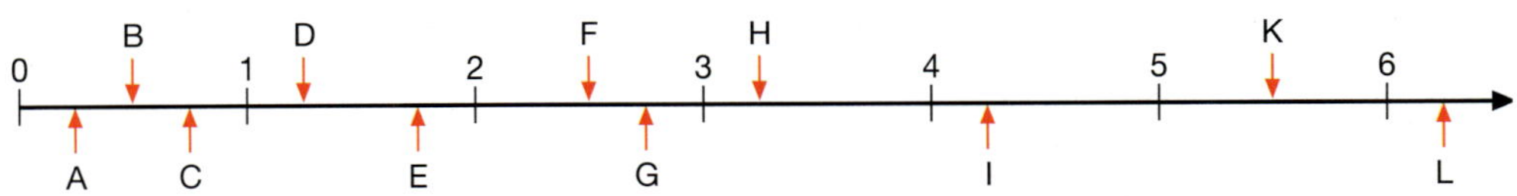

4 Erläutere die Abbildung.

…	E	z	h	t	zt	…
	6	3				
	6	4				
	6	3	5			
	6	3	6			
	6	3	5	1		
	6	3	5	2		
	6	3	5	1	9	

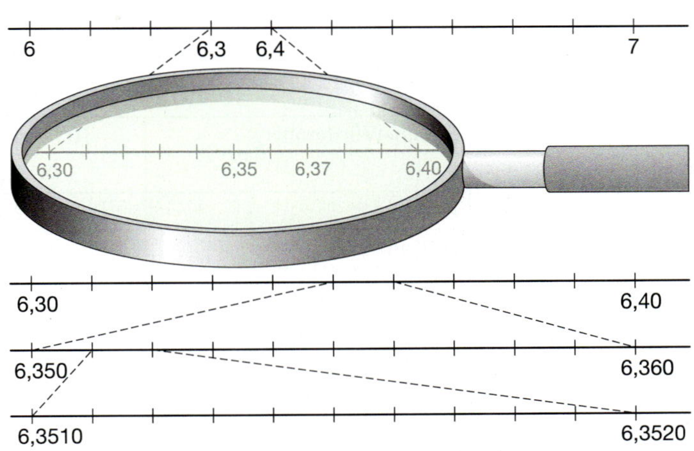

5 Nenne je drei Zahlen zwischen

a) 0,6 und 0,7
0,343 und 0,35
0 und 0,01

b) 0,9 und 1,0
1,07 und 1,10
5,99 und 6

c) 7,31 und 7,32
14 und 14,1
2,06 und 2,061

d) 17,25 und 17,251
0,01 und 0,02
2,01 und 2,011

Beim Runden eines Dezimalbruchs auf eine bestimmte Stelle kommt es nur auf die nachfolgende Stelle an.

Runde auf Hundertstel:

2,3657 ≈ 2,37

Steht auf der Tausendstel-Stelle die Ziffer 5, 6, 7, 8 oder 9, so wird aufgerundet. Die Restziffern fallen weg.

2,3639 ≈ 2,36

Steht auf der Tausendstel-Stelle die Ziffer 0, 1, 2, 3 oder 4, so wird abgerundet. Die Restziffern fallen weg.

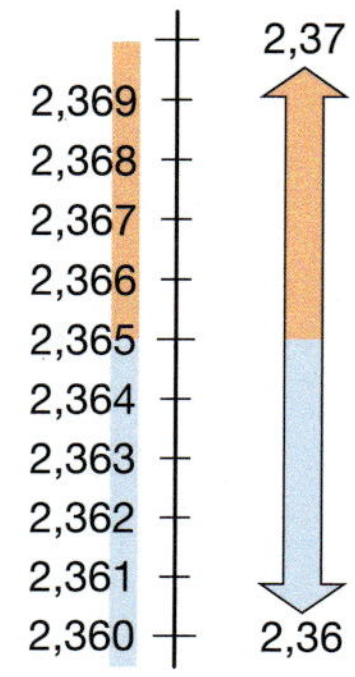

1 Runde auf

a) Hundertstel:	1,98503	12,7549	0,0986	2,90503	4,11501
b) Zehntel:	9,75	6,0987	0,9567	3,8098	2,9901
c) Tausendstel:	7,22665	17,00812	0,0274	1,00854	0,000489
d) Zehntausendstel:	4,00554	31,99849	1,99995	2,7532501	0,999949

2 Runde die Dezimalbrüche auf Zehntel (Hundertstel, Tausendstel, Einer).

a) 0,9567	13,09734	15,99991	0,091456	0,00028	10,0975453
b) 5,8970	11,090909	8,94759	0,090999	1,07709	13,77777
c) 9,98756	100,980921	33,0	8,12345	7,109208	6,949596

3 Bei welchen Angaben kannst du sinnvoll runden? Begründe.

a) Masse eines Apfels: 267,78 g
b) Preis für einen Liter Benzin: 1,389 €
c) Höhe eines Baumes: 12,567 m
d) Rundenzeit: 2 min 1,56 s
e) Masse einer Münze: 3,75 g
f) Einwohnerzahl: 1,299 Millionen
g) Preis für einen Hamburger: 0,99 €
h) Masse eines Pkws: 1 236,785 kg

4 Gib die Einwohnerzahlen in Millionen mit zwei Stellen hinter dem Komma an und ordne sie der Größe nach. Beginne mit dem bevölkerungsreichsten Bundesland.
(Stand: 31. 12. 2004)

Baden-Württemberg	10717419	Bayern	12443893
Berlin	3387828	Brandenburg	2567704
Bremen	663213	Hamburg	1734830
Hessen	6097765	Mecklenburg-Vorpommern	1719653
Niedersachsen	8000909	Nordrhein-Westfalen	18075352
Rheinland-Pfalz	4061105	Saarland	1056417
Sachsen	4296284	Sachsen-Anhalt	2494437
Schleswig-Holstein	2828760	Thüringen	2355280

5 Simon denkt sich einen Dezimalbruch mit drei Nachkommastellen. Er rundet und erhält 0,76. Welche Zahl kann er sich gedacht haben? Es gibt zehn Möglichkeiten.

6 Gib fünf Zahlen an, die beim Runden auf die Zehntel-Stelle 12,0 (6,5; 7,9) ergeben.

Brüche lassen sich vergleichen, wenn sie **nennergleich** (gleichnamig) sind.

$\frac{5}{12} < \frac{7}{12}$, denn $5 < 7$

Brüche lassen sich vergleichen, wenn sie **zählergleich** sind.

$\frac{7}{10} > \frac{7}{15}$, denn $\frac{1}{10} > \frac{1}{15}$

Brüche mit verschiedenen Nennern nennt man **ungleichnamige Brüche.** Ungleichnamige Brüche werden gleichnamig gemacht, indem man sie erweitert oder kürzt. Der kleinste gemeinsame Nenner ist der **Hauptnenner.**

$\frac{2}{3}$ ■ $\frac{5}{6}$	$\frac{2}{3}$ ■ $\frac{1}{2}$	$\frac{2}{5}$ ■ $\frac{6}{15}$
$\frac{4}{6} < \frac{5}{6}$	$\frac{4}{6} > \frac{3}{6}$	$\frac{2}{5} = \frac{2}{5}$
$\frac{2}{3} < \frac{5}{6}$	$\frac{2}{3} > \frac{1}{2}$	$\frac{2}{5} = \frac{6}{15}$

1 Vergleiche die Brüche. Setze kleiner, größer oder gleich (<, >, =) ein.

a)	b)	c)	d)	e)	f)
$\frac{3}{5}$ ■ $\frac{4}{5}$	$\frac{2}{3}$ ■ $\frac{2}{5}$	$\frac{3}{5}$ ■ $\frac{7}{10}$	$\frac{1}{3}$ ■ $\frac{2}{6}$	$\frac{4}{11}$ ■ $\frac{9}{33}$	$\frac{36}{39}$ ■ $\frac{12}{13}$
$\frac{5}{9}$ ■ $\frac{2}{9}$	$\frac{3}{7}$ ■ $\frac{3}{9}$	$\frac{4}{5}$ ■ $\frac{6}{10}$	$\frac{5}{12}$ ■ $\frac{3}{4}$	$\frac{15}{27}$ ■ $\frac{6}{9}$	$\frac{3}{5}$ ■ $\frac{10}{13}$
$\frac{8}{13}$ ■ $\frac{4}{13}$	$\frac{7}{11}$ ■ $\frac{7}{9}$	$\frac{2}{5}$ ■ $\frac{6}{15}$	$\frac{1}{7}$ ■ $\frac{3}{14}$	$\frac{14}{21}$ ■ $\frac{2}{3}$	$\frac{2}{7}$ ■ $\frac{3}{8}$

2 Bestimme den Hauptnenner und ordne die Brüche der Größe nach:

a) $\frac{5}{12}, \frac{3}{4}, \frac{2}{3}, \frac{11}{24}, \frac{5}{6}, \frac{1}{2}$

b) $\frac{3}{10}, \frac{4}{5}, \frac{4}{20}, \frac{3}{15}, \frac{7}{30}, \frac{2}{15}$

3

So lassen sich Dezimalbrüche vergleichen:

1. Schreibe die Dezimalbrüche stellenrichtig untereinander. Ergänze, wenn nötig, Endnullen.
2 Vergleiche die Ziffern, die untereinanderstehen – von links nach rechts. Die erste Stelle, an der die Ziffern verschieden sind, entscheidet, welcher Dezimalbruch größer ist.

0,643 ■ 0,629	3,345 ■ 3,3471
0, 6 4 3 0, 6 2 9	3, 3 4 5 0 3, 3 4 7 1
0, 6 [4] 3 0, 6 [2] 9	3, 3 4 [5] 0 3, 3 4 [7] 1
0,643 > 0,629	3,345 < 3,347

Vergleiche die Zahlen. Setze >, <, = ein.

a)	b)	c)	d)
7,78 ■ 7,87	0,050 ■ 0,051	6,432 ■ 6,423	12,230 ■ 12,23
0,90 ■ 0,88	6,130 ■ 6,031	13,101 ■ 13,201	15,05 ■ 15,50
0,3102 ■ 0,3012	12,1212 ■ 12,2112	8,108 ■ 8,180	1,070 ■ 1,07

4 Schreibe als Dezimalbruch und ordne der Größe nach.

a) 1,5; $1\frac{5}{100}$; 1,70; $1\frac{57}{100}$; 1,07; $1\frac{75}{100}$

b) 2,01; $2\frac{1}{1000}$; $2\frac{3}{10}$; 2,031; $2\frac{31}{100}$

c) $30\frac{12}{100}$; 30,125; 30,250; $30\frac{25}{1000}$

d) 7,005; $7\frac{55}{1000}$; $7\frac{55}{100}$; 7,050; 7,500

Addition gleichnamiger Brüche
Die Zähler werden addiert.
Der Nenner ändert sich nicht.

$$\frac{5}{12} + \frac{6}{12} = \frac{5+6}{12} = \frac{11}{12}$$

Subtraktion gleichnamiger Brüche
Die Zähler werden subtrahiert.
Der Nenner ändert sich nicht.

$$\frac{7}{9} - \frac{5}{9} = \frac{7-5}{9} = \frac{2}{9}$$

1 Wie heißen die zugehörigen Additionsaufgaben?

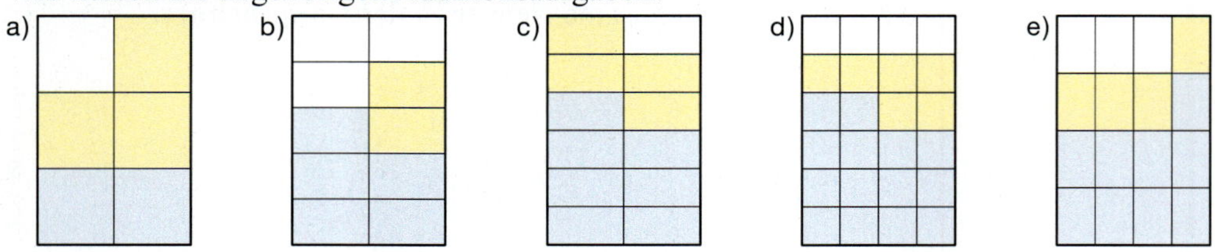

2 Welche Subtraktionsaufgaben sind dargestellt?

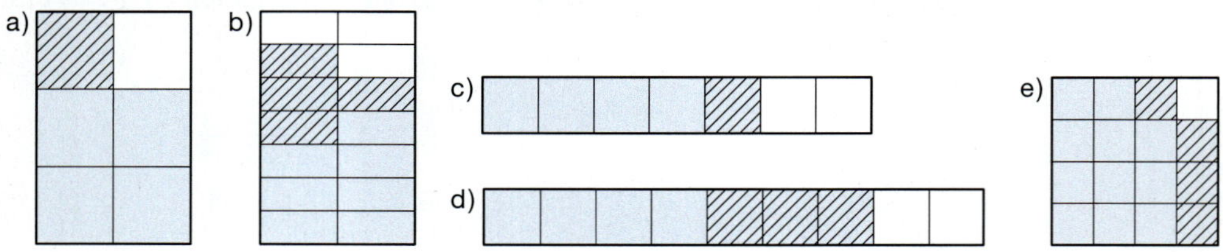

3 Stelle die Aufgabe durch Rechteckflächen dar.

a) $\frac{5}{8} + \frac{1}{8}$ b) $\frac{5}{12} + \frac{2}{12}$ c) $\frac{3}{8} + \frac{2}{8}$ d) $\frac{7}{8} - \frac{3}{8}$ e) $\frac{11}{12} - \frac{5}{12}$ f) $\frac{7}{12} - \frac{1}{12}$

4
a) $\frac{3}{5} + \frac{1}{5}$ b) $\frac{3}{10} + \frac{4}{10}$ c) $\frac{3}{11} + \frac{6}{11}$ d) $\frac{5}{8} - \frac{2}{8}$ e) $\frac{10}{12} - \frac{3}{12}$ f) $\frac{7}{9} - \frac{2}{9}$

$\frac{2}{8} + \frac{3}{8}$ $\frac{5}{12} + \frac{6}{12}$ $\frac{6}{20} + \frac{11}{20}$ $\frac{8}{9} - \frac{1}{9}$ $\frac{8}{10} - \frac{5}{10}$ $\frac{9}{13} - \frac{6}{13}$

$\frac{12}{19} + \frac{5}{19}$ $\frac{3}{7} + \frac{1}{7}$ $\frac{14}{23} + \frac{9}{23}$ $\frac{11}{12} - \frac{7}{12}$ $\frac{17}{19} - \frac{11}{19}$ $\frac{9}{17} - \frac{7}{17}$

5 Berechne und kürze das Ergebnis soweit wie möglich.

a) $\frac{2}{14} + \frac{4}{14}$ b) $\frac{11}{21} + \frac{4}{21}$ c) $\frac{7}{18} + \frac{3}{18}$ d) $\frac{8}{27} + \frac{16}{27}$ e) $\frac{11}{22} + \frac{9}{22}$ f) $\frac{29}{36} - \frac{8}{36}$

$\frac{11}{14} - \frac{7}{14}$ $\frac{11}{35} - \frac{6}{35}$ $\frac{47}{90} + \frac{33}{90}$ $\frac{53}{81} + \frac{19}{81}$ $\frac{19}{44} - \frac{11}{44}$ $\frac{9}{48} - \frac{5}{48}$

L $\frac{1}{7}$; $\frac{2}{7}$; $\frac{3}{7}$; $\frac{5}{7}$; $\frac{5}{9}$; $\frac{8}{9}$; $\frac{8}{9}$; $\frac{8}{9}$; $\frac{2}{11}$; $\frac{10}{11}$; $\frac{1}{12}$; $\frac{7}{12}$

6 Berechne und kürze das Ergebnis soweit wie möglich.

a) $\frac{5}{18} + \frac{7}{18} + \frac{3}{18}$ b) $\frac{5}{9} + \frac{5}{9} - \frac{7}{9}$ c) $\frac{8}{21} + \frac{5}{21} + \frac{1}{21}$ d) $\frac{7}{13} - \frac{4}{13} + \frac{10}{13}$

$\frac{11}{24} + \frac{5}{24} + \frac{5}{24}$ $\frac{6}{35} + \frac{3}{35} + \frac{16}{35}$ $\frac{26}{45} - \frac{17}{45} - \frac{3}{45}$ $\frac{6}{11} + \frac{4}{11} - \frac{1}{11}$

L $\frac{2}{15}$; $\frac{1}{3}$; $\frac{2}{3}$; $\frac{5}{6}$; $\frac{5}{7}$; $\frac{7}{8}$; $\frac{9}{11}$; 1

$\frac{7}{8} + \frac{6}{8}$
$= \frac{13}{8}$
$= 1\frac{5}{8}$

7 Verwandle das Ergebnis, wenn möglich, in eine gemischte Zahl.

a) $\frac{10}{11} + \frac{6}{11}$	b) $\frac{9}{10} + \frac{12}{10}$	c) $\frac{17}{12} + \frac{11}{12}$	d) $\frac{31}{10} - \frac{12}{10}$	e) $\frac{83}{30} - \frac{14}{30}$
$\frac{4}{5} + \frac{4}{5}$	$\frac{6}{8} + \frac{3}{8}$	$\frac{33}{20} + \frac{28}{20}$	$\frac{35}{8} - \frac{19}{8}$	$\frac{73}{7} - \frac{23}{7}$

8 Kürze das Ergebnis, wenn es möglich ist.

a) $1\frac{1}{8} + \frac{3}{8}$	b) $2\frac{1}{4} + \frac{2}{4}$	c) $6\frac{13}{20} + \frac{2}{20}$	d) $2\frac{9}{10} - \frac{6}{10}$	e) $4\frac{23}{30} - \frac{11}{30}$
$1\frac{1}{12} + \frac{4}{12}$	$5\frac{3}{8} + \frac{2}{8}$	$3\frac{1}{9} + \frac{5}{9}$	$5\frac{8}{9} - \frac{4}{9}$	$5\frac{11}{16} - \frac{7}{16}$

9 Rechne wie im Beispiel: $4\frac{5}{8} + \frac{6}{8} = 4\frac{11}{8} = 5\frac{3}{8}$

a) $1\frac{6}{8} + \frac{7}{8}$	b) $3\frac{5}{7} + \frac{6}{7}$	c) $6\frac{4}{6} + \frac{3}{6}$	d) $3\frac{3}{10} + \frac{8}{10}$	e) $5\frac{10}{12} + \frac{9}{12}$
$4\frac{2}{3} + \frac{2}{3}$	$2\frac{2}{6} + \frac{4}{6}$	$5\frac{7}{9} + \frac{4}{9}$	$4\frac{5}{12} + \frac{7}{12}$	$4\frac{1}{5} + \frac{4}{5}$

$5\frac{6}{9} + 2\frac{5}{9}$
$= 7\frac{11}{9}$
$= 8\frac{2}{9}$

10

a) $2\frac{2}{4} + 6\frac{3}{4}$	b) $2\frac{2}{4} + 4\frac{3}{4}$	c) $6\frac{3}{7} + 2\frac{4}{7}$	d) $2\frac{4}{8} + 1\frac{7}{8}$	e) $8\frac{14}{20} + 2\frac{13}{20}$
$1\frac{3}{8} + 2\frac{6}{8}$	$5\frac{7}{10} + 4\frac{6}{10}$	$4\frac{11}{15} + 3\frac{8}{15}$	$3\frac{9}{12} + 2\frac{10}{12}$	$4\frac{3}{15} + 3\frac{12}{15}$

L $4\frac{1}{8}$; $4\frac{3}{8}$; $6\frac{7}{12}$; $7\frac{1}{4}$; $9\frac{1}{4}$; $10\frac{3}{10}$; $8\frac{4}{15}$; $11\frac{7}{20}$; 8, 9

11

a) $5 - \frac{4}{9}$	b) $10 - \frac{3}{4}$	c) $9 - \frac{3}{8}$	d) $5 - \frac{3}{10}$	e) $6 - \frac{7}{20}$	f) $3 - \frac{7}{10}$
$7 - \frac{1}{3}$	$8 - \frac{5}{7}$	$13 - \frac{8}{9}$	$11 - \frac{17}{25}$	$4 - \frac{5}{8}$	$9 - \frac{11}{12}$

$7\frac{3}{8} - \frac{6}{8}$
$= 6\frac{11}{8} - \frac{6}{8}$
$= 6\frac{5}{8}$

12 Kürze das Ergebnis, wenn es möglich ist.

a) $6\frac{1}{5} - \frac{2}{5}$	b) $7\frac{1}{6} - \frac{5}{6}$	c) $9\frac{8}{27} - \frac{11}{27}$	d) $3\frac{3}{20} - 1\frac{7}{20}$	e) $9\frac{7}{18} - 4\frac{11}{18}$
$9\frac{1}{9} - \frac{8}{9}$	$8\frac{1}{20} - \frac{15}{20}$	$6\frac{5}{20} - \frac{11}{20}$	$10\frac{3}{8} - 2\frac{7}{8}$	$5\frac{7}{15} - 1\frac{10}{15}$
$3\frac{1}{10} - \frac{9}{10}$	$5\frac{1}{12} - \frac{7}{12}$	$7\frac{1}{3} - \frac{2}{3}$	$8\frac{7}{30} - 3\frac{10}{30}$	$10\frac{3}{16} - 4\frac{5}{16}$

L $4\frac{7}{9}$; $3\frac{4}{5}$; $2\frac{7}{8}$; $5\frac{4}{5}$; $6\frac{1}{3}$; $8\frac{8}{9}$; $8\frac{2}{9}$; $1\frac{4}{5}$; $7\frac{3}{10}$; $5\frac{7}{10}$; $7\frac{1}{2}$; $2\frac{1}{5}$; $4\frac{1}{2}$; $6\frac{2}{3}$; $4\frac{9}{10}$

13 Für den Urlaub bekommt Janina 24 € Taschengeld. Davon hat sie bereits $\frac{2}{12}$ für Eis und $\frac{3}{12}$ für Getränke ausgegeben. Welchen Bruchteil hat sie noch zur Verfügung? Wie viel Euro sind das?

14 Tim, Marcel und Patrick wollen ausrechnen, wie viel Liter Mineralwasser sie zusammen an einem heißen Sommertag getrunken haben. Tim hat $2\frac{1}{4}$ Liter getrunken, Marcel $1\frac{3}{4}$ Liter und Patrick $2\frac{3}{4}$ Liter. Wie viel Liter bleiben von einer 12-Liter-Kiste übrig?

15 Am ersten Tag einer Reise wurde $\frac{5}{16}$ der gesamten Strecke zurückgelegt, am 2. Tag $\frac{7}{16}$. Welcher Bruchteil der Gesamtstrecke ist noch zu fahren?

1

Wir mixen kalte Drinks

Pfirsiche abspülen, halbieren, achteln, in Scheiben schneiden. Eisteegetränk mit der Orangenlimonade verrühren, Zitronenmelissenblätter abspülen, trocken tupfen, in Streifen schneiden. Alle Zutaten verrühren, gut gekühlt mit einigen Eiswürfeln servieren.

a) Wie viel Liter Flüssigkeit erhalten Sara und Maren, wenn sie aus den angegebenen Zutaten die Bowle zubereiten?

b) Sara und Maren erwarten zu einem kleinen Gartenfest vier Gäste. Wie viel Liter Eistee und wie viel Liter Orangenlimonade benötigen sie für die Pfirsichbowle? Sie rechnen damit, dass jede Person einen dreiviertel Liter Bowle trinkt.

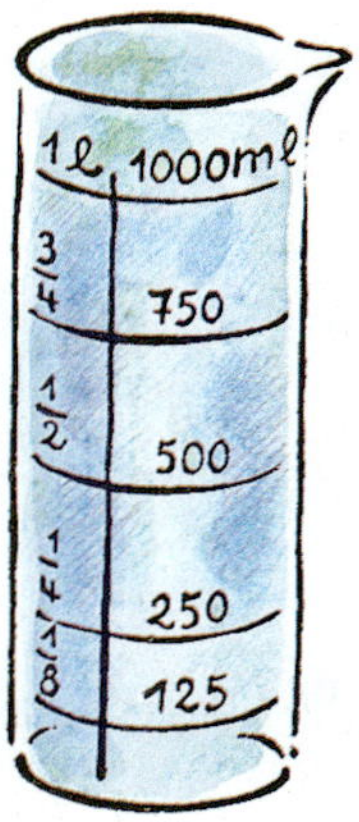

2

Maren möchte zur Begrüßung den Drink „Sommerduft“ anbieten.

a) Wie viel Liter dieses Drinks kann sie aus den angegebenen Zutaten mixen?

b) Sie gießt das fertige Getränk in Gläser, die jeweils 125 ml Inhalt fassen. Wie viele Gläser kann sie füllen?

3

Für ein Gartenfest, für eine Geburtstagsfeier oder nur zum Durstlöschen könnt ihr erfrischende und vitaminreiche Getränke zubereiten. Berechnet vorher, wie viel Liter des Getränkes ihr jeweils aus den angegebenen Zutaten erhaltet.

1

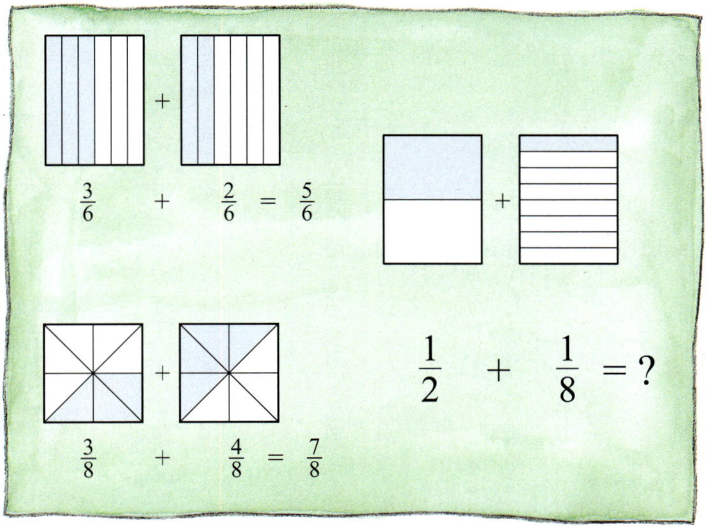

Kannst du Laura beim Lösen dieser Aufgabe helfen?

2 Bestimme die Platzhalter mithilfe der Zeichnungen.

a)

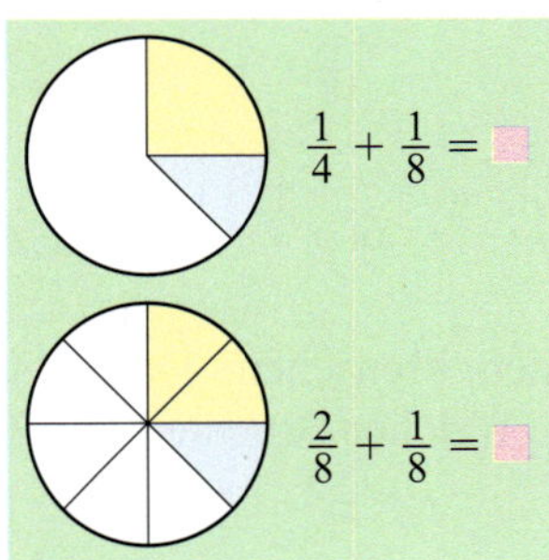

$\frac{1}{4} + \frac{1}{8} = \square$

$\frac{2}{8} + \frac{1}{8} = \square$

b)

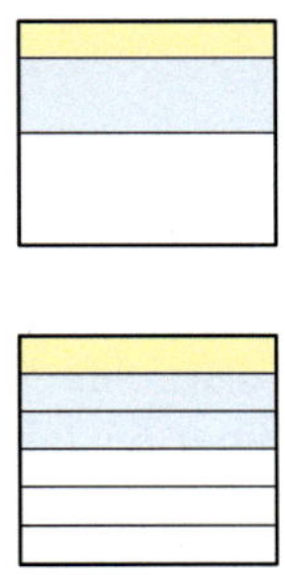

$\frac{1}{6} + \frac{1}{3} = \square$

c)

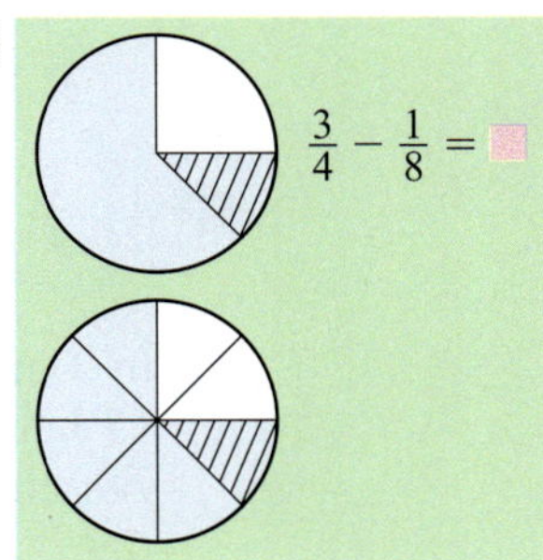

$\frac{3}{4} - \frac{1}{8} = \square$

3 Bestimme die Platzhalter.

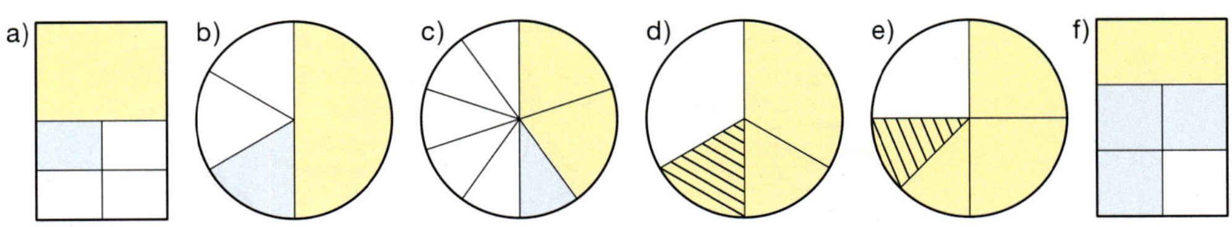

a) $\frac{1}{2} + \frac{1}{8} = \frac{\square}{8}$ b) $\frac{1}{2} + \frac{1}{6} = \frac{\square}{6}$ c) $\frac{2}{5} + \frac{1}{10} = \frac{\square}{10}$ d) $\frac{2}{3} - \frac{1}{6} = \frac{\square}{6}$ e) $\frac{3}{4} - \frac{1}{8} = \frac{\square}{8}$ f) $\frac{1}{3} + \frac{3}{6} = \frac{\square}{6}$

Addition und Subtraktion ungleichnamiger Brüche

1. Erweitere die Brüche so, dass sie den gleichen Nenner haben. Der kleinste gemeinsame Nenner heißt Hauptnenner.
2. Addiere oder subtrahiere die gleichnamigen Brüche.

$\frac{3}{4} + \frac{1}{8} = \frac{6}{8} + \frac{1}{8} = \frac{7}{8}$

$\frac{11}{12} - \frac{1}{3} = \frac{11}{12} - \frac{4}{12} = \frac{7}{12}$

4 Suche den Hauptnenner und addiere.

a) $\frac{1}{5}+\frac{1}{10}$	b) $\frac{4}{15}+\frac{1}{5}$	c) $\frac{4}{5}+\frac{3}{20}$	d) $\frac{13}{30}+\frac{1}{5}$	e) $\frac{3}{7}+\frac{3}{14}$	f) $\frac{1}{3}+\frac{2}{15}$
$\frac{2}{5}+\frac{3}{10}$	$\frac{1}{9}+\frac{2}{3}$	$\frac{1}{8}+\frac{3}{4}$	$\frac{8}{40}+\frac{1}{8}$	$\frac{4}{9}+\frac{1}{36}$	$\frac{1}{6}+\frac{5}{12}$
$\frac{3}{20}+\frac{2}{5}$	$\frac{2}{9}+\frac{1}{3}$	$\frac{1}{7}+\frac{9}{14}$	$\frac{2}{5}+\frac{13}{50}$	$\frac{3}{8}+\frac{1}{32}$	$\frac{7}{18}+\frac{2}{9}$

5 Suche den Hauptnenner und subtrahiere.

a) $\frac{3}{4}-\frac{1}{8}$	b) $\frac{3}{4}-\frac{2}{12}$	c) $\frac{11}{12}-\frac{2}{6}$	d) $\frac{11}{14}-\frac{3}{7}$	e) $\frac{41}{34}-\frac{19}{17}$	f) $\frac{29}{30}-\frac{1}{5}$
$\frac{4}{5}-\frac{5}{10}$	$\frac{8}{12}-\frac{1}{4}$	$\frac{5}{6}-\frac{4}{18}$	$\frac{13}{20}-\frac{3}{10}$	$\frac{27}{36}-\frac{5}{18}$	$\frac{19}{40}-\frac{3}{10}$
$\frac{13}{15}-\frac{2}{5}$	$\frac{15}{16}-\frac{3}{4}$	$\frac{23}{24}-\frac{1}{6}$	$\frac{4}{5}-\frac{9}{25}$	$\frac{26}{27}-\frac{5}{9}$	$\frac{37}{45}-\frac{11}{15}$

6 Kürze das Ergebnis, wenn möglich.

a) $\frac{1}{3}+\frac{5}{12}$	b) $\frac{1}{3}-\frac{1}{12}$	c) $\frac{1}{4}+\frac{1}{12}$	d) $\frac{1}{4}-\frac{1}{12}$	e) $\frac{3}{7}+\frac{2}{14}$	f) $\frac{29}{30}-\frac{7}{15}$
$\frac{1}{6}+\frac{1}{3}$	$\frac{3}{5}-\frac{4}{10}$	$\frac{7}{40}+\frac{1}{8}$	$\frac{15}{20}-\frac{3}{5}$	$\frac{1}{24}+\frac{5}{6}$	$\frac{47}{50}-\frac{11}{25}$
$\frac{2}{5}+\frac{1}{10}$	$\frac{29}{36}-\frac{5}{12}$	$\frac{3}{15}+\frac{1}{5}$	$\frac{5}{18}-\frac{1}{6}$	$\frac{3}{8}+\frac{1}{2}$	$\frac{3}{4}-\frac{11}{16}$

L $\frac{1}{2}$; $\frac{3}{4}$; $\frac{1}{2}$; $\frac{1}{3}$; $\frac{2}{5}$; $\frac{3}{10}$; $\frac{1}{6}$; $\frac{3}{20}$; $\frac{1}{9}$; $\frac{7}{8}$; $\frac{7}{8}$; $\frac{4}{7}$; $\frac{7}{18}$; $\frac{1}{4}$; $\frac{1}{5}$; $\frac{1}{16}$; $\frac{1}{2}$; $\frac{1}{2}$

7 In Deutschland leben etwa 80 Millionen Menschen. Davon sind ungefähr $\frac{1}{5}$ unter 15 Jahren und etwa $\frac{4}{25}$ über 65 Jahre alt. Welcher Bruchteil der Bevölkerung ist zwischen 15 und 65 Jahren?

8 Für eine Schulfeier malen die Schüler Bühnenbilder. Dazu mischen sie Farbe.

a) Wie viel Liter orange Farbe entsteht?
b) Die Schüler verbrauchen $\frac{3}{4}$ *l* der orangen Farbe. Welcher Bruchteil bleibt übrig?

9 Bestimme die Platzhalter.

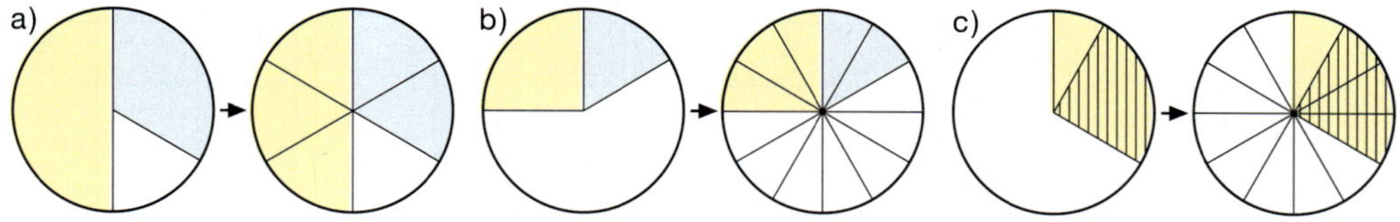

a) $\frac{1}{2} + \frac{1}{3} = \frac{\square}{6} + \frac{\square}{6} = \frac{\square}{6}$ b) $\frac{1}{4} + \frac{1}{6} = \frac{\square}{12} + \frac{\square}{12} = \frac{\square}{12}$ c) $\frac{1}{3} - \frac{1}{4} = \frac{\square}{12} - \frac{\square}{12} = \frac{\square}{12}$

10 Berechne.

a) $\frac{1}{5} + \frac{1}{3}$ b) $\frac{2}{3} + \frac{1}{5}$ c) $\frac{3}{4} + \frac{1}{5}$ d) $\frac{9}{8} - \frac{4}{5}$ e) $\frac{3}{4} - \frac{2}{15}$ f) $\frac{9}{10} - \frac{5}{7}$

$\frac{1}{5} + \frac{1}{2}$ $\frac{2}{5} + \frac{1}{7}$ $\frac{3}{4} + \frac{2}{9}$ $\frac{11}{10} - \frac{4}{7}$ $\frac{4}{5} - \frac{5}{12}$ $\frac{7}{5} - \frac{2}{3}$

L $\frac{19}{20}$; $\frac{35}{36}$; $\frac{8}{15}$; $\frac{7}{10}$; $\frac{13}{40}$; $\frac{37}{70}$; $\frac{13}{70}$; $\frac{11}{15}$; $\frac{13}{15}$; $\frac{19}{35}$; $\frac{37}{60}$; $\frac{23}{60}$

11 Jessica und Agnes addieren an der Tafel jeweils die Brüche $\frac{1}{8}$ und $\frac{1}{12}$.

Vergleiche die beiden Lösungswege miteinander. Was stellst du fest?

12 a) $\frac{1}{6} + \frac{3}{4}$ b) $\frac{5}{6} + \frac{1}{15}$ c) $\frac{1}{8} + \frac{1}{10}$ d) $\frac{9}{10} - \frac{4}{15}$ e) $\frac{11}{12} - \frac{11}{18}$ f) $\frac{1}{4} - \frac{1}{14}$

$\frac{3}{4} + \frac{1}{10}$ $\frac{1}{10} + \frac{5}{6}$ $\frac{1}{9} + \frac{3}{12}$ $\frac{5}{6} - \frac{5}{8}$ $\frac{27}{30} - \frac{17}{20}$ $\frac{2}{9} - \frac{1}{30}$

$\frac{3}{10} + \frac{5}{8}$ $\frac{7}{20} + \frac{3}{8}$ $\frac{2}{6} + \frac{2}{7}$ $\frac{7}{8} - \frac{5}{12}$ $\frac{4}{15} - \frac{3}{25}$ $\frac{11}{18} - \frac{5}{12}$

L $\frac{17}{20}$; $\frac{9}{10}$; $\frac{37}{40}$; $\frac{14}{15}$; $\frac{29}{40}$; $\frac{9}{40}$; $\frac{11}{12}$; $\frac{11}{24}$; $\frac{13}{36}$; $\frac{13}{21}$; $\frac{5}{24}$; $\frac{19}{30}$; $\frac{11}{75}$; $\frac{7}{36}$; $\frac{1}{20}$; $\frac{5}{28}$; $\frac{17}{90}$; $\frac{11}{36}$

13 Berechne und schreibe das Ergebnis als gemischte Zahl.

$\frac{7}{12} + \frac{11}{15}$
$= \frac{35}{60} + \frac{44}{60}$
$= \frac{79}{60} = 1\frac{19}{60}$

a) $\frac{4}{5} + \frac{5}{6}$ b) $\frac{3}{10} + \frac{8}{9}$ c) $\frac{5}{12} + \frac{3}{5}$ d) $\frac{11}{4} - \frac{1}{5}$ e) $\frac{22}{3} - \frac{1}{2}$ f) $\frac{31}{10} - \frac{4}{3}$

$\frac{7}{8} + \frac{5}{12}$ $\frac{3}{4} + \frac{5}{6}$ $\frac{7}{10} + \frac{8}{15}$ $\frac{11}{6} - \frac{5}{8}$ $\frac{15}{11} - \frac{1}{4}$ $\frac{71}{25} - \frac{3}{10}$

L $1\frac{7}{24}$; $1\frac{1}{60}$; $1\frac{7}{12}$; $2\frac{11}{20}$; $1\frac{7}{30}$; $6\frac{5}{6}$; $1\frac{5}{44}$; $1\frac{19}{30}$; $1\frac{17}{90}$; $1\frac{5}{24}$; $2\frac{27}{50}$; $1\frac{23}{30}$

14 Übertrage die Tabellen in dein Heft und berechne.

a)

+	$\frac{2}{3}$	$\frac{3}{10}$	$\frac{7}{12}$	$\frac{9}{20}$	$\frac{13}{30}$
$\frac{3}{4}$	■	■	■	■	■
$\frac{11}{15}$	■	■	■	■	■

b)

−	$\frac{1}{10}$	$\frac{4}{15}$	$\frac{5}{18}$	$\frac{11}{20}$	$\frac{13}{30}$
$\frac{3}{4}$	■	■	■	■	■
$\frac{11}{12}$	■	■	■	■	■

15 Säugling Frederik trinkt morgens $\frac{1}{4}$ *l* Milch mit Reisflocken, am Vormittag $\frac{1}{5}$ *l* Säuglingsmilchnahrung und in der zweiten Tageshälfte weitere $\frac{3}{5}$ *l*. Wie viel Liter trinkt Frederik am Tag?

16 Landwirt Deepe hat $\frac{3}{5}$ der Ackerfläche mit Roggen, $\frac{1}{4}$ mit Kartoffeln und den Rest mit Mais bebaut. Welcher Bruchteil der Ackerfläche entfällt auf den Mais?

17 Bauer Erdmann hat Wiesen, Äcker und Wald. $\frac{1}{12}$ seines Besitzes sind Wiesen, $\frac{3}{5}$ sind Ackerflächen. Welcher Bruchteil seines Landes entfällt auf den Wald?

18 Suche zuerst einen gemeinsamen Nenner für die drei Brüche und berechne dann.

a) $\frac{1}{2}+\frac{1}{4}+\frac{7}{8}$ $\frac{1}{3}+\frac{4}{9}+\frac{5}{6}$

b) $\frac{2}{5}+\frac{3}{10}+\frac{3}{4}$ $\frac{7}{10}+\frac{7}{20}+\frac{3}{5}$

c) $\frac{3}{4}+\frac{1}{12}+\frac{3}{8}$ $\frac{1}{6}+\frac{11}{15}+\frac{2}{3}$

d) $\frac{15}{18}+\frac{3}{4}+\frac{1}{2}$ $\frac{1}{3}+\frac{3}{5}+\frac{5}{6}$

19 Überprüfe die Ergebnisse. Die Kennbuchstaben ergeben ein Lösungswort, wenn du sie richtig zusammensetzt.

a)	richtig	falsch
$\frac{1}{2}+\frac{2}{3}+\frac{3}{4}=1\frac{11}{12}$	S	V
$\frac{5}{6}+\frac{2}{5}+\frac{1}{2}=1\frac{11}{15}$	E	O
$\frac{3}{4}+\frac{5}{6}-\frac{11}{12}=\frac{3}{4}$	T	A
$\frac{2}{5}+\frac{3}{4}-\frac{9}{10}=\frac{1}{4}$	N	H

b)	richtig	falsch
$\frac{5}{12}-\frac{1}{4}+\frac{5}{6}=1$	I	R
$\frac{2}{3}-\frac{8}{15}+\frac{1}{6}=\frac{4}{15}$	E	A
$\frac{7}{8}-\frac{1}{3}-\frac{1}{6}=\frac{3}{8}$	M	N
$\frac{8}{9}+\frac{2}{3}-\frac{1}{4}=1\frac{13}{36}$	D	S

20 Hier fehlen Brüche. Ergänze sie so, dass beim Addieren in den Spalten, in den Zeilen und in den Diagonalen immer die Summe 1 erreicht wird.

a)

$\frac{4}{15}$	■	■
■	■	$\frac{4}{15}$
■	■	$\frac{2}{5}$

b)

■	■	$\frac{1}{3}$
■	$\frac{1}{3}$	$\frac{5}{9}$
■	■	■

c)

$\frac{8}{15}$	■	■
■	$\frac{1}{3}$	■
$\frac{2}{5}$	■	■

Typisch Tante Tina

Tante Tina verteilt an Petra, Dirk und Moni ein Geldgeschenk: Petra erhält die Hälfte des Betrages, Dirk die Hälfte vom Rest und Moni den übrig bleibenden Betrag von 10 €. Wie viel Euro erhält jeder?

1 Vor 5000 Jahren benutzten die Menschen in Ägypten Bildzeichen, Hieroglyphen genannt, um Zahlen auszudrücken.

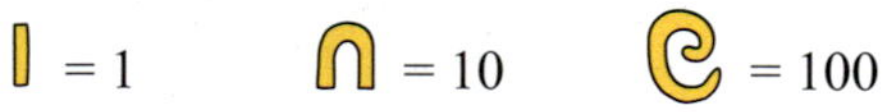

Brüche schrieben die Ägypter mithilfe des Zeichens , das eigentlich „Mund" bedeutet.

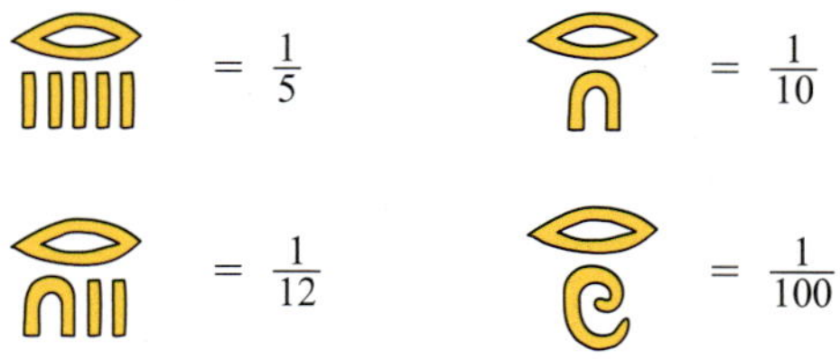

Für manche Brüche gab es besondere Zeichen:

Welche Brüche sind hier dargestellt?

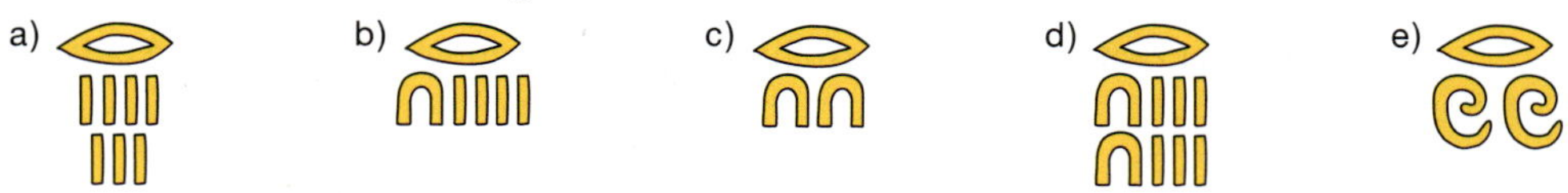

2 Schreibe die Brüche wie die Ägypter.

a) $\frac{1}{6}$ b) $\frac{1}{15}$ c) $\frac{1}{30}$ d) $\frac{1}{24}$ e) $\frac{1}{110}$

3 Mithilfe des Zeichens  konnten die Ägypter nur Brüche mit dem Zähler 1 schreiben. Brüche mit anderen Zahlen drückten sie als Summe aus.
Dabei benutzten sie niemals Zerlegungen wie $\frac{2}{5} = \frac{1}{5} + \frac{1}{5}$, sondern wählten bei den einzelnen Summanden immer verschiedene Nenner.

$\frac{2}{5}$ schrieben sie so: 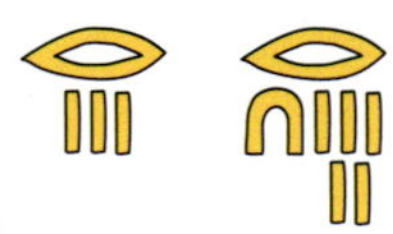

das bedeutet: $\frac{1}{3} + \frac{1}{15}$

$= \frac{5}{15} + \frac{1}{15} = \frac{6}{15} = \frac{2}{5}$

Welche Brüche sind hier dargestellt?

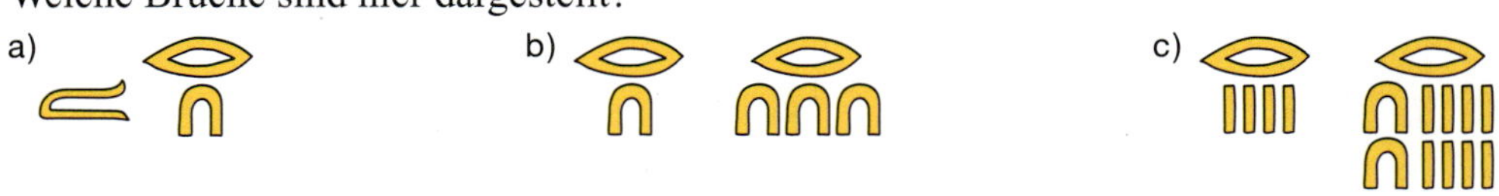

4 Kannst du auch diese Hyroglyphen entziffern?

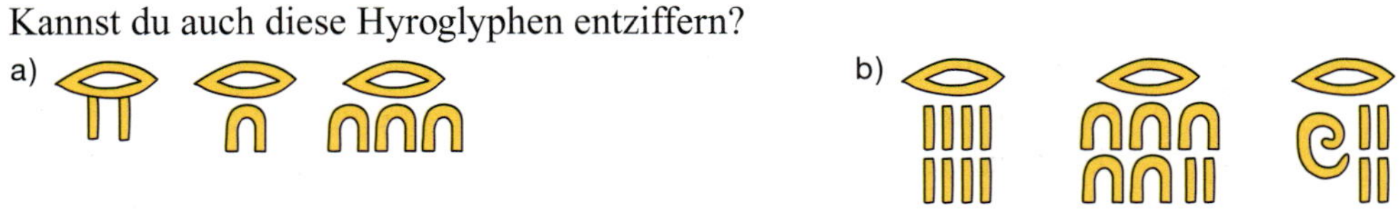

1 Alexa mischt sich ein Fruchtsaftgetränk aus $\frac{2}{3}\,l$ Himbeersirup und $1\frac{1}{4}\,l$ Mineralwasser. Wie viel Liter Himbeersaft erhält Alexa?

2 Herr Schürmann streicht Türen und Fenster seines Hauses. Er verdünnt $1\frac{1}{2}\,l$ Hochglanzlack mit $\frac{3}{8}\,l$ Wasser. Wie viel Liter Farbe erhält er?

3 Kürze das Ergebnis, falls möglich.

a) $2\frac{3}{4}+\frac{1}{6}$	b) $1\frac{1}{3}+\frac{1}{4}$	c) $\frac{5}{6}+3\frac{1}{8}$	d) $1\frac{7}{8}-\frac{7}{10}$	e) $3\frac{9}{10}-\frac{2}{3}$
$5\frac{4}{9}+\frac{1}{2}$	$5\frac{1}{2}+\frac{2}{5}$	$\frac{1}{12}+7\frac{3}{4}$	$4\frac{3}{4}-\frac{3}{9}$	$5\frac{6}{7}-\frac{1}{6}$
$6\frac{1}{3}+\frac{4}{9}$	$4\frac{1}{3}+\frac{3}{5}$	$\frac{1}{10}+5\frac{1}{3}$	$1\frac{8}{9}-\frac{1}{2}$	$7\frac{9}{10}-\frac{5}{6}$

$$6\frac{4}{5}+1\frac{3}{8} = 6\frac{32}{40}+1\frac{15}{40} = 7\frac{47}{40} = 8\frac{7}{40}$$

4 Bei richtiger Lösung erhältst du die Namen von drei großen Städten in Europa.

a) $3\frac{3}{4}+\frac{3}{4}$	b) $3\frac{1}{2}+3\frac{1}{6}$	c) $7\frac{1}{2}-\frac{5}{6}$	d) $7\frac{1}{10}-\frac{2}{5}$	e) $1\frac{5}{8}+\frac{3}{4}$
$4\frac{6}{8}+\frac{1}{3}$	$6\frac{3}{5}-2\frac{3}{10}$	$2\frac{2}{5}+4\frac{1}{2}$	$3\frac{1}{5}+2\frac{5}{8}$	$6\frac{13}{15}-\frac{1}{5}$
$5-\frac{4}{10}$	$4\frac{7}{12}+\frac{3}{4}$	$3\frac{9}{12}+\frac{12}{16}$	$3\frac{1}{10}+1\frac{1}{5}$	$9\frac{8}{9}-5\frac{7}{18}$

$6\frac{2}{3}$ I	$4\frac{3}{5}$ F	$6\frac{7}{10}$ K	$5\frac{1}{3}$ M	$4\frac{3}{10}$ A
$5\frac{33}{40}$ P	$5\frac{1}{12}$ O	$2\frac{3}{8}$ R	$6\frac{9}{10}$ N	$4\frac{1}{2}$ S

5

a) $3\frac{1}{4}+2\frac{7}{8}$	b) $5\frac{3}{5}+7\frac{7}{10}$	c) $15\frac{1}{5}-5\frac{2}{3}$	d) $12\frac{4}{5}-1\frac{17}{20}$	e) $32\frac{3}{8}-21\frac{2}{3}$
$8\frac{1}{3}+4\frac{7}{9}$	$6\frac{2}{3}+4\frac{5}{6}$	$30\frac{1}{6}-18\frac{9}{10}$	$18\frac{3}{8}-6\frac{5}{6}$	$8\frac{3}{5}-1\frac{3}{4}$
$7\frac{15}{26}+2\frac{8}{13}$	$4\frac{5}{9}+3\frac{19}{27}$	$22\frac{3}{10}-11\frac{3}{4}$	$20\frac{5}{9}-13\frac{9}{10}$	$14\frac{1}{3}-6\frac{5}{7}$

$$5\frac{7}{10}-1\frac{4}{5} = 5\frac{7}{10}-1\frac{8}{10} = 4\frac{17}{10}-1\frac{8}{10} = 3\frac{9}{10}$$

L $10\frac{5}{26}$, $11\frac{1}{2}$, $10\frac{11}{20}$, $6\frac{59}{90}$, $10\frac{17}{24}$, $6\frac{1}{8}$, $8\frac{7}{27}$, $11\frac{4}{15}$, $10\frac{19}{20}$, $6\frac{17}{20}$, $13\frac{1}{9}$, $13\frac{3}{10}$, $9\frac{8}{15}$, $11\frac{13}{24}$, $7\frac{13}{21}$

6 a) Addiere zu einer Zahl $\frac{1}{5}$, so erhältst du $1\frac{9}{10}$.
b) Von welcher Zahl muss man $1\frac{1}{4}$ subtrahieren, um $3\frac{7}{12}$ zu erhalten?
c) Wenn du $3\frac{1}{6}$ zu einer Zahl addierst, so erhältst du $5\frac{1}{2}$.

1 Ordne die Zahlenkärtchen passend.

1 3 4 6 7 12

$\frac{☐}{☐} + \frac{☐}{☐} = \frac{☐}{☐}$

2 Etwa $\frac{2}{3}$ des menschlichen Körpers ist Wasser, ungefähr $\frac{1}{10}$ des Körpers ist Fett. Welcher Bruchteil des Menschen besteht aus anderen Stoffen?

3 Zeichne die Tabellen in dein Heft. Fülle die freien Felder so aus, dass sich in jeder Spalte die Summe 1 ergibt.

a)

$\frac{8}{15}$	☐	☐
$\frac{1}{5}$	$\frac{1}{3}$	☐
☐	$\frac{3}{5}$	☐

b)

$\frac{1}{8}$	$\frac{1}{4}$	☐	☐
$\frac{3}{8}$	$\frac{1}{8}$	$\frac{1}{8}$	☐
☐	☐	$\frac{1}{8}$	$\frac{3}{8}$
☐	$\frac{1}{2}$	$\frac{1}{4}$	☐

4

Alexandra ist erstaunt, als Sarah behauptet, dass ihr Pullover zu $\frac{2}{5}$ aus Viskose, zur Hälfte aus Wolle und zu $\frac{1}{5}$ aus anderen Fasern besteht. Kann das stimmen?

5 Rainer erhält ein Fahrrad für 696 €. Sein Vater zahlt $\frac{3}{4}$ des Preises, sein Onkel $\frac{1}{8}$, den Rest zahlt Rainer von seinen eigenen Ersparnissen.

6

Findest du die zwei Brüche, deren Differenz $\frac{2}{3}$ ist?

Die Summe der zwei Brüche ist 1.

Beispiel:
Der Bruch $\frac{6}{3}$ hat den Wert 2.

Suche den Bruch!
Wird sein Zähler um 9 vermehrt, so hat der Bruch den Wert 2.

Ein Bruch wird gesucht!
Wird sein Zähler um 5 vermindert und sein Nenner um 2, so hat der Bruch den Wert $\frac{1}{5}$.

Wird der Zähler um 5 vermehrt und sein Nenner um 6 vermindert, so hat der Bruch den Wert 2.

Subtrahierst du vom Zähler die Zahl 1, so hat der Bruch den Wert $\frac{3}{4}$.

Mögliche Lösungen:

$\frac{1}{4}$, $\frac{1}{6}$, $\frac{11}{12}$, $\frac{3}{4}$, $\frac{7}{8}$

$\frac{1}{3}$, $\frac{7}{12}$, $\frac{5}{6}$, $\frac{1}{2}$, $\frac{5}{8}$

1 a) Janina und Vanessa besorgen Getränke für ein Klassenfest. Sie kaufen 15 Flaschen Cola und 8 Flaschen Apfelsaft. Wie viel Liter Cola (Apfelsaft) sind das?

b) Beim Klassenfest werden die Getränke in Gläser gefüllt. Ein Glas fasst $\frac{1}{5}$ *l*. Wie viele Gläser kann Janina aus einer Colaflasche füllen? Wie viele Gläser aus allen 15 Flaschen?

c) Daniel holt für seine Tischgruppe vier Gläser Apfelsaft. Reicht eine Flasche aus, um alle vier Gläser zu füllen?

d) Am Ende des Festes sind drei Colaflaschen noch zu einem Viertel voll. Wie viele Liter Cola sind in allen drei Flaschen zusammen?

e) Eine Apfelsaftflasche ist noch zu drei Vierteln voll. „Das ist mehr als ein halber Liter“, sagt Vanessa. Hat sie Recht?

Marion und Günay kaufen für ein Klassenfest ein. Sie wollen das günstigste Angebot wählen. Wie wird Günay wohl rechnen?

2 Bestimme die Platzhalter.

a)
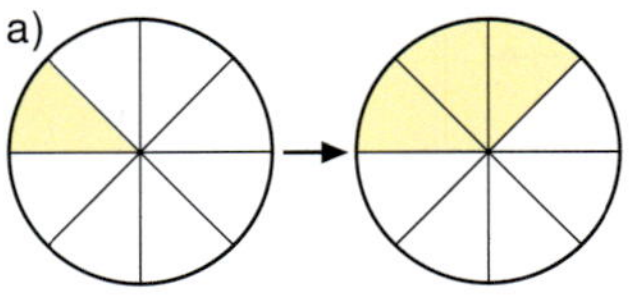
$\frac{1}{8} \cdot 3 = \frac{\square}{8}$

b)
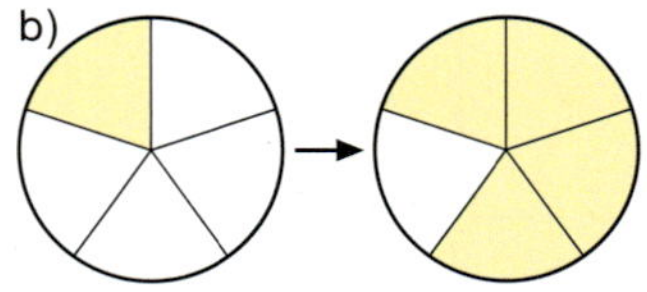
$\frac{1}{5} \cdot 4 = \frac{\square}{\square}$

c)
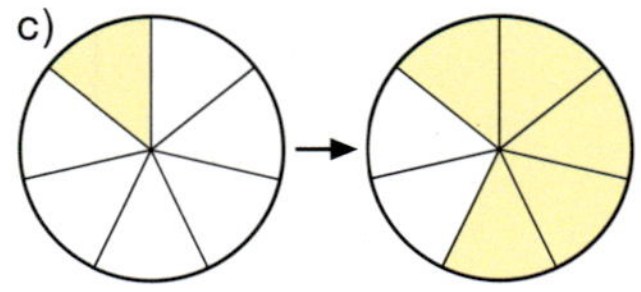
$\frac{1}{7} \cdot \square = \frac{\square}{\square}$

3 Gib jeweils die entsprechende Multiplikationsaufgabe an.

a)
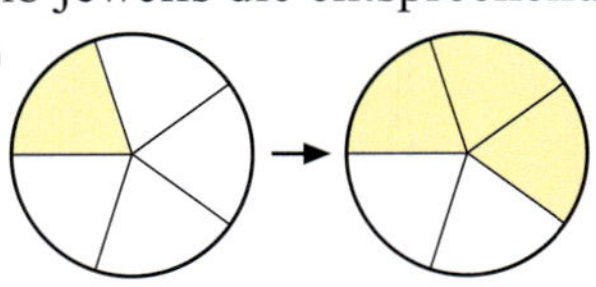
b)
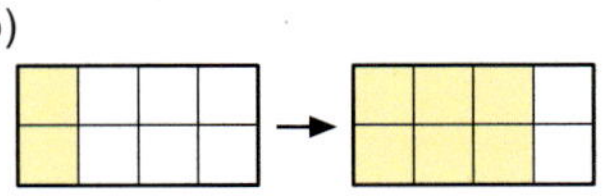
c)
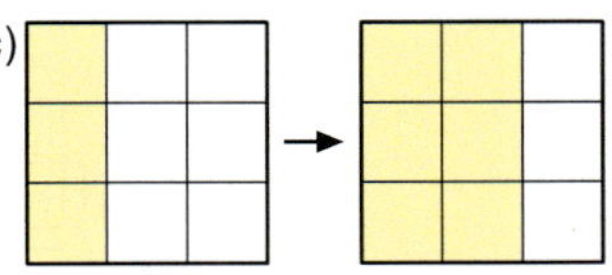
d)
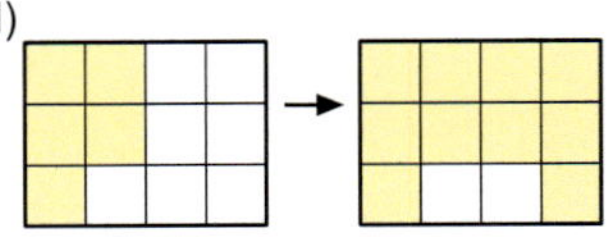
e)
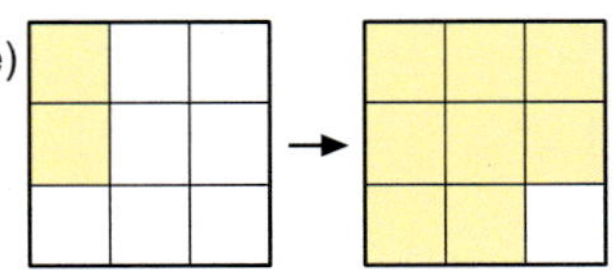
f)
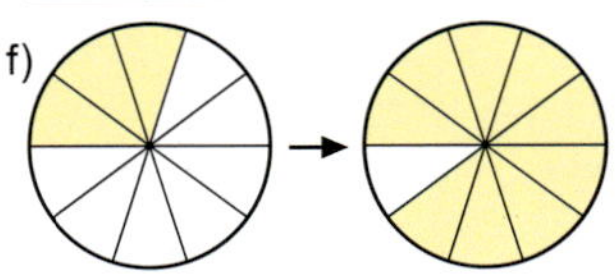

4 Berechne.

a) $3 \cdot \frac{1}{7}$ b) $5 \cdot \frac{2}{11}$ c) $5 \cdot \frac{1}{7}$ d) $\frac{2}{13} \cdot 6$ e) $\frac{2}{17} \cdot 3$ f) $\frac{4}{19} \cdot 4$

> Ein Bruch wird mit einer natürlichen Zahl multipliziert, indem man den Zähler des Bruches mit der natürlichen Zahl multipliziert und den Nenner unverändert lässt.
>
> $\frac{2}{7} \cdot 3 = \frac{2 \cdot 3}{7} = \frac{6}{7}$

5 Berechne.

a) $3 \cdot \frac{1}{4}$ b) $7 \cdot \frac{1}{10}$ c) $2 \cdot \frac{2}{5}$ d) $\frac{2}{13} \cdot 4$ e) $\frac{3}{17} \cdot 5$ f) $\frac{6}{19} \cdot 3$

$4 \cdot \frac{1}{7}$ $3 \cdot \frac{1}{8}$ $3 \cdot \frac{1}{7}$ $\frac{3}{10} \cdot 3$ $\frac{5}{21} \cdot 4$ $\frac{6}{27} \cdot 4$

6 Bestimme die Platzhalter.

a) $\frac{2}{11} \cdot \square = \frac{10}{11}$ b) $\frac{2}{15} \cdot \square = \frac{14}{15}$ c) $\frac{2}{\square} \cdot \square = \frac{8}{9}$ d) $\frac{\square}{\square} \cdot 3 = \frac{6}{7}$ e) $\frac{2}{13} \cdot \square = \frac{10}{\square}$

1 a)

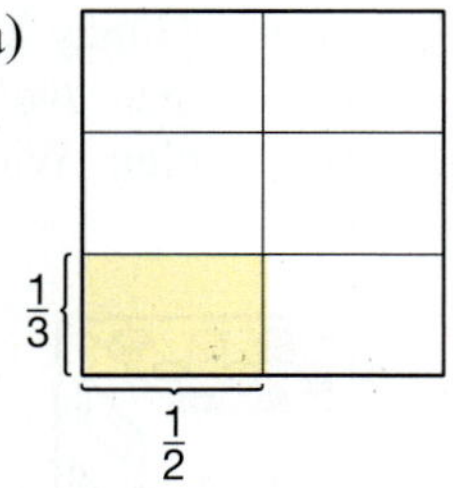

Die Länge des grünen Rechtecks ist die Hälfte der Quadratseite. Die Breite des grünen Rechtecks ist ein Drittel der Quadratseite. Welcher Bruchteil der Quadratfläche ist grün?

b)

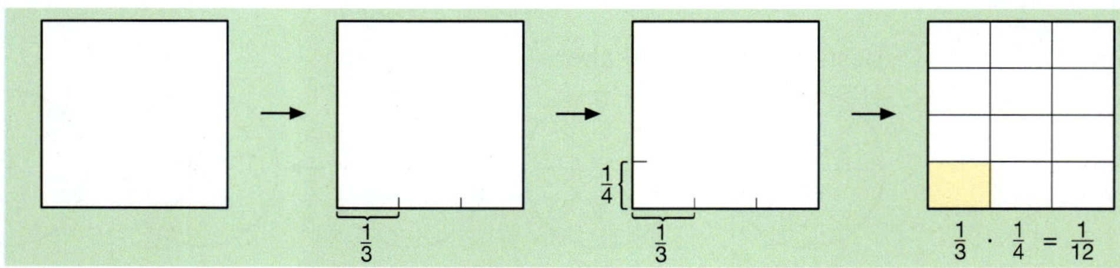

Bestimme jeweils die Platzhalter.

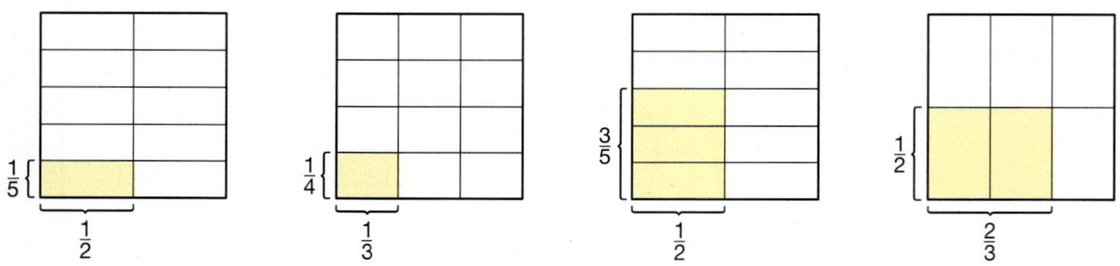

$\frac{1}{2} \cdot \frac{1}{5} = \frac{\square}{\square}$ $\frac{1}{3} \cdot \frac{1}{4} = \frac{\square}{\square}$ $\frac{1}{2} \cdot \frac{3}{5} = \frac{\square}{\square}$ $\frac{2}{3} \cdot \frac{1}{2} = \frac{\square}{\square}$

c) Gib jeweils die entsprechende Multiplikationsaufgabe an.

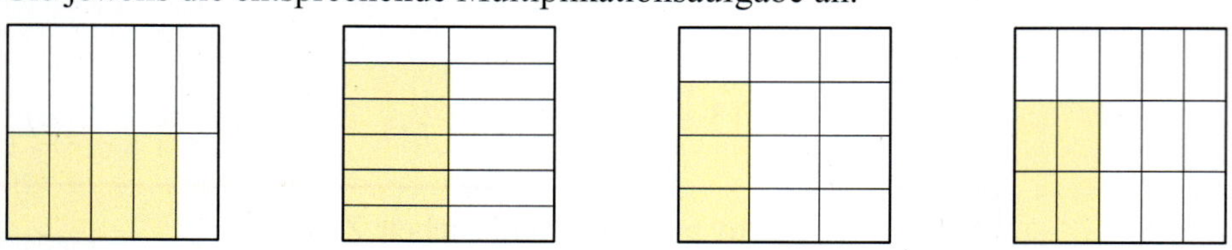

d) Zeichne zu jeder Multiplikationsaufgabe ein Quadrat mit der Seitenlänge 4 cm und teile es richtig ein.

$\frac{1}{2} \cdot \frac{1}{4}$ $\frac{1}{4} \cdot \frac{3}{4}$ $\frac{1}{2} \cdot \frac{7}{8}$ $\frac{5}{8} \cdot \frac{3}{4}$

> Zwei Brüche werden multipliziert, indem man Zähler mit Zähler und Nenner mit Nenner multipliziert. $\frac{2}{3} \cdot \frac{4}{5} = \frac{2 \cdot 4}{3 \cdot 5} = \frac{8}{15}$

2 Multipliziere.

a) $\frac{4}{5} \cdot \frac{3}{7}$ b) $\frac{3}{4} \cdot \frac{3}{5}$ c) $\frac{4}{5} \cdot \frac{3}{20}$ d) $\frac{3}{5} \cdot \frac{6}{7}$ e) $\frac{6}{7} \cdot \frac{4}{13}$ f) $\frac{7}{11} \cdot \frac{9}{4}$

$\frac{1}{2} \cdot \frac{5}{9}$ $\frac{2}{7} \cdot \frac{5}{11}$ $\frac{3}{8} \cdot \frac{5}{16}$ $\frac{5}{8} \cdot \frac{3}{7}$ $\frac{11}{13} \cdot \frac{3}{4}$ $\frac{14}{15} \cdot \frac{4}{3}$

3 Multipliziere die Brüche und kürze. Dabei gibt es zwei Möglichkeiten.

$\frac{6}{7} \cdot \frac{3}{4} = \frac{18}{28} = \frac{9}{14}$

oder

$\frac{6}{7} \cdot \frac{3}{4} = \frac{^3\not{6} \cdot 3}{7 \cdot \not{4}_2} = \frac{9}{14}$

a) $\frac{3}{4} \cdot \frac{2}{5}$ b) $\frac{7}{8} \cdot \frac{4}{3}$ c) $\frac{4}{7} \cdot \frac{3}{4}$ d) $\frac{3}{4} \cdot \frac{2}{9}$

$\frac{2}{3} \cdot \frac{5}{4}$ $\frac{5}{2} \cdot \frac{3}{10}$ $\frac{5}{3} \cdot \frac{7}{10}$ $\frac{7}{6} \cdot \frac{4}{3}$

$\frac{2}{11} \cdot \frac{3}{4}$ $\frac{4}{7} \cdot \frac{7}{3}$ $\frac{1}{8} \cdot \frac{4}{11}$ $\frac{11}{10} \cdot \frac{9}{22}$

4 Berechne. Beachte beim Kürzen die Teilbarkeitsregeln.

a) $\frac{1}{9} \cdot \frac{3}{8}$ b) $\frac{3}{7} \cdot \frac{5}{6}$ c) $\frac{4}{9} \cdot \frac{3}{7}$ d) $\frac{3}{2} \cdot \frac{13}{18}$ e) $\frac{6}{5} \cdot \frac{8}{15}$ f) $\frac{9}{50} \cdot \frac{5}{6}$

$\frac{3}{11} \cdot \frac{2}{3}$ $\frac{8}{9} \cdot \frac{3}{5}$ $\frac{5}{6} \cdot \frac{9}{8}$ $\frac{3}{4} \cdot \frac{11}{12}$ $\frac{9}{8} \cdot \frac{7}{12}$ $\frac{5}{3} \cdot \frac{12}{25}$

$\frac{7}{15} \cdot \frac{9}{14}$

$= \frac{^1\not{7} \cdot \not{9}^3}{_5\not{15} \cdot \not{14}_2}$

$= \frac{3}{10}$

5 Multipliziere, kürze zuerst.

a) $\frac{8}{15} \cdot \frac{25}{16}$ b) $\frac{9}{28} \cdot \frac{7}{12}$ c) $\frac{7}{15} \cdot \frac{6}{35}$ d) $\frac{14}{23} \cdot \frac{46}{42}$ e) $\frac{12}{17} \cdot \frac{34}{21}$ f) $\frac{11}{20} \cdot \frac{4}{33}$

$\frac{5}{7} \cdot \frac{21}{20}$ $\frac{22}{25} \cdot \frac{5}{33}$ $\frac{13}{25} \cdot \frac{15}{39}$ $\frac{17}{60} \cdot \frac{15}{68}$ $\frac{25}{48} \cdot \frac{16}{75}$ $\frac{24}{25} \cdot \frac{15}{16}$

$\frac{5}{11} \cdot \frac{22}{35}$ $\frac{7}{18} \cdot \frac{9}{49}$ $\frac{21}{19} \cdot \frac{38}{49}$ $\frac{81}{52} \cdot \frac{26}{27}$ $\frac{35}{81} \cdot \frac{45}{49}$ $\frac{27}{28} \cdot \frac{7}{36}$

6 Übertrage die Multiplikationstürme in dein Heft und vervollständige sie.

Turm 1: Spitze $\frac{1}{25}$; unterste Reihe: $\frac{3}{4}$, $\frac{2}{3}$, $\frac{3}{5}$, $\frac{5}{6}$

Turm 2: Spitze $\frac{1}{80}$; unterste Reihe: $\frac{9}{10}$, $\frac{4}{9}$, $\frac{9}{16}$, $\frac{8}{9}$

Turm 3: Spitze 1; unterste Reihe: 4, $\frac{2}{3}$, $\frac{3}{4}$, 2

7 Kürze vor dem Ausrechnen.

a) $\frac{4}{5} \cdot \frac{2}{3} \cdot \frac{5}{2}$ b) $\frac{9}{8} \cdot \frac{5}{6} \cdot \frac{2}{3}$ c) $\frac{16}{11} \cdot \frac{5}{12} \cdot \frac{3}{4}$ d) $\frac{16}{27} \cdot \frac{12}{25} \cdot \frac{15}{32}$

$\frac{9}{7} \cdot \frac{4}{3} \cdot \frac{5}{4}$ $\frac{6}{7} \cdot \frac{2}{9} \cdot \frac{7}{4}$ $\frac{4}{15} \cdot \frac{5}{14} \cdot \frac{7}{2}$ $\frac{49}{30} \cdot \frac{25}{21} \cdot \frac{18}{35}$

L $\frac{1}{3}$, $\frac{5}{8}$, $\frac{5}{11}$, $\frac{1}{3}$, $\frac{2}{15}$, $\frac{4}{3}$, $\frac{15}{7}$, 1

8 Wandle die gemischte Zahl zuerst in einen Bruch um. Multipliziere dann.

$2\frac{1}{3} \cdot \frac{1}{4} = \frac{7}{3} \cdot \frac{1}{4} = \frac{7}{12}$

a) $1\frac{1}{5} \cdot \frac{1}{7}$ b) $4\frac{1}{2} \cdot \frac{1}{11}$ c) $2\frac{2}{3} \cdot \frac{3}{4}$ d) $1\frac{3}{4} \cdot \frac{3}{7}$ e) $3\frac{1}{7} \cdot \frac{7}{11}$

$2\frac{3}{16} \cdot \frac{4}{7}$ $\frac{19}{21} \cdot 1\frac{4}{38}$ $1\frac{8}{69} \cdot \frac{23}{77}$ $2\frac{4}{7} \cdot \frac{14}{15}$ $3\frac{3}{4} \cdot \frac{2}{5}$

$1\frac{13}{27} \cdot \frac{3}{5}$ $\frac{16}{17} \cdot 1\frac{2}{32}$ $2\frac{8}{58} \cdot \frac{29}{31}$ $\frac{12}{42} \cdot 4\frac{2}{3}$ $\frac{18}{19} \cdot 8\frac{4}{9}$

$6\frac{6}{7} \cdot \frac{21}{24}$ $\frac{3}{7} \cdot 9\frac{4}{5}$ $18\frac{2}{3} \cdot \frac{5}{14}$ $7\frac{3}{5} \cdot \frac{10}{19}$ $3\frac{5}{9} \cdot \frac{3}{16}$

1 Markus, Anne und Rabea teilen sich eine halbe Pizza. Welchen Bruchteil der Pizza erhält jeder?

2 Bestimme jeweils die Platzhalter.

$\frac{1}{4} : 2 = \frac{1}{8}$

a)

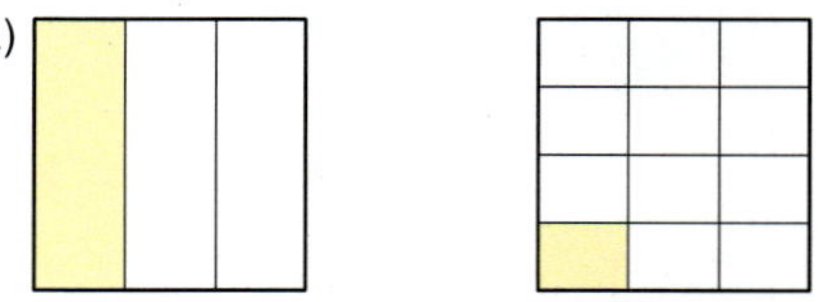

$\frac{1}{3} : 4 = \frac{\square}{\square}$

b)

$\frac{2}{5} : 3 = \frac{\square}{\square}$

c)

$\frac{3}{4} : \square = \frac{\square}{\square}$

3 Gib jeweils die entsprechende Divisionsaufgabe an.

a)

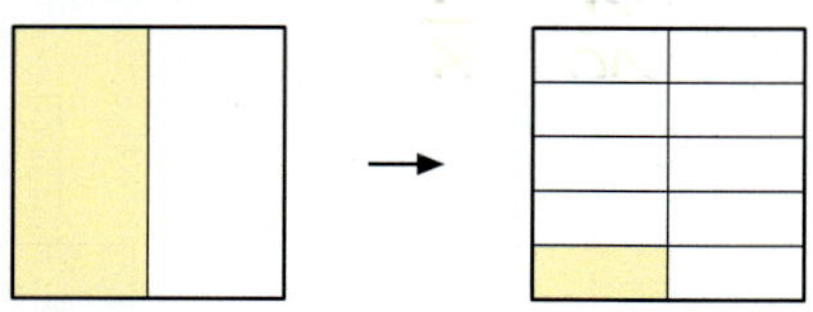

b)

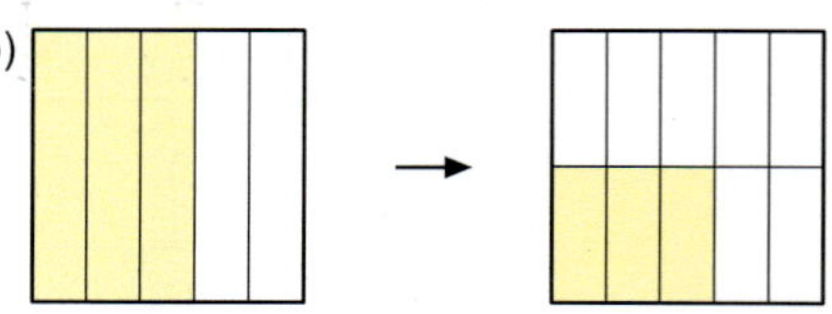

c)

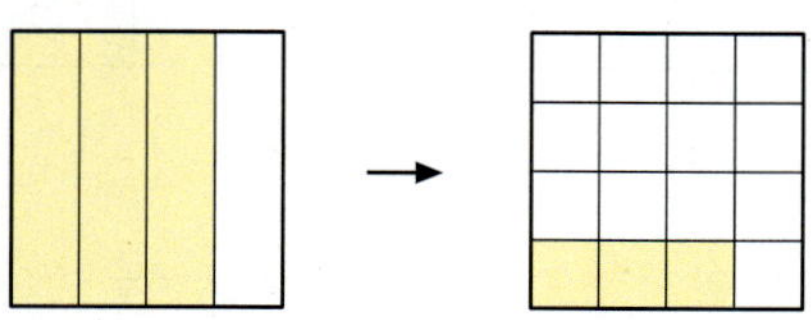

d)

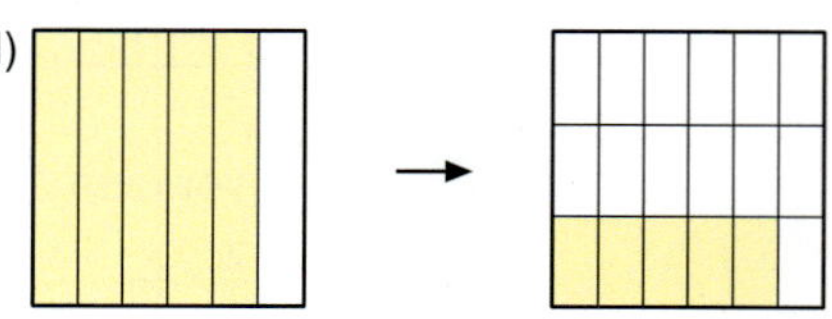

Ein Bruch wird durch eine natürliche Zahl dividiert, indem man den Nenner des Bruches mit der natürlichen Zahl multipliziert und den Zähler unverändert lässt.

$\frac{2}{3} : 5 = \frac{2}{3 \cdot 5} = \frac{2}{15}$

$\frac{12}{13} : 4$

$= \frac{\not{12}^{3}}{13 \cdot \not{4}_{1}}$

$= \frac{3}{13}$

4 Berechne. Kürze, wenn möglich.

a)	b)	c)	d)	e)	f)
$\frac{3}{4} : 2$	$\frac{4}{5} : 5$	$\frac{3}{4} : 9$	$\frac{10}{11} : 5$	$\frac{14}{15} : 7$	$\frac{10}{11} : 15$
$\frac{2}{5} : 3$	$\frac{1}{3} : 2$	$\frac{3}{10} : 6$	$\frac{15}{16} : 3$	$\frac{27}{32} : 9$	$\frac{16}{9} : 12$
$\frac{2}{3} : 3$	$\frac{6}{7} : 4$	$\frac{4}{7} : 8$	$\frac{12}{17} : 4$	$\frac{9}{10} : 6$	$\frac{15}{17} : 10$

1 a) Orangensaft wird aus einer Flasche in Gläser gegossen. Jedes Glas fasst $\frac{1}{5}$ *l*. Wie viele Gläser werden gefüllt?
b) Wie viele Gläser könntest du aus einer 2-*l*-Flasche füllen?

2 Bestimme die Platzhalter und vergleiche. Bei der Divisionsaufgabe hilft dir die Zeichnung.

a)

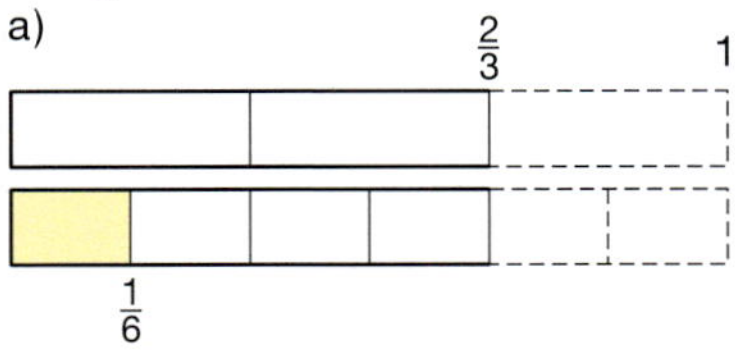

b)

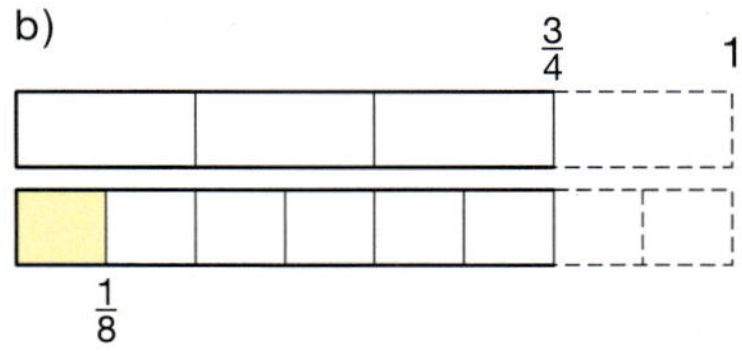

$\frac{2}{3} : \frac{1}{6} = \square$ $\qquad \frac{2}{3} \cdot \frac{6}{1} = \square$ $\qquad \frac{3}{4} : \frac{1}{8} = \square$ $\qquad \frac{3}{4} \cdot \frac{8}{1} = \square$

c)

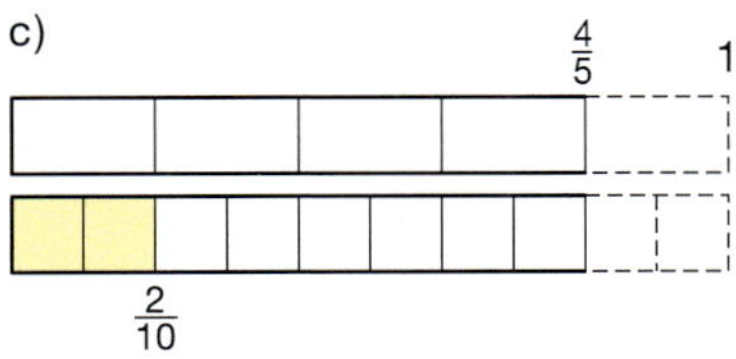

d)

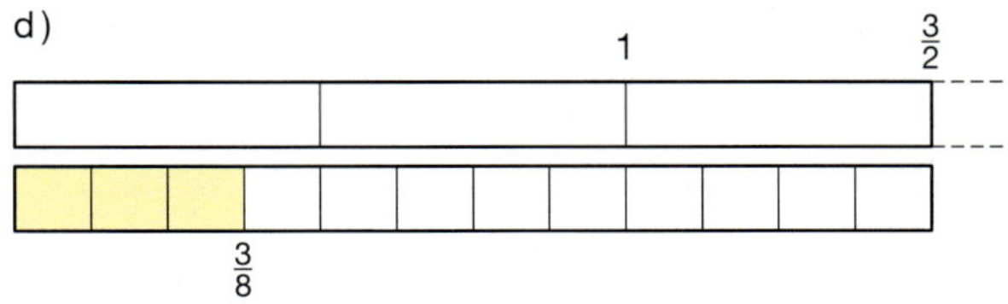

$\frac{4}{5} : \frac{2}{10} = \square$ $\qquad \frac{4}{5} \cdot \frac{10}{2} = \square$ $\qquad \frac{3}{2} : \frac{3}{8} = \square$ $\qquad \frac{3}{2} \cdot \frac{8}{3} = \square$

e)

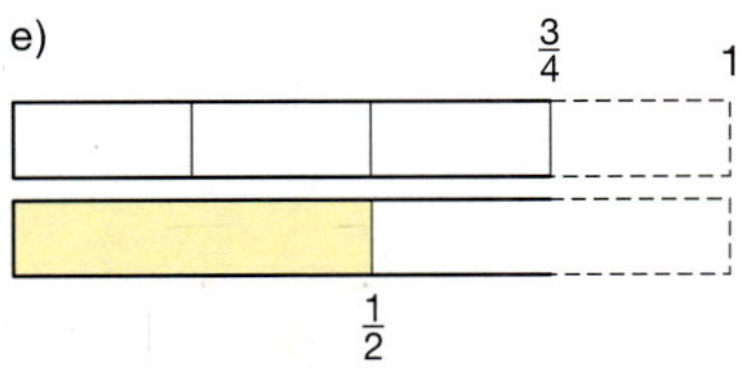

f)

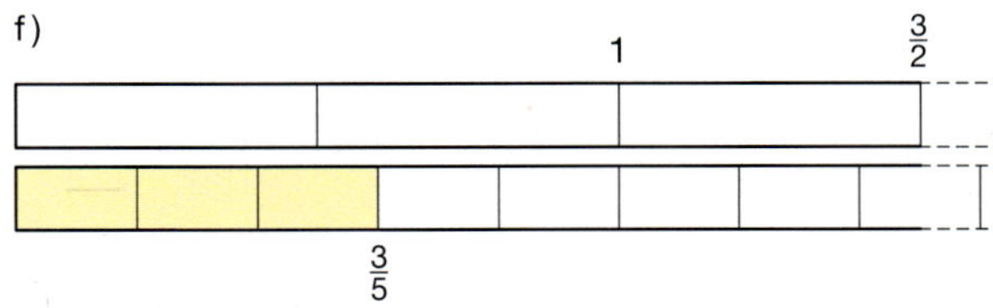

$\frac{3}{4} : \frac{1}{2} = 1\frac{1}{2} = \frac{\square}{2}$ $\qquad \frac{3}{4} \cdot \frac{2}{1} = \frac{\square}{\square}$ $\qquad \frac{3}{2} : \frac{3}{5} = 2\frac{1}{2} = \frac{\square}{2}$ $\qquad \frac{3}{2} \cdot \frac{5}{3} = \frac{\square}{\square}$

> Wir dividieren durch einen Bruch, indem wir mit seinem Kehrwert multiplizieren.
>
> $\frac{3}{5} : \frac{1}{2} = \frac{3}{5} \cdot \frac{2}{1} = \frac{6}{5}$ $\qquad\qquad \frac{2}{7} : \frac{3}{4} = \frac{2}{7} \cdot \frac{4}{3} = \frac{8}{21}$
>
> Der Kehrwert von $\frac{1}{2}$ ist $\frac{2}{1}$. $\qquad$ Der Kehrwert von $\frac{3}{4}$ ist $\frac{4}{3}$.
>
> Der Kehrwert eines Bruches wird auch das **Reziproke** des Bruches genannt.

3 Bestimme die Platzhalter.

a) $\frac{4}{7} : \frac{1}{3} = \frac{4}{7} \cdot \frac{\square}{\square} = \frac{\square}{\square}$ $\qquad$ b) $\frac{3}{8} : \frac{2}{5} = \frac{3}{8} \cdot \frac{\square}{\square} = \frac{\square}{\square}$ $\qquad$ c) $\frac{5}{11} : \frac{2}{3} = \frac{5}{11} \cdot \frac{\square}{\square} = \frac{\square}{\square}$

4 Berechne.

a) $\frac{3}{7} : \frac{1}{2}$	b) $\frac{3}{5} : \frac{2}{3}$	c) $\frac{5}{9} : \frac{2}{7}$	d) $\frac{7}{13} : \frac{2}{5}$	e) $9 : \frac{5}{7}$	f) $\frac{11}{13} : \frac{5}{3}$
$\frac{2}{11} : \frac{1}{4}$	$\frac{1}{7} : \frac{4}{11}$	$\frac{3}{5} : \frac{3}{8}$	$\frac{9}{11} : \frac{4}{5}$	$6 : \frac{7}{9}$	$\frac{7}{12} : \frac{5}{7}$

5 Dividiere. Kürze, wenn möglich.

a)	b)	c)	d)	e)	f)
$25 : \frac{5}{4}$	$\frac{3}{8} : \frac{1}{2}$	$\frac{7}{2} : \frac{3}{8}$	$\frac{3}{8} : \frac{5}{16}$	$\frac{3}{8} : \frac{3}{4}$	$\frac{5}{9} : \frac{10}{3}$
$32 : \frac{8}{9}$	$\frac{6}{7} : \frac{1}{3}$	$\frac{11}{3} : \frac{5}{6}$	$\frac{2}{7} : \frac{3}{14}$	$\frac{5}{4} : \frac{15}{2}$	$\frac{4}{21} : \frac{2}{7}$
$12 : \frac{4}{5}$	$\frac{4}{9} : \frac{1}{6}$	$\frac{2}{9} : \frac{5}{12}$	$\frac{5}{6} : \frac{3}{4}$	$\frac{6}{7} : \frac{3}{14}$	$\frac{2}{9} : \frac{4}{15}$
$36 : \frac{4}{7}$	$\frac{3}{5} : \frac{1}{10}$	$\frac{3}{5} : \frac{7}{10}$	$\frac{5}{7} : \frac{5}{3}$	$\frac{8}{9} : \frac{2}{3}$	$\frac{5}{6} : \frac{10}{3}$

6 Kürze vor dem Ausrechnen.

$\frac{5}{6} : \frac{10}{9}$

$= \frac{5}{6} \cdot \frac{9}{10}$

$= \frac{{}^{1}\not{5} \cdot \not{9}^{3}}{{}_{2}\not{6} \cdot \not{10}_{2}}$

$= \frac{3}{4}$

a)	b)	c)	d)	e)	f)
$\frac{4}{9} : \frac{2}{3}$	$\frac{11}{13} : \frac{33}{7}$	$\frac{7}{12} : \frac{11}{6}$	$\frac{7}{6} : \frac{14}{3}$	$\frac{27}{4} : \frac{18}{5}$	$\frac{7}{15} : \frac{28}{45}$
$\frac{3}{4} : \frac{9}{16}$	$\frac{28}{5} : \frac{7}{6}$	$\frac{7}{22} : \frac{8}{11}$	$\frac{5}{7} : \frac{40}{49}$	$\frac{10}{9} : \frac{5}{18}$	$\frac{6}{11} : \frac{21}{44}$
$\frac{5}{9} : \frac{5}{18}$	$\frac{8}{15} : \frac{9}{25}$	$\frac{7}{30} : \frac{5}{18}$	$\frac{4}{9} : \frac{20}{27}$	$\frac{5}{9} : \frac{35}{36}$	$\frac{18}{13} : \frac{12}{39}$
$\frac{7}{9} : \frac{14}{3}$	$\frac{7}{26} : \frac{5}{13}$	$\frac{8}{9} : \frac{12}{5}$	$\frac{7}{12} : \frac{21}{16}$	$\frac{6}{55} : \frac{9}{22}$	$\frac{10}{19} : \frac{25}{38}$

L $\frac{9}{2}$; $\frac{2}{3}$; $\frac{4}{3}$; $\frac{1}{4}$; $\frac{3}{4}$; $\frac{3}{5}$; $\frac{4}{5}$; $\frac{24}{5}$; $\frac{1}{6}$; $\frac{4}{7}$; $\frac{8}{7}$; $\frac{7}{8}$; $\frac{15}{8}$; $\frac{4}{9}$; $\frac{7}{10}$; $\frac{4}{15}$; $\frac{7}{16}$; $\frac{7}{22}$; $\frac{21}{25}$; $\frac{10}{27}$; $\frac{40}{27}$; $\frac{7}{39}$; 2; 4

7 In einem Teegeschäft werden 5 kg Tee in gleich viele $\frac{1}{4}$-kg-Tüten ($\frac{1}{8}$-kg-Tüten) verpackt.
Wie viele Tüten sind es jeweils?

8 Bestimme die Platzhalter.

a) $\square : \frac{1}{2} = \frac{4}{9}$ b) $\frac{3}{5} : \square = \frac{6}{5}$ c) $\square : \frac{2}{3} = \frac{9}{10}$ d) $\frac{4}{9} : \square = \frac{8}{27}$

9

$\frac{\frac{2}{3}}{\frac{5}{7}}$ ist ein Doppelbruch.

Einen Doppelbruch kannst du als Divisionsaufgabe schreiben und dann berechnen.

$\frac{\frac{2}{3}}{\frac{5}{7}} = \frac{2}{3} : \frac{5}{7} = \frac{2}{3} \cdot \frac{7}{5} = \frac{14}{15}$

a)	b)	c)	d)
$\frac{\frac{3}{4}}{\frac{2}{5}}$	$\frac{\frac{2}{7}}{\frac{4}{5}}$	$\frac{\frac{9}{20}}{\frac{3}{5}}$	$\frac{\frac{17}{81}}{\frac{34}{9}}$
$\frac{\frac{6}{7}}{\frac{5}{2}}$	$\frac{\frac{4}{9}}{\frac{8}{9}}$	$\frac{\frac{7}{12}}{\frac{14}{3}}$	$\frac{\frac{13}{15}}{\frac{26}{5}}$
$\frac{\frac{8}{3}}{\frac{3}{4}}$	$\frac{\frac{4}{7}}{\frac{2}{21}}$	$\frac{\frac{8}{15}}{\frac{4}{5}}$	$\frac{\frac{5}{46}}{\frac{10}{23}}$

Brüder und Schwestern
Carsten sagt: „Ich habe genau so viele Brüder wie Schwestern!“ Carstens Schwester Heike dagegen behauptet: „Ich habe doppelt so viele Brüder wie Schwestern!“ Hat da nicht einer von beiden gelogen?

1 Bei einer Umfrage wurden 2500 Jugendliche im Alter von 6 bis 17 Jahren auch gefragt, wie viel Geld sie im Monat zur Verfügung haben. Die Ergebnisse sind in der Tabelle zusammengefasst.

Verfügbare Geldmenge	1–19 €	20–29 €	30–49 €	50–74 €	75 € und mehr	kein Geld
Anteil der Befragten	$\frac{12}{25}$	$\frac{1}{5}$	$\frac{3}{25}$	$\frac{1}{10}$	$\frac{2}{25}$	$\frac{1}{50}$

Lilly und Alexander berechnen die Anzahl der Befragten, die nur 1 bis 19 € zur Verfügung haben.

a) Vergleiche ihre Rechenwege. Was fällt dir auf?

b) Berechne auch zu den anderen angegebenen Geldbeträgen die zugehörigen Anzahlen.

$\frac{12}{25}$ von 2500 sind ■

Lillys Rechenweg:

$2500 \xrightarrow{:25} 100 \xrightarrow{\cdot 12} 1200$

Alexanders Rechenweg:

$\frac{12}{25} \cdot 2500 = \frac{12 \cdot \cancel{2500}^{100}}{\cancel{25}} = 1200$

$\frac{12}{25}$ von 2500 sind 1200.

2 Berechne, indem du mit dem Bruch multiplizierst.

a) $\frac{4}{5}$ von 90 cm
$\frac{7}{8}$ von 400 m

b) $\frac{2}{3}$ von 120 kg
$\frac{3}{16}$ von 320 t

c) $\frac{3}{5}$ von 1500 €
$\frac{7}{12}$ von 960 €

d) $\frac{5}{9}$ von 54 min
$\frac{8}{15}$ von 90 min

3 a) Vergleiche die Rechenwege. Was fällt dir auf?

b) Schreibe als Multiplikationsaufgabe und berechne.

$\frac{1}{3}$ von $\frac{5}{8}$	$\frac{1}{8}$ von $\frac{3}{5}$	$\frac{3}{4}$ von $\frac{1}{7}$
$\frac{2}{3}$ von $\frac{3}{9}$	$\frac{3}{4}$ von $\frac{5}{11}$	$\frac{3}{8}$ von $\frac{5}{7}$
$\frac{1}{5}$ von $\frac{3}{4}$	$\frac{2}{9}$ von $\frac{3}{5}$	$\frac{4}{7}$ von $\frac{3}{8}$
$\frac{1}{4}$ von 5	$\frac{4}{15}$ von 20	$\frac{5}{12}$ von 30

$\frac{2}{3}$ von $\frac{4}{5}$ sind ■

1. Rechenweg:

$\frac{4}{5} \xrightarrow{:3} \frac{4}{5 \cdot 3} \xrightarrow{\cdot 2} \frac{4 \cdot 2}{5 \cdot 3} = \frac{8}{15}$

2. Rechenweg:

$\frac{4}{5} \cdot \frac{2}{3} = \frac{4 \cdot 2}{5 \cdot 3} = \frac{8}{15}$

$\frac{2}{3}$ von $\frac{4}{5}$ sind $\frac{8}{15}$

4 Aus einem Rezept für einen gedeckten Apfelkuchen: „Man nehme $\frac{3}{4}$ kg Mürbeteig. Davon lege man ein Drittel für die Decke zurück. Von dem Rest rolle man zwei Drittel als Kuchenboden aus und forme aus einem Drittel den Kuchenrand." Wie viel Kilogramm wiegt die Decke (der Boden, der Rand) des Apfelkuchens?

Das Ganze bestimmen

5 Berechne das Ganze, indem du durch den Bruch dividierst.

$\frac{5}{8}$ der Strecke sind 25 km

$25 : \frac{5}{8} = 25 \cdot \frac{8}{5} = \frac{\cancel{25}^{5} \cdot 8}{\cancel{5}_{1}}$

Die Strecke ist 40 km lang.

a) $\frac{6}{7}$ der Strecke sind 12 km
$\frac{9}{10}$ der Strecke sind 18 km
$\frac{7}{8}$ der Strecke sind 28 km

b) $\frac{6}{11}$ des Geldes sind 24 €
$\frac{15}{16}$ des Geldes sind 60 €
$\frac{17}{30}$ des Geldes sind 51 €

Der **Nenner** eines Bruches gibt an, in wie viele gleich große Teile das Ganze eingeteilt wurde.
Der **Zähler** gibt an, wie viele Teile genommen werden.

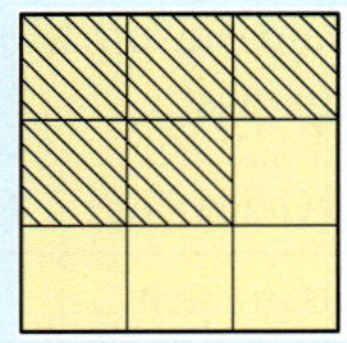

Bruch $\frac{5}{9}$ – 5: Zähler; Bruchstrich; 9: Nenner

Ist bei einem Bruch der Zähler größer als der Nenner, lässt er sich als **gemischte Zahl** schreiben.

$\frac{12}{7} = 1\frac{5}{7}$

Einen Bruch mit dem Nenner 10, 100, 1000, … kann man als **Dezimalbruch** schreiben.

$\frac{7}{10} = 0{,}7 \quad 5\frac{49}{100} = 5{,}49 \quad \frac{7071}{10000} = 0{,}7071$

Brüche und Dezimalbrüche, die auf dem Zahlenstrahl an der gleichen Stelle liegen, bezeichnen dieselbe **gebrochene Zahl.**

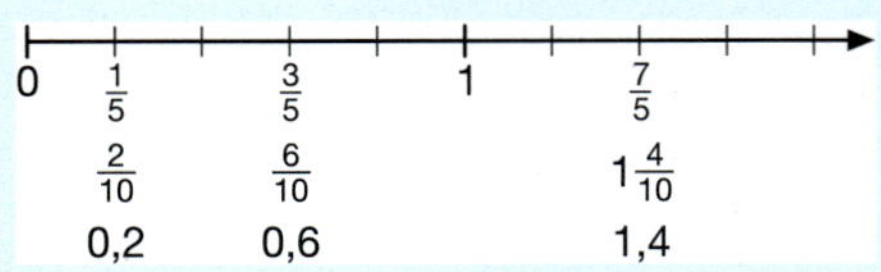

Erweitern

Zähler und Nenner werden mit derselben Zahl multipliziert.

$\frac{4}{5}$ wird erweitert mit 3

$\frac{4}{5} = \frac{4 \cdot 3}{5 \cdot 3} = \frac{12}{15}$

Kürzen

Zähler und Nenner werden durch dieselbe Zahl dividiert.

$\frac{12}{15}$ wird gekürzt mit 3

$\frac{12}{15} = \frac{12 : 3}{15 : 3} = \frac{4}{5}$

Nennergleiche (gleichnamige) Brüche lassen sich vergleichen, indem man die Zähler vergleicht.

$\frac{7}{11} < \frac{9}{11}$, denn $7 < 9$

Zählergleiche Brüche lassen sich vergleichen, indem man die Nenner vergleicht.

$\frac{7}{11} > \frac{7}{12}$, denn $\frac{1}{11} > \frac{1}{12}$

Ungleichnamige Brüche lassen sich vergleichen, indem man sie durch Erweitern oder Kürzen gleichnamig macht und dann die Zähler vergleicht.

Dezimalbrüche lassen sich vergleichen, indem man sie stellenrichtig untereinander schreibt und, wenn nötig, Nullen ergänzt.
Die erste Stelle, an der die Ziffern verschieden sind, entscheidet, welcher Dezimalbruch größer ist.

0,742 ■ 0,7418

0,7420
0,7418

0,742 > 0,7418

Gleichnamige Brüche addieren

Die Zähler werden addiert.
Der Nenner ändert sich nicht.

$\frac{2}{9} + \frac{5}{9} = \frac{2+5}{9} = \frac{7}{9}$

Gleichnamige Brüche subtrahieren

Die Zähler werden subtrahiert.
Der Nenner ändert sich nicht.

$\frac{7}{9} - \frac{5}{9} = \frac{7-5}{9} = \frac{2}{9}$

Ungleichnamige Brüche addieren und subtrahieren

Ungleichnamige Brüche werden addiert oder subtrahiert, indem man sie gleichnamig macht, die Zähler addiert oder subtrahiert und den Nenner beibehält.

$\frac{1}{3} + \frac{1}{4} = \frac{4}{12} + \frac{3}{12} = \frac{4+3}{12} = \frac{7}{12}$

$\frac{1}{3} - \frac{1}{5} = \frac{5}{15} - \frac{3}{15} = \frac{5-3}{15} = \frac{2}{15}$

Brüche multiplizieren

Brüche werden multipliziert, indem man Zähler mit Zähler und Nenner mit Nenner multipliziert.

$\frac{2}{3} \cdot \frac{5}{7} = \frac{2 \cdot 5}{3 \cdot 7} = \frac{10}{21}$

$\frac{2}{7} \cdot 3 = \frac{2}{7} \cdot \frac{3}{1} = \frac{2 \cdot 3}{7 \cdot 1} = \frac{6}{7}$

$\frac{3}{4} \cdot \frac{7}{9} = \frac{\overset{1}{\cancel{3}} \cdot 7}{4 \cdot \underset{3}{\cancel{9}}} = \frac{7}{12}$

$4 \cdot \frac{3}{13} = \frac{4}{1} \cdot \frac{3}{13} = \frac{4 \cdot 3}{1 \cdot 13} = \frac{12}{13}$

Durch Brüche dividieren

Wir dividieren durch einen Bruch, indem wir mit seinem Kehrwert multiplizieren.
Der Kehrwert wird auch das Reziproke genannt.

$\frac{1}{4} : \frac{1}{3} = \frac{1}{4} \cdot \frac{3}{1} = \frac{3}{4}$

Der Kehrwert von $\frac{1}{3}$ ist $\frac{3}{1}$.

$\frac{1}{3} : 3 = \frac{1}{3} : \frac{3}{1} = \frac{1}{3} \cdot \frac{1}{3} = \frac{1}{9}$

$\frac{2}{5} : \frac{3}{4} = \frac{2}{5} \cdot \frac{4}{3} = \frac{8}{15}$

Der Kehrwert von $\frac{3}{4}$ ist $\frac{4}{3}$.

$\frac{2}{5} : 7 = \frac{2}{5} : \frac{7}{1} = \frac{2}{5} \cdot \frac{1}{7} = \frac{2}{35}$

Bruchteile berechnen

$\frac{3}{4}$ von 1200 m sind ■.

$\frac{3}{4} \cdot 1200 = \frac{3 \cdot 1200}{4 \cdot 1} = 900$

$\frac{3}{4}$ von 1200 m sind 900 m.

Das Ganze berechnen

$\frac{3}{4}$ der Strecke sind 900 m.

$900 : \frac{3}{4} = 900 \cdot \frac{4}{3} = \frac{900 \cdot 4}{1 \cdot 3} = 1200$

Die Strecke ist 1200 m lang.

13

$\left(\frac{2}{3}+\frac{3}{4}\right)\cdot\frac{1}{6}$
$=\left(\frac{8}{12}+\frac{9}{12}\right)\cdot\frac{1}{6}$
$=\frac{17\cdot 1}{12\cdot 6}$
$=\frac{17}{72}$

a)	b)	c)
$\frac{3}{5}\cdot\left(\frac{2}{3}+\frac{5}{9}\right)$	$1\frac{2}{3}\cdot\left(4\frac{1}{2}-3\frac{1}{7}\right)$	$\left(\frac{2}{3}+\frac{1}{4}\right):\frac{4}{5}$
$\frac{7}{8}\cdot\left(1\frac{1}{2}+\frac{1}{7}\right)$	$\left(\frac{3}{4}+\frac{2}{5}\right)\cdot\frac{2}{3}$	$\frac{1}{12}:\left(\frac{3}{8}-\frac{1}{12}\right)$
$\left(1\frac{5}{9}-\frac{3}{4}\right)\cdot\frac{2}{7}$	$\frac{1}{4}\cdot\left(\frac{3}{11}-\frac{1}{33}\right)$	$\left(\frac{11}{12}-\frac{1}{4}\right):\frac{1}{3}$

L $\frac{2}{7}$; $\frac{2}{33}$; $\frac{11}{15}$; $\frac{29}{126}$; $\frac{23}{30}$; $1\frac{7}{48}$; $1\frac{7}{16}$; 2; $2\frac{11}{42}$

14 a) $\frac{2}{5}\cdot\frac{4}{5}+\frac{3}{5}$ b) $\frac{1}{3}+\frac{3}{8}\cdot\frac{4}{9}$ c) $\frac{3}{4}\cdot 6+5\frac{1}{2}$ d) $1\frac{1}{3}+\frac{5}{9}\cdot\frac{21}{10}$

e) $\frac{3}{8}+\frac{2}{3}-\frac{1}{8}$ f) $\frac{5}{18}-\frac{7}{15}\cdot\frac{5}{21}$ g) $\frac{1}{3}+\frac{7}{9}:\frac{14}{15}$ h) $2\frac{1}{2}-2\frac{1}{2}:3\frac{3}{4}$

15 Berechne.

a)	b)	c)	d)
$\frac{2}{3}\cdot\frac{1}{4}+\frac{1}{2}\cdot\frac{5}{6}$	$\frac{3}{4}\cdot\frac{3}{5}-\frac{3}{2}\cdot\frac{1}{10}$	$\frac{1}{2}:\frac{5}{3}+\frac{2}{5}:\frac{1}{3}$	$\frac{5}{2}\cdot\frac{1}{3}+\frac{2}{3}\cdot\frac{7}{5}$
$\frac{1}{8}\cdot\frac{4}{3}+\frac{5}{6}\cdot\frac{1}{4}$	$\frac{3}{2}\cdot\frac{4}{9}-\frac{2}{3}\cdot\frac{1}{6}$	$\frac{4}{5}:\frac{1}{3}-\frac{2}{3}:\frac{5}{8}$	$\frac{3}{4}:\frac{5}{3}-\frac{1}{5}:\frac{6}{7}$

L $\frac{3}{10}$; $\frac{13}{60}$; $\frac{3}{8}$; $\frac{5}{9}$; $\frac{7}{12}$; $\frac{4}{3}$; $\frac{3}{2}$; $\frac{53}{30}$

16 Berechne zuerst die Klammern und multipliziere dann.

a)	b)	c)
$\left(\frac{1}{3}+\frac{1}{6}\right)\cdot\left(\frac{3}{5}+\frac{1}{10}\right)$	$\left(\frac{1}{2}+\frac{1}{4}\right)\cdot\left(\frac{1}{3}+\frac{1}{5}\right)$	$\left(\frac{3}{8}-\frac{1}{4}\right)\cdot\left(\frac{1}{3}-\frac{1}{7}\right)$
$\left(\frac{2}{3}-\frac{1}{6}\right)\cdot\left(\frac{1}{2}-\frac{4}{9}\right)$	$\left(\frac{2}{5}+\frac{1}{2}\right)\cdot\left(\frac{1}{2}+\frac{5}{6}\right)$	$\left(\frac{2}{7}+\frac{2}{21}\right)\cdot\left(\frac{3}{4}-\frac{5}{16}\right)$
$\left(\frac{5}{7}-\frac{1}{14}\right)\cdot\left(\frac{2}{9}+\frac{1}{6}\right)$	$\left(\frac{1}{4}+\frac{3}{8}\right)\cdot\left(\frac{2}{3}+\frac{2}{15}\right)$	$\left(\frac{7}{8}-\frac{1}{3}\right)\cdot\left(\frac{1}{2}-\frac{2}{13}\right)$

L $\frac{1}{36}$; $\frac{1}{42}$; $\frac{1}{6}$; $\frac{1}{4}$; $\frac{3}{16}$; $\frac{2}{5}$; $\frac{1}{2}$; $\frac{7}{20}$; $\frac{6}{5}$

17 Um den Drink „Sommerduft“ zu mixen, benötigt man pro Person $\frac{1}{4}$ *l* Kirschsaft, $\frac{1}{2}$ *l* Pfirsichsaft und $\frac{1}{4}$ *l* Tonicwater sowie etwas Zucker. Zu ihrem Gartenfest erwartet Sandra 14 Personen. Wie viel Liter „Sommerduft“ muss sie zubereiten?

18 a) $\left(6\frac{4}{11}\cdot 2\frac{1}{3}\right)+\left(5\frac{1}{4}:\frac{7}{24}\right)$ b) $\left(15\frac{1}{3}:\frac{1}{6}\right)+\left(3\frac{7}{9}\cdot 6\frac{6}{17}\right)$ c) $\left(9\frac{3}{10}-7\frac{7}{15}\right)\cdot\left(1\frac{1}{2}:\frac{1}{4}\right)$

d) $\left(6\frac{2}{5}+2\frac{3}{4}\right):\left(3\frac{1}{3}\cdot\frac{9}{10}\right)$ e) $\left(\frac{13}{18}+3\frac{1}{3}-1\frac{5}{9}\right)\cdot\frac{3}{5}$ f) $\left(9\frac{1}{2}-4\frac{5}{6}\right):\left(4\frac{4}{5}-1\frac{1}{3}\right)$

L 116; $3\frac{1}{20}$; $1\frac{9}{26}$; 11; $32\frac{28}{33}$; $1\frac{1}{2}$

1 Eine Schule hat 1200 Schülerinnen und Schüler.

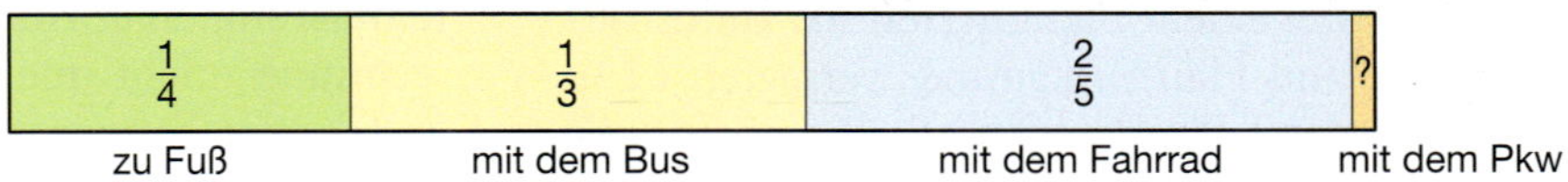

Wie viele Schülerinnen und Schüler kommen zu Fuß, mit dem Bus, mit dem Fahrrad und dem Pkw zur Schule?

2 In einer Klasse mit 30 Schülerinnen und Schülern haben bei einer Klassenarbeit $\frac{1}{10}$ eine eins, $\frac{1}{5}$ eine zwei, $\frac{1}{3}$ eine drei, $\frac{1}{3}$ eine vier und der Rest eine fünf geschrieben. Wie viele Schülerinnen und Schüler waren das jeweils?

3 Von den 180 Schülerinnen und Schülern des 7. Jahrgangs hat $\frac{1}{5}$ Arbeitslehre als Wahlpflichtfach gewählt, $\frac{1}{3}$ Naturwissenschaften, $\frac{1}{6}$ Latein und $\frac{3}{10}$ Französisch. Wie viele Schülerinnen und Schüler sind das jeweils?

4 Die Klasse 6a hat 28 Schülerinnen und Schüler. Davon sind $\frac{9}{14}$ Jungen. Von den 30 Schülerinnen und Schülern der Klasse 6b sind $\frac{3}{5}$ Jungen. In welcher Klasse sind mehr Mädchen?

5 $\frac{9}{20}$ des 6. Jahrgangs sind Mädchen, $\frac{11}{20}$ sind Jungen. $\frac{2}{3}$ der Mädchen und $\frac{4}{7}$ der Jungen haben freiwillig eine Arbeitsgemeinschaft gewählt. Nehmen an den Arbeitsgemeinschaften mehr Mädchen oder mehr Jungen teil?

6

Hat Melanie Recht?

7 Franz Sparfuchs hinterlässt seiner Frau, Sohn und Tochter sowie den Enkeln eines schon verstorbenes Sohnes ein Vermögen von 270 000 €. Berechne die Erbteile nach der gesetzlichen Erbfolge.

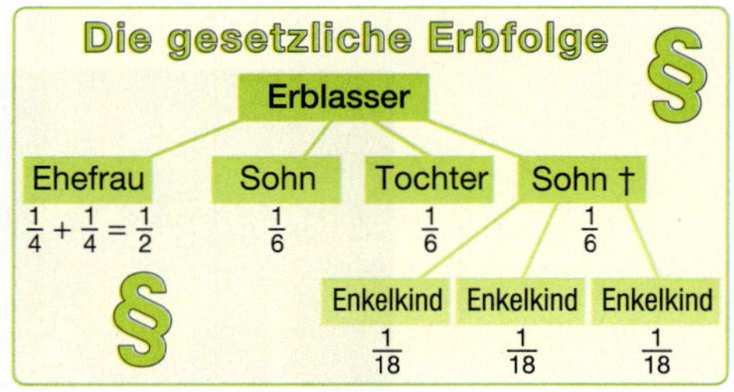

8

Neustädter Zeitung vom 18. 04. 2006

Bruchrechnung – Die Alarmglocken läuten

Bei einem Eignungstest der Industrie- und Handelskammer versagten 61 % der Teilnehmer mit Fachoberschulreife bei der simplen Aufgabe: Drei $\frac{4}{8}$ geteilt durch ein $\frac{3}{4}$ (Ergebnis 2).

Neustädter Zeitung vom 19. 04. 2006

Bruchrechnung – Die Folgen

Die Telefone standen nach der Veröffentlichung einer Aufgabe zur Bruchrechnung nicht mehr still. Unsere Redakteure können wirklich rechnen, denn 3 mal $\frac{4}{8}$ geteilt durch 1 mal $\frac{3}{4}$ ergibt 2. Die Schreibweise in der gestrigen Ausgabe war aber missverständlich: Drei $\frac{4}{8}$ geteilt durch ein $\frac{3}{4}$. Schön, dass unsere Leser so gern rechnen.

a) Gib die mathematische Schreibweise für die im Zeitungsartikel vom 18. 4. formulierte Aufgabe an.
b) Im Artikel vom 19. 4. wird die Aufgabe so formuliert, wie sie ursprünglich gemeint war. Formuliere die Aufgabe ebenfalls in mathematischer Schreibweise.
c) Löse beide Aufgaben, was stellst du fest?

9

Dichtes Auffahren	Geldbuße in €	Punkte	Dichtes Auffahren	Geldbuße in €	Punkte
bei bis zu 80 km/h	25				
bei mehr als 80 km/h			bei mehr als 130 km/h		
betrug Abstand weniger als			betrug Abstand weniger als:		
– halber Tachowert	35		– $\frac{5}{10}$ des halben Tachowerts	60	2
– $\frac{5}{10}$ des halben Tachowerts	40	1	– $\frac{4}{10}$ des halben Tachowerts	100	3
– $\frac{4}{10}$ des halben Tachowerts	60	2	– $\frac{3}{10}$ des halben Tachowerts	150	4
– $\frac{3}{10}$ des halben Tachowerts	100	3	– $\frac{2}{10}$ des halben Tachowerts	200	4
– $\frac{2}{10}$ des halben Tachowerts	150	4	– $\frac{1}{10}$ des halben Tachowerts	250	4
– $\frac{1}{10}$ des halben Tachowerts	200	4			

Michael Bleifuß fährt mit 180 $\frac{km}{h}$ über die Autobahn. Er nähert sich einem Pkw und muss auf 160 $\frac{km}{h}$ abbremsen. Mit einem Abstand von 15 m fährt er hinter dem Fahrzeug her.

a) Sind bei diesem Abstand eine Geldbuße und Punkte im Verkehrszentralregister in Flensburg fällig? Wenn ja, berechne die entsprechenden Werte.
b) Berechne den Mindestabstand der bei dieser Geschwindigkeit unbedingt einzuhalten ist.
c) Gib einen Bereich für den Abstand bei einem Tempo von 110 $\frac{km}{h}$ an, bei dem 3 „Punkte in Flensburg“ fällig sind.
d) Überlege, warum die Einhaltung eines Sicherheitsabstandes notwendig ist.

1 

Simon gießt aus einer vollen Flasche (1 *l*) drei Gläser (jeweils 0,2 *l*) Orangensaft genau bis zum Eichstrich ein.

a) Wie viel Liter Orangensaft werden eingeschenkt, wie viel Liter verbleiben in der Flasche?

b) Simon benutzt anstatt der abgebildeten Gläser 0,1-*l*-Gläser (0,25-*l*-Gläser). Wie viel Liter werden dann eingeschenkt, verbleiben dann in der Flasche?

2 Lauras Eltern lassen in ihrem Garten einen neuen Weg anlegen.

a) Der Weg soll 13,5 m lang werden und auf beiden Seiten durch Rasenkantensteine begrenzt werden. Ein Kantenstein ist 0,75 m lang. Wie viele Kantsteine müssen bestellt werden?

b) Der Weg soll mit Gehwegplatten ausgelegt werden. Wie viel Quadratmeter Gehwegplatten werden bei einer Wegbreite von 1,20 m benötigt?

c) Ein Rasenkantenstein kostet 7,80 €, ein Quadratmeter Gehwegplatten 26,70 €. Berechne die Gesamtkosten.

3 Der Große Preis von Deutschland wird in der Formel 1 auf dem Hockenheimring ausgetragen.

Der Hockenheimring wird mit einer Länge von 4,574 km angegeben. Das Rennen geht über 67 Runden. Die schnellste Rundenzeit im Training wurde 2003 mit 1 min 16,074 s gefahren.

a) Berechne die Länge der Fahrstrecke, die während eines Rennens zurückgelegt werden muss.

b) Wie lange dauert das Rennen, wenn man die oben angegebene Rundenzeit zugrunde legt?

c) Kannst du die Durchschnittsgeschwindigkeit berechnen?

d) Informiere dich über die aktuellen Rundenzeiten.

4 Überlege, wo du im täglichen Leben mit Dezimalbrüchen rechnen musst. Nenne vier Beispiele.

Addition und Subtraktion von Dezimalbrüchen
Schreibe die Dezimalbrüche so untereinander, dass Komma unter Komma steht, und rechne:
4728,134 + 31,401 + 127,6 + 0,41 = ▪ 3245,86 − 724,15 − 89,7 − 0,047 = ▪

	4728,134
+	31,401
+	127,600
+	0,410
	4887,545

	3245,860
−	724,150
−	89,700
−	0,047
	2431,963

1

a)	b)	c)	d)	e)
134,768	6071,581	542,5	736,18	97,85
+ 21,040	+ 107,400	+ 16,103	+ 11,07	+ 5,9
+ 1,312	+ 6,320	+ 5,76	+ 342,1	+ 19,08

2

a)	b)	c)	d)	e)
287,436	785,771	1087,63	988,4	77,55
− 31,460	− 387,500	− 58,6	− 68,032	− 3,1
− 112,500	− 1,230	− 726,43	− 624,12	− 24,06

3 Schreibe untereinander und berechne.
a) 45,069 + 186,472 b) 14,028 + 86,79 c) 5,9 + 46,325
d) 84,054 − 6,368 e) 98,25 − 27,647 f) 152,5 − 68,514

4 a) 86,49 + 75,523 + 6,4 + 0,892 b) 76,02 + 49 + 0,499 + 9,31
c) 18,4 + 5,006 + 98,7 + 435 d) 27,8 + 9,042 + 89,68 + 32,6
e) 10,21 + 0,9 + 100,53 + 1,004 f) 180,7 + 132,52 + 44,786 + 6,9

5 a) 9,7 − 3,625 − 5,185 − 0,45 b) 80,09 − 29,8 − 11,32 − 4,786
c) 10,001 − 0,76 − 3,086 − 5,107 d) 119,375 − 48,4 − 12 − 0,33

L von Nr. 4 und Nr. 5: 0,44; 1,048; 34,184; 58,645; 112,644; 134,829; 159,122; 169,305; 364,906; 557,106

6 a) 123,456 + 10030,8 − 9876,543 b) 0,5437 + 0,00875 − 0,3007 − 0,09
c) 14,1 − 10,97 − 0,598 + 8,765 − 0,7 d) 0,008 + 8 − 0,08 + 0,808 − 8,0808

7 a) (3,87 + 6,94) − (2,76 + 6,03) b) (132,036 − 49,78) + (576,36 − 7,08)
c) (1357,67 − 698,1) − (79,67 + 137,4) d) (7685,67 − 1384) + (10687,5 − 98,37)

L von Nr. 6 und Nr. 7: 0,16175; 0,6552; 2,02; 10,597; 277,713; 442,5; 651,536; 16890,8

8 Frau Berger kauft ein Kleid für 89,90 € und ein Paar Stiefel, das sie in der Auslage eines Schuhgeschäftes gesehen hat.
Als sie nach Hause kommt, hat sie noch 40,60 €.
Wie viel Euro hat sie für ihre Einkäufe mitgenommen?

Multiplikation von Dezimalbrüchen

5,671 · 2,12 = ▒

Das Ergebnis hat so viele Stellen nach dem Komma, wie die beiden Faktoren zusammen Stellen nach dem Komma haben.

1 a) 8,5 · 4,2 0,4 · 6,8   b) 5,6 · 9,5 9,4 · 5,3   c) 4,8 · 0,4 8,7 · 0,9   d) 8,6 · 9,9 9,3 · 0.8   e) 1,8 · 7,6 0,6 · 7,5

2 a) 3,2 · 5,04 4,23 · 2,34   b) 13,65 · 0,8 25,46 · 0,05   c) 0,09 · 9,01 0,53 · 7,08   d) 0,7 · 0,8 0,6 · 0,06   e) 8,06 · 9,02 8,71 · 6,005

L 0,8109; 0,56; 72,7012; 0,036; 3,7524; 16,128; 1,273; 52,30355; 9,8982; 10,92

3

	a)	b)	c)	d)	e)	f)	g)	h)	i)	k)
·	5,8	0,19	23,5	91	101	25	8,1301	427,056	0,07065	0,003
7,6										
0,342										
15,21										

4 a) 0,6 · 3,71 · 41,5   b) 86,3 · 4,07 · 122,4   c) 1024,3 · 101,5 · 8,777
d) 1051,03 · 0,4 · 310,1   e) 4,36 · 1,3 · 4068,123   f) 1,765 · 0,02 · 1,401

Multiplikation mit 10, 100, 1000 …

Multiplikation von Dezimalbrüchen mit 10, 100, 1000 …

5,86 · 10 = 58,6
17,8 · 100 = 1780
2,5867 · 1000 = 2586,7
0,0378 · 10000 = 378

Das Komma rückt um 1, 2, 3, … Stellen nach rechts. Für fehlende Ziffern werden Nullen geschrieben.

5 a) 0,7 · 10 3,1 · 10   b) 0,07 · 100 0,04 · 100   c) 2,3 · 100 0,6 · 100   d) 3,245 · 1000 4,68 · 1000   e) 0,9 · 1000 0,04 · 1000

6 Herr Becker kauft 2 kg Tomaten, 200 g Kochschinken, 400 g Käse, 4 Tafeln Schokolade, 6 Flaschen Orangensaft und 1,5 kg Kalbsbrust.
Wie viel Euro muss er insgesamt bezahlen?

Division von Dezimalbrüchen durch natürliche Zahlen

27,82 : 13 = ▢

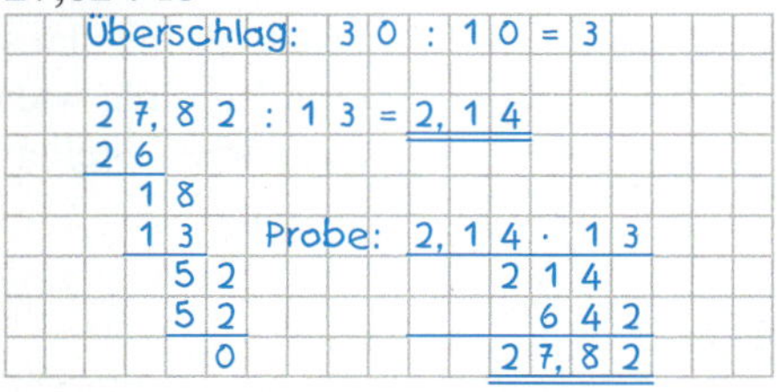

Beim Überschreiten des Kommas wird auch im Ergebnis ein Komma gesetzt.

1 a) 9,2 : 4 b) 4,95 : 3 c) 18,36 : 3 d) 817,2 : 9 e) 7,742 : 7
7,8 : 3 12,25 : 5 21,24 : 6 9,456 : 8 7,224 : 6

2 a) 19,2 : 16 b) 72 : 15 c) 190,4 : 28 d) 526,5 : 45 e) 666,4 : 35
26,6 : 19 78,2 : 17 259,2 : 36 371,36 : 22 168,48 : 48
75,6 : 21 106,2 : 18 266,8 : 23 871,2 : 88 1219,68 : 72

L 9,9; 6,8; 5,9; 4,6; 7,2; 4,8; 1,4; 1,2; 3,6; 3,51; 11,7; 11,6; 16,88; 19,04; 16,94

3 Rechne wie im Beispiel und führe die Probe durch.

a) 10,92 : 12 b) 0,192 : 6
11,76 : 14 0,469 : 7
13,76 : 16 0,784 : 14
14,44 : 19 1,032 : 12
9,72 : 18 2,314 : 26
8,32 : 13 1,891 : 31

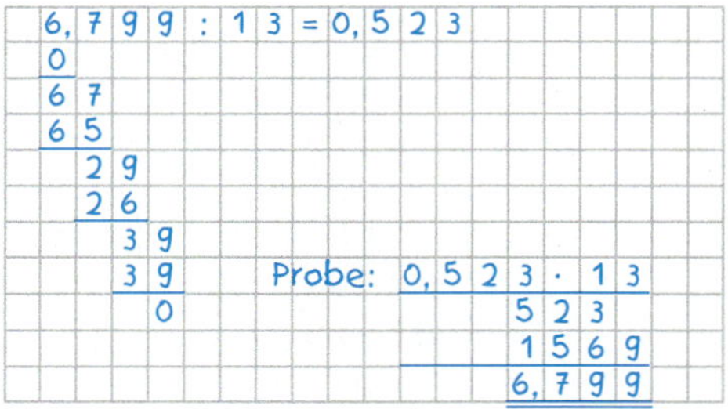

Division durch 10, 100, 1000 …

Division von Dezimalbrüchen durch 10, 100, 1000 …

23,5 : 10 = 2,35
3,7 : 100 = 0,037
140,26 : 1000 = 0,14026

Das Komma rückt um 1, 2, 3, … Stellen nach links. Für fehlende Ziffern werden Nullen geschrieben.

4 a) 5,6 : 10 b) 0,3 : 10 c) 112,4 : 100 d) 7,4 : 100 e) 124,5 : 1000
3,7 : 10 0,7 : 10 198 : 100 8,9 : 100 388 : 1000
10,6 : 10 0,04 : 10 83 : 100 0,4 : 100 4,6 : 1000

5 a) Wie viel Euro entfallen für die einzelnen Positionen auf jeden Schüler?
b) Gib die Gesamtkosten für jeden Teilnehmer an.

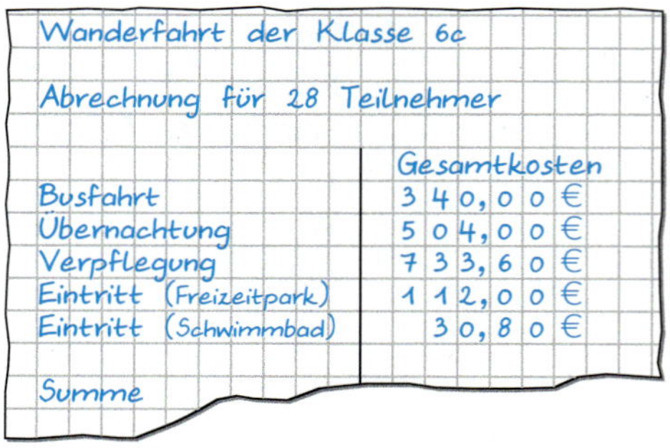

1 In Banken werden die Münzen nicht abgezählt. Ihre Anzahl wird durch Auswiegen festgestellt.
Ein 5-Cent-Stück wiegt etwa 3,9 g.

2 Berechne durch Umwandeln.
a) 22,55 € : 5,50 €
b) 154,70 € : 3,50 €
c) 13,92 m : 2,4 m
d) 11,61 km : 1,80 m
e) 15 kg : 1,6 kg
f) 2 kg : 0,4 kg
g) 1,8 t : 0,125 t
h) 32,612 t : 6,2 t

Berechnung durch Umwandeln in eine kleinere Einheit:
179,55 m : 2,85 m =
17955 cm : 285 cm = 63

oder durch Umwandeln in Brüche:

$\frac{17\,955}{100}$ m : $\frac{285}{100}$ m =

$\frac{17\,955}{100} \cdot \frac{100}{285} = \frac{17\,955}{285} = 63$

3 Berechne wie in den Beispielen.

$0{,}6 : 0{,}12 = \frac{6}{10} : \frac{12}{100} = \frac{6}{1\cancel{0}} \cdot \frac{10\cancel{0}}{12} = 60 : 12 = 5$

$0{,}6 : 1{,}2 = \frac{6}{10} : \frac{12}{10} = \frac{6}{1\cancel{0}} \cdot \frac{1\cancel{0}}{12} = 6 : 12 = 0{,}5$

$0{,}06 : 1{,}2 = \frac{6}{100} : \frac{12}{10} = \frac{6}{10\cancel{0}} \cdot \frac{1\cancel{0}}{12} = 0{,}6 : 12 = 0{,}05$

a) 0,84 : 0,07
7,8 : 1,3
16,9 : 0,13
8,1 : 0,09
19,6 : 0,14

b) 3,24 : 0,9
1,44 : 1,2
5,12 : 0,8
1,024 : 0,4
2,25 : 7,5

Man dividiert durch einen Dezimalbruch, indem man zuerst **beide** Zahlen mit 10, 100, 1000, … multipliziert, sodass der Divisor eine ganze Zahl wird.

13,92 : 2,4 = 139,2 : 24 =
Überschlag: 150 : 25 = 6

```
139,2 : 24 = 5,8
120
 192
 192
   0   Probe: 5,8 · 2,4
                116
                 232
                13,92
13,92 : 2,4 = 5,8
```

9,5 : 0,76 = 950 : 76 =
Überschlag: 960 : 80 = 12

```
950 : 76 = 12,5
76
190        Probe:
152        12,5 · 0,76
 380             00
 380             875
   0              750
                9,500
9,5 : 0,76 = 12,5
```

4 a) 3,6 : 0,4
6,3 : 0,9
5,4 : 0,6

b) 52 : 0,4
63 : 0,6
38 : 0,2

c) 0,8 : 0,16
0,9 : 0,15
3,6 : 0,03

d) 2,88 : 1,2
2,5 : 0,25
468 : 0,12

e) 45,9 : 2,7
133 : 0,19
126 : 1,8

5 a) 0,84 : 0,14
0,78 : 0,13
0,361 : 0,19

b) 26 : 0,16
2,25 : 7,5
0,2025 : 4,5

c) 0,602 : 0,43
6,018 : 0,51
27,665 : 0,25

d) 0,40032 : 0,48
0,0527 : 0,62
10,764 : 2,3

1 Sarah hat das Gewicht des schwereren Paketes mit einer Personenwaage bestimmt, das Gewicht des anderen Paketes mit einer Haushaltswaage. Sie überlegt, wie schwer beide Pakete zusammen sind.

a) Die Personenwaage kann nur auf 0,1 kg = 100 g genau messen. Wie viel Gramm kann dann das schwere Paket wiegen?

b) In welchem Bereich liegt dann das Gesamtgewicht?

c) Welche Gewichtsangabe für das Gesamtgewicht hältst du für sinnvoll?

2 Das Gewicht einer Warenladung Plastikkugeln wurde mithilfe einer Personenwaage auf 5,3 kg festgelegt. Da die Personenwaage nur auf 0,1 kg = 100 g genau misst, kann das Gewicht zwischen 5250 g und 5349 g liegen. Der Messwert 5,3 kg ist ein **Näherungswert** für das Gesamtgewicht.
Als Gewicht der Verpackung wurde anschließend mit einer Haushaltswaage 0,475 kg gemessen. Welche Gewichtsangabe ist dann für den Inhalt sinnvoll?

3 Übertrage die Tabelle in dein Heft und fülle sie aus.

Näherungswert	3,5	0,78	3,5 + 0,78	3,5 − 0,78
Bereich für den exakten Wert	zwischen … und …	zwischen … und …	zwischen … und …	zwischen … und …

Bei der Anzahl zuverlässiger Ziffern werden Nullen links von der ersten von Null verschiedenen Ziffer (Anfangsnullen) nicht mitgezählt.

Messwerte und Ergebnisse von Rechnungen mit Messwerten sind immer **Näherungswerte,** deren Genauigkeit von der Messung abhängt.
Wird bei einem Näherungswert eine mögliche Abweichung nicht angegeben, so setzen wir voraus, dass der Näherungswert durch Runden entstanden ist.

Näherungswert	Bereich für den exakten Wert	Anzahl der zuverlässigen Ziffern
2,4	zwischen 2,35 und 2,44	2
0,07	zwischen 0,065 und 0,074	1
2,45	zwischen 2,445 und 2,454	3

Die Ziffern des Näherungswertes werden **zuverlässige Ziffern** genannt.

Bei der Addition und Subtraktion von Näherungswerten ist auf die Stelle zu runden, an der die letzte zuverlässige Ziffer des ungenauesten Wertes steht.

4 Bestimme jeweils die Anzahl der zuverlässigen Ziffern, berechne das Ergebnis und runde.

0,74 m + 1,8 m = …

```
  0,74   letzte zuverlässige Ziffer: Hundertstel (genauerer Wert)
+ 1,8    letzte zuverlässige Ziffer Zehntel (ungenauerer Wert)
  2,54
```

0,74 m + 1,8 m = 2,54 ≈ 2,5

a) 0,63 m + 2,7 m
3,568 km + 0,50 km
13,5 m + 0,78 m
120,87 m + 1,5 m
2000,5 m + 13 m
0,517 m + 5,6 m

b) 12,6 kg − 3,26 kg
3,600 km − 0,755 km
17,089 kg − 10,01 kg
115 kg − 4,7 kg
4000,8 kg − 56 kg
1,3 g − 0,036 g

5

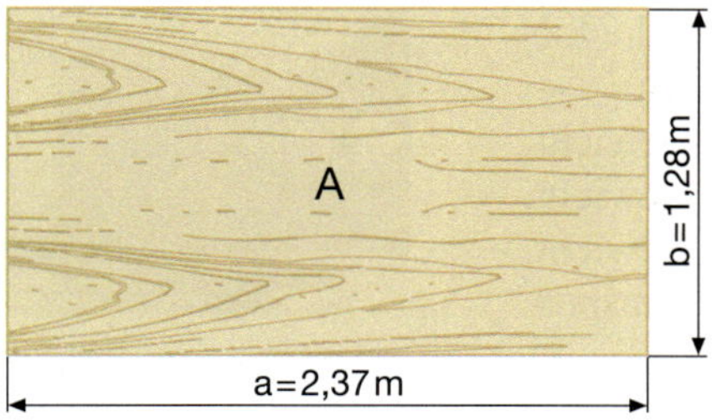

Länge und Breite der abgebildeten Holzplatte wurden jeweils auf zwei Nachkommastellen genau gemessen.
Für jede Längenangabe gibt es drei zuverlässige Ziffern, die Meterangaben und die zwei Nachkommastellen (cm). Der Flächeninhalt A der Holzplatte soll nun berechnet werden.

Wenn mit den Messwerten gerechnet wird, ergibt sich für den Flächeninhalt A:
$A = 2{,}37\ \text{m} \cdot 1{,}28\ \text{m} = 3{,}0336\ \text{m}^2$
Die genaue Länge a liegt zwischen 2,365 m und 2,374 m.
Die genaue Breite b liegt zwischen 1,275 m und 1,284 m.
Als kleinsten Wert für A erhalten wir: $A = 2{,}365\ \text{m} \cdot 1{,}275\ \text{m} = 3{,}015375\ \text{m}^2$
Als größten Wert für A erhalten wir: $A = 2{,}374\ \text{m} \cdot 1{,}284\ \text{m} = 3{,}048216\ \text{m}^2$

Da jeder Messwert nur drei zuverlässige Ziffern hat, wird dann auch der Flächeninhalt mit drei zuverlässigen Ziffern angegeben: $A \approx 3{,}03\ \text{m}^2$

Berechne jeweils den Flächeninhalt A und gib ihn mit der richtigen Anzahl zuverlässiger Ziffern an.

a) a = 23,5 m; b = 16,7 m
a = 12,7 m; b = 9,5 m

b) a = 0,98 m; b = 0,86 m
a = 1,34 m; b = 0,75 m

c) a = 11,7 m; b = 6,5 m
a = 0,05 m; b = 0,36 m

6

Mit einem 10 *l*-Eimer Wandfarbe kann eine Fläche mit einem Flächeninhalt $A = 80\ \text{m}^2$ gestrichen werden. Wie viel Meter Kellerwand kann gestrichen werden, wenn die Höhe der Kellerwand b = 2,05 m beträgt?

Wenn mit den Messwerten gerechnet wird, ergibt sich für die Länge a:
$a = 80\ \text{m}^2 : 2{,}1\ \text{m} = 38{,}095238\ \ldots\ \text{m}$
A liegt zwischen $79{,}5\ \text{m}^2$ und $80{,}4\ \text{m}^2$; b liegt zwischen 2,05 m und 2,14 m.
Als kleinsten Wert für a erhalten wir: $a = 79{,}5\ \text{m}^2 : 2{,}14\ \text{m} = 37{,}149532\ldots\ \text{m}$
Als größten Wert für a erhalten wir: $a = 80{,}4\ \text{m}^2 : 2{,}05\ \text{m} = 39{,}219512\ldots\ \text{m}$

Da jeder Messwert nur zwei zuverlässige Ziffern hat, wird dann auch die Länge mit zwei zuverlässigen Ziffern angegeben: $a \approx 38\ \text{m}$

Berechne jeweils die Länge a und gib sie mit der richtigen Anzahl zuverlässiger Ziffern an.

a) $A = 70\ \text{m}^2$; b = 1,9 m
$A = 100\ \text{m}^2$; b = 2,3 m

b) $A = 120\ \text{m}^2$; b = 3,5 m
$A = 200\ \text{m}^2$; b = 2,35 m

c) $A = 117{,}5\ \text{m}^2$; b = 3,3 m
$A = 85{,}5\ \text{m}^2$; b = 3,1 m

Bei der Multiplikation und Division von Näherungswerten wird das Ergebnis auf die Anzahl zuverlässiger Ziffern gerundet, die der ungenaueste Wert hat.
Die Nullen vor der ersten von Null verschiedenen Ziffer (Anfangsnullen) werden dabei nicht mitgezählt.

7 Mit dem abgebildeten Lkw sollen die folgenden Kisten transportiert werden:
zwei Kisten mit jeweils 0,4 t Gewicht,
fünf Kisten mit jeweils 190 kg Gewicht,
sechs Kisten mit jeweils 89 kg Gewicht.
Können alle Kisten auf einmal transportiert werden?

zulässiges Gesamtgewicht: 7,49 t
Eigengewicht (mit Fahrer): 5,19 t

8 Ein erwachsener Mann legt mit einem Schritt rund 0,75 m zurück. Wie viel Meter legt er mit 5500 Schritten zurück? Wie viele Schritte muss ein Schüler mit einer Schrittlänge von 0,60 m machen, um eine gleichlange Strecke zurückzulegen?

9

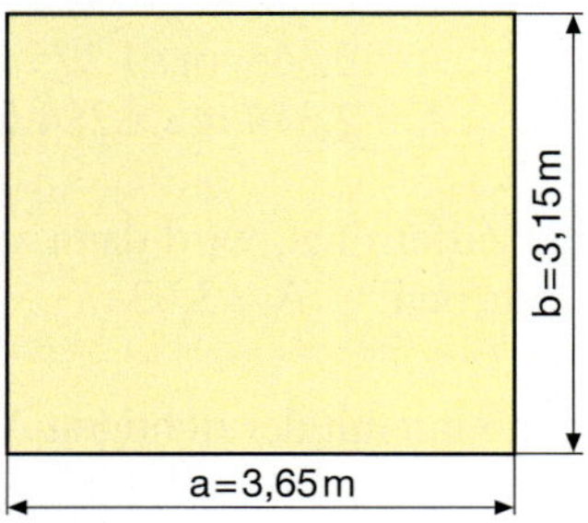

Theresas Zimmer soll mit Teppichboden ausgelegt werden. Ein Quadratmeter Teppichboden soll rund 23 € kosten. Mit welchen Kosten muss die Familie für den Teppichboden rechnen?

Preis: 27 € (2 zuverlässige Ziffern)
a = 4,24 m (3 zuverlässige Ziffern)
b = 3,52 m (3 zuverlässige Ziffern)

Flächeninhalt:
$A = 4{,}24\ \text{m} \cdot 3{,}52\ \text{m} = 14{,}9248\ \text{m}^2$
$\approx 14{,}92\ \text{m}^2$

Kosten für den Teppichboden:
$14{,}92 \cdot 27\ € = 402{,}84\ € \approx 400\ €$

Runde bei den Zwischenergebnissen immer auf eine Stelle mehr als zuverlässige Ziffern vorhanden sind.

10 Bestimme einen Näherungswert für die Anschaffungskosten für neuen Teppichboden.

	a)	b)	c)	d)	e)	f)	g)
geschätzte Kosten pro m²	23 €	27 €	15 €	20 €	30 €	16,5 €	15,0 €
Länge (m)	4,23	3,68	3,89	4,14	4,32	5,10	5,45
Breite (m)	2,86	3,12	3,23	3,65	3,00	4,18	4,75

Bei manchen Sachzusammenhängen muss aufgerundet werden.

11 Ein rechteckiges Grundstück ist 30,6 m lang und 23,2 m breit. Es soll neu eingezäunt werden. An einer Ecke des Grundstücks steht ein 2,95 m breiter und 4,25 m langer Geräteschuppen. Ein Gartentor von 2,50 m Breite wurde bereits gekauft.
a) Fertige eine Skizze an.
b) Wie viele Zaunelemente müssen insgesamt gekauft werden? Berücksichtige, dass bei der Anzahl der Zaunelemente nicht abgerundet werden darf.
c) Bestimme einen Näherungswert für die Gesamtkosten.

Zaunelement: 1,50 m breit
Pfosten: 1,60 m hoch

Brüche in Dezimalbrüche verwandeln

$\frac{6}{10} = 0{,}6$

$\frac{7}{1000} = 0{,}007$

$\frac{32}{100} = 0{,}32$

$\frac{1236}{1000} = 1\frac{236}{1000} = 1{,}236$

$\frac{3}{4} = \frac{75}{100} = 0{,}75$

$\frac{3}{100} = 0{,}03$

$\frac{8}{10\,000} = 0{,}0008$

$\frac{704}{1000} = 0{,}704$

$\frac{7}{8} = $ ■

7 : 8 = 0,875
64
60
56
40
40
0

$\frac{7}{8} = 0{,}875$

Dezimalbrüche addieren

Beim schriftlichen Addieren gilt: Komma unter Komma.

3,5 + 2,7564 = ■

  3,5000
+ 2,7564
  1
  6,2564

3,5 + 2,7564 = 6,2564

Dezimalbrüche subtrahieren

Beim schriftlichen Subtrahieren gilt: Komma unter Komma.

5,9 − 3,5631 = ■

  5,9000
− 3,5631
  1 1 1
  2,3369

5,9 − 3,5631 = 2,3369

Dezimalbrüche multiplizieren

Das Ergebnis hat so viele Stellen nach dem Komma wie beide Faktoren zusammen.

0,256 · 0,67
1536
 1792
 1 1
0,17152

Dezimalbrüche durch 10, 100, … dividieren

Ein Dezimalbruch wird durch 10, 100, 1000, … dividiert, indem man das Komma um 1, 2, 3, … Stellen nach links rückt. Für fehlende Ziffern werden Nullen geschrieben.

14,1 : 10 = 1,41 3,57 : 100 = 0,0357
0,75 : 10 = 0,075 2,3 : 1000 = 0,0023

Dezimalbrüche durch natürliche Zahlen dividieren

Beim Überschreiten des Kommas wird auch im Ergebnis ein Komma gesetzt.

50,96 : 14 = 3,64
42
89
84
56
56
0

Durch Dezimalbrüche dividieren

Beide Zahlen werden zuerst mit 10, 100, 1000, … multipliziert, sodass der Divisor eine ganze Zahl wird.

2,16 : 4,5 = 21,6 : 45 = 0,48
0
216
180
360
360
0

1

Sara möchte an die Tafel eine 2 m breite Tabelle mit drei Spalten zeichnen. Jede Spalte soll gleich breit sein. Ist das möglich?

2 a) Beschreibe, wie in den Beispielen die einzelnen Brüche in einen Dezimalbruch umgewandelt werden.

b) Versuche die folgenden Brüche jeweils in einen Dezimalbruch umzuformen. Welche Brüche lassen sich nicht so einfach umwandeln?

$\frac{33}{150}$; $\frac{47}{50}$; $\frac{2}{9}$; $\frac{54}{90}$; $\frac{3}{8}$; $\frac{1}{3}$; $\frac{18}{20}$

$\frac{13}{50} = \frac{26}{100} = 0,26$

$\frac{14}{70} = \frac{2}{10} = 0,2$

$\frac{21}{28} = \frac{3}{4} = \frac{75}{100} = 0,75$

c) In den Beispielen wird jeweils ein Bruch in einen Dezimalbruch umgewandelt. Dazu wird der Zähler des Bruches durch den Nenner dividiert.

$\frac{5}{8} = $ ■ | $\frac{1}{3} = $ ■ | $\frac{2}{11} = $ ■

5 : 8 = 0,625
```
 0
 50
 48
  20
  16
   40
   40
    0
```
Die Division bricht ab.

$\frac{5}{8} = 0,625$

1 : 3 = 0,[3]33...
```
 0
 10
  9
  10
   9
   10
    9
    1
   ...
```
Die Ziffer 3 wiederholt sich immer wieder.

$\frac{1}{3} = 0,333\ldots = 0,\overline{3}$

2 : 11 = 0,[18]18....
```
 0
 20
 11
  90
  88
   20
   11
   90
   88
    2
   ...
```
Die Ziffern-gruppe 18 wiederholt sich immer wieder.

$\frac{2}{11} = 0,1818\ldots = 0,\overline{18}$

Periode

> Die Ziffer oder die Zifferngruppe, die sich im Ergebnis immer wiederholt, heißt **Periode.**
> Die Periode wird durch einen waagerechten Strich gekennzeichnet.

3 Dividiere den Zähler durch den Nenner und gib den zugehörigen Dezimalbruch an.

a) $\frac{7}{8}$ b) $\frac{2}{3}$ c) $\frac{3}{5}$ d) $\frac{5}{9}$ e) $\frac{4}{11}$ f) $\frac{22}{9}$ g) $\frac{15}{11}$ h) $\frac{17}{33}$ i) $\frac{8}{27}$

Einen Bruch kann man in einen Dezimalbruch umwandeln, indem man den Zähler durch den Nenner dividiert.
Dabei entsteht ein **abbrechender Dezimalbruch** oder ein **periodischer Dezimalbruch.**

Abbrechender Dezimalbruch:

$\frac{3}{8} = 3 : 8 = 0{,}375$

$\frac{3}{8} = 0{,}375$

Periodischer Dezimalbruch:

$\frac{5}{11} = 5 : 11 = 0{,}4545\ldots$

$\frac{5}{11} = 0{,}\overline{45}$

(*Lies:* Null Komma Periode vier fünf)

$2\frac{1}{3} = 2{,}\overline{3}$

4 Forme in einen Dezimalbruch um.

a) $\frac{4}{9}$ $\frac{2}{11}$ $\frac{1}{4}$ $\frac{4}{12}$ $\frac{7}{11}$ $\frac{21}{40}$ $\frac{12}{33}$ $\frac{17}{40}$ $\frac{4}{89}$ $\frac{10}{22}$

b) $\frac{13}{15}$ $\frac{7}{12}$ $\frac{9}{16}$ $\frac{3}{22}$ $\frac{11}{18}$ $\frac{18}{75}$ $\frac{11}{15}$ $\frac{14}{36}$ $\frac{45}{66}$ $\frac{4}{55}$

c) $\frac{25}{18}$ $\frac{37}{25}$ $\frac{7}{24}$ $\frac{73}{90}$ $\frac{23}{27}$ $\frac{5}{7}$ $\frac{7}{36}$ $\frac{38}{120}$ $\frac{59}{24}$

d) $11\frac{14}{33}$ $2\frac{13}{21}$ $1\frac{29}{41}$ $4\frac{11}{16}$ $25\frac{9}{11}$ $6\frac{14}{72}$ $8\frac{3}{7}$

$\frac{5}{6}$ = ■

5 : 6 = 0,833…
0
50
48
20
18
2
…

$\frac{5}{6} = 0{,}833\ldots = 0{,}8\overline{3}$

Periodische Dezimalbrüche heißen **reinperiodische Dezimalbrüche,** wenn die Periode sofort nach dem Komma beginnt.
Periodische Dezimalbrüche heißen **gemischtperiodische Dezimalbrüche,** wenn mindestens eine Ziffer nach dem Komma nicht zur Periode gehört.

5 Setze im Heft jeweils das richtige Zeichen (>, <, =) ein.

a) $0{,}\overline{5}$ ■ $0{,}55$
$2{,}3\overline{7}$ ■ $2{,}377$
$0{,}756$ ■ $0{,}\overline{7}$

b) $4{,}35$ ■ $4{,}3\overline{46}$
$0{,}75$ ■ $0{,}\overline{7}$
$3{,}\overline{18}$ ■ $3{,}189$

c) $0{,}\overline{4}$ ■ $\frac{4}{9}$
$\frac{5}{16}$ ■ $0{,}312$
$4\frac{3}{11}$ ■ $4{,}\overline{2}$

d) $\frac{7}{20}$ ■ $0{,}35$
$5\frac{7}{11}$ ■ $5{,}6\overline{3}$
$20{,}\overline{5}$ ■ $20\frac{4}{7}$

6 Ordne die Dezimalbrüche der Größe nach. Beginne mit dem größten Dezimalbruch.

a) $0{,}\overline{4}$ $0{,}42$ $0{,}\overline{42}$ $0{,}4\overline{2}$ $0{,}44$

b) $0{,}\overline{9}$ $0{,}9$ $0{,}99$ $0{,}09$ $0{,}0\overline{9}$

c) $16{,}16$ $16{,}\overline{16}$ $16{,}061$ $16{,}160$

d) $0{,}77$ $\frac{7}{9}$ $\frac{8}{11}$ $0{,}73$ $\frac{3}{4}$

7 Runde die periodischen Dezimalbrüche auf die zweite Stelle nach dem Komma.

a) $0{,}\overline{6}$ b) $0{,}5\overline{3}$ c) $4{,}\overline{28}$ d) $1{,}\overline{72}$ e) $0{,}2\overline{36}$ f) $7{,}04\overline{9}$ g) $11{,}9\overline{16}$ h) $0{,}\overline{1}$ i) $5{,}\overline{9}$

8 Durch die Primfaktorzerlegung des Nenners kannst du leicht die Art des zugehörigen Dezimalbruches feststellen.

Die Regeln gelten für gekürzte Brüche.

$\frac{3}{8} = \frac{3}{2 \cdot 2 \cdot 2} = 0{,}375$ $\frac{7}{20} = \frac{7}{2 \cdot 2 \cdot 5} = 0{,}35$	Du erhältst einen **abbrechenden Dezimalbruch,** wenn bei der Primfaktorzerlegung des Nenners nur die Faktoren 2 oder 5 auftreten.
$\frac{4}{9} = \frac{4}{3 \cdot 3} = 0{,}\overline{4}$ $\frac{7}{33} = \frac{7}{3 \cdot 11} = 0{,}\overline{21}$	Du erhältst einen **reinperiodischen Dezimalbruch,** wenn bei der Primfaktorzerlegung des Nenners weder der Faktor 2 noch der Faktor 5 auftritt.
$\frac{5}{6} = \frac{5}{2 \cdot 3} = 0{,}8\overline{3}$ $\frac{3}{55} = \frac{3}{5 \cdot 11} = 0{,}05\overline{45}$	Du erhältst einen **gemischtperiodischen Dezimalbruch,** wenn bei der Primfaktorzerlegung des Nenners außer den Faktoren 2 oder 5 noch ein weiterer Faktor auftritt.

Zerlege den Nenner in Primfaktoren. Gib die Art des Dezimalbruches an.

a) $\frac{11}{300}$ b) $\frac{4}{125}$ c) $\frac{25}{165}$ d) $\frac{49}{180}$ e) $\frac{86}{198}$

Umwandeln periodischer Dezimalbrüche in Brüche

9 Forme die Brüche jeweils in Dezimalbrüche um. Was stellst du fest?

a) $\frac{1}{9}$ $\frac{2}{9}$ $\frac{3}{9}$ $\frac{4}{9}$ b) $\frac{1}{99}$ $\frac{2}{99}$ $\frac{3}{99}$ $\frac{4}{99}$

c) $\frac{1}{999}$ $\frac{2}{999}$ $\frac{3}{999}$ $\frac{4}{999}$

$\frac{7}{9} = 0{,}\overline{7}$ $\frac{85}{99} = 0{,}\overline{85}$

$\frac{5}{999} = 0{,}\overline{005}$ $\frac{431}{999} = 0{,}\overline{431}$

$0{,}\overline{3} = \frac{3}{9} = \frac{1}{3}$

$0{,}\overline{27} = \frac{27}{99} = \frac{3}{11}$

10 Verwandle die periodischen Dezimalbrüche jeweils in einen Bruch. Kürze, wenn möglich.

a) $0{,}\overline{6}$ $0{,}\overline{2}$ $0{,}\overline{7}$ $0{,}\overline{12}$ $0{,}\overline{75}$ b) $0{,}\overline{030}$ $0{,}\overline{297}$ $0{,}\overline{009}$ $0{,}\overline{066}$

c) $2{,}\overline{06}$ $4{,}\overline{48}$ $0{,}\overline{990}$ $7{,}\overline{054}$ d) $0{,}\overline{333}$ $4{,}\overline{126}$ $8{,}\overline{63}$ $7{,}\overline{005}$

11 Erläutere, wie die gemischtperiodischen Dezimalbrüche jeweils in einen Bruch umgewandelt werden.

$0{,}8\overline{3} = $ ▢ $0{,}3\overline{87} = $ ▢

$$0{,}8\overline{3} = 8{,}\overline{3} : 10 = 8\tfrac{3}{9} : 10 = \frac{75}{9} : 10 = \frac{75}{90} = \frac{5}{6}$$
$$0{,}8\overline{3} = \frac{5}{6}$$

$$0{,}3\overline{87} = 3{,}\overline{87} : 10 = 3\tfrac{87}{99} : 10 = \frac{384}{99} : 10 = \frac{384}{990} = \frac{64}{165}$$
$$0{,}3\overline{87} = \frac{64}{165}$$

Verwandle jeweils in Brüche oder in eine gemischte Zahl. Kürze wenn möglich.

a) $0{,}3\overline{6}$ $0{,}41\overline{6}$ $0{,}31\overline{8}$ $0{,}1\overline{3}$ $0{,}1\overline{6}$ b) $0{,}9\overline{81}$ $0{,}83\overline{45}$ $0{,}7\overline{72}$ $5{,}9\overline{81}$

1

Für die Addition und Multiplikation von natürlichen Zahlen gelten folgende Gesetze:

$a + b = b + a$	Kommutativgesetz	$a \cdot b = b \cdot a$
$(a + b) + c = a + (b + c)$	Assoziativgesetz	$(a \cdot b) \cdot c = a \cdot (b \cdot c)$

Gelten die Gesetze auch für die Addition und Multiplikation von gebrochenen Zahlen?

Berechne und vergleiche.

a) $\frac{3}{4} + \frac{5}{6}$ b) $\frac{5}{12} + \frac{3}{5}$ c) $1{,}6 + 5{,}9$ d) $\frac{5}{7} \cdot \frac{14}{15}$ e) $0{,}5 \cdot 2{,}8$

$\frac{5}{6} + \frac{3}{4}$ $\frac{3}{5} + \frac{5}{12}$ $5{,}9 + 1{,}6$ $\frac{14}{15} \cdot \frac{5}{7}$ $2{,}8 \cdot 0{,}5$

2 a) Wähle zwei verschieden große Brüche (Dezimalbrüche). Führe mit ihnen eine Subtraktion aus. Vertausche anschließend die Brüche (Dezimalbrüche) und rechne noch einmal.
b) Wiederhole die Rechnung mit anderen Brüchen (Dezimalbrüchen). Was stellst du fest?

3 Berechne und vergleiche.

a) $\frac{4}{7} : \frac{3}{5}$ und $\frac{3}{5} : \frac{4}{7}$ b) $\frac{8}{9} : \frac{5}{7}$ und $\frac{5}{7} : \frac{8}{9}$ c) $2{,}4 : 1{,}2$ und $1{,}2 : 2{,}4$ d) $4{,}8 : 0{,}6$ und $0{,}6 : 4{,}8$

Kommutativgesetz

Bei der **Addition** von gebrochenen Zahlen darf man die Summanden vertauschen; das Ergebnis ändert sich dadurch nicht. Es gilt das **Kommutativgesetz**

$$a + b = b + a$$
$$\frac{3}{5} + \frac{1}{2} = \frac{1}{2} + \frac{3}{5}$$
$$3{,}8 + 4{,}9 = 4{,}9 + 3{,}8$$

Bei der Subtraktion von gebrochenen Zahlen darf man nicht vertauschen.

Bei der **Multiplikation** von gebrochenen Zahlen darf man die Faktoren vertauschen; das Ergebnis ändert sich dadurch nicht. Es gilt das **Kommutativgesetz:**

$$a \cdot b = b \cdot a$$
$$\frac{3}{13} \cdot \frac{7}{5} = \frac{7}{5} \cdot \frac{3}{13}$$
$$1{,}9 \cdot 0{,}2 = 0{,}2 \cdot 1{,}9$$

Bei der Division darf man nicht vertauschen.

4 Schreibe zu jedem Rechenbaum die passende Rechenaufgabe mit Klammern. Berechne und vergleiche.

a) 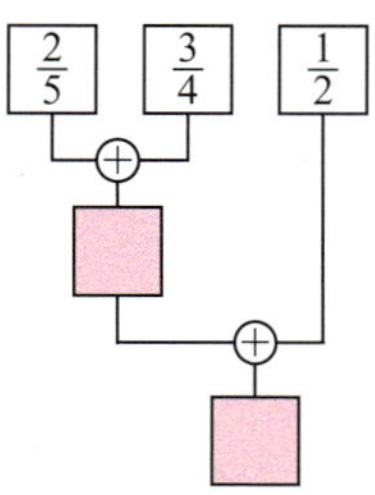

und 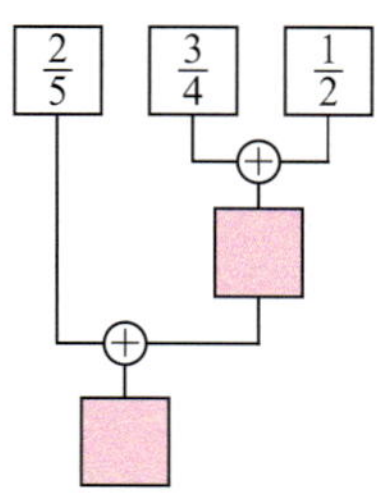

b) 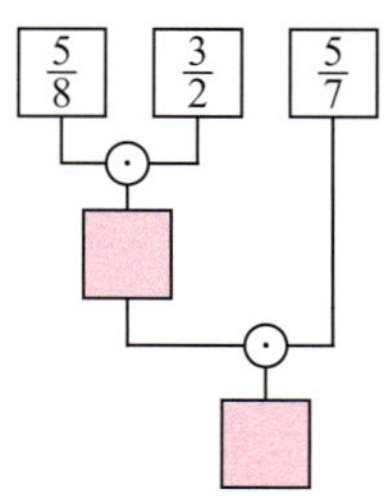

und 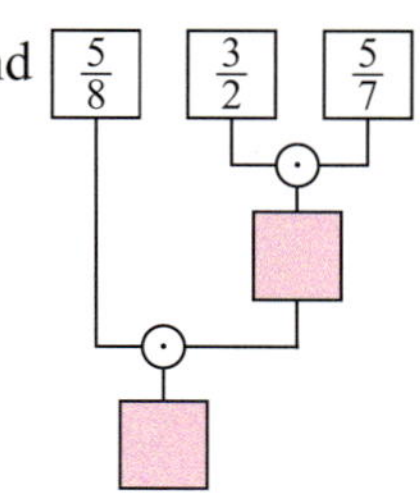

5 Berechne und vergleiche die Ergebnisse. Beachte: Die Klammer wird zuerst berechnet.

a) $\left(\frac{2}{3} \cdot \frac{2}{5}\right) \cdot \frac{3}{4}$ b) $\frac{2}{9} \cdot \left(\frac{4}{7} \cdot \frac{3}{8}\right)$ c) $(2{,}2 \cdot 4{,}1) \cdot 1{,}1$ d) $\left(\frac{5}{6} + \frac{7}{30}\right) + \frac{4}{5}$ e) $(7{,}8 + 3{,}4) + 9{,}3$

$\frac{2}{3} \cdot \left(\frac{2}{5} \cdot \frac{3}{4}\right)$ $\left(\frac{2}{9} \cdot \frac{4}{7}\right) \cdot \frac{3}{8}$ $2{,}2 \cdot (4{,}1 \cdot 1{,}1)$ $\frac{5}{6} + \left(\frac{7}{30} + \frac{4}{5}\right)$ $7{,}8 + (3{,}4 + 9{,}3)$

6 Übertrage die Tabellen in dein Heft und fülle sie aus. Was fällt dir auf?

a)

a	b	c	a+(b+c)	(a+b)+c	a+b+c
$\frac{2}{5}$	$\frac{7}{10}$	$\frac{11}{20}$	■	■	■
$\frac{1}{4}$	$\frac{2}{5}$	$\frac{3}{8}$	■	■	■
4,2	3,9	5,7	■	■	■

b)

a	b	c	(a · b) · c	a · (b · c)	a · b · c
$\frac{25}{48}$	$\frac{16}{35}$	$\frac{7}{10}$	■	■	■
$\frac{35}{36}$	$\frac{12}{55}$	$\frac{33}{49}$	■	■	■
6,8	0,5	2,6	■	■	■

Assoziativgesetz

Bei der **Addition** von gebrochenen Zahlen darf man beliebig Klammern setzen oder weglassen. Es gilt das **Assoziativgesetz**:

$(a + b) + c = a + (b + c) = a + b + c$

$\left(\frac{1}{2} + \frac{2}{3}\right) + \frac{1}{3} = \frac{1}{2} + \left(\frac{2}{3} + \frac{1}{3}\right) = 1\frac{1}{2}$

$(9{,}6 + 5{,}7) + 8{,}9 = 9{,}6 + (5{,}7 + 8{,}9) = 24{,}2$

Bei der **Multiplikation** von gebrochenen Zahlen darf man beliebig Klammern setzen oder weglassen. Es gilt das **Assoziativgesetz**:

$(a \cdot b) \cdot c = a \cdot (b \cdot c) = a \cdot b \cdot c$

$\left(\frac{3}{2} \cdot \frac{2}{7}\right) \cdot \frac{5}{6} = \frac{3}{2} \cdot \left(\frac{2}{7} \cdot \frac{5}{6}\right) = \frac{3}{2} \cdot \frac{2}{7} \cdot \frac{5}{6} = \frac{5}{14}$

$(1{,}4 \cdot 1{,}2) \cdot 3{,}5 = 1{,}4 \cdot (1{,}2 \cdot 3{,}5) = 1{,}4 \cdot 1{,}2 \cdot 3{,}5 = 5{,}88$

7 Vergleiche.

a) $\left(\frac{8}{9} - \frac{1}{2}\right) - \frac{1}{5}$ mit $\frac{8}{9} - \left(\frac{1}{2} - \frac{1}{5}\right)$
b) $\left(\frac{9}{4} - \frac{2}{3}\right) - \frac{7}{12}$ mit $\frac{9}{4} - \left(\frac{2}{3} - \frac{7}{12}\right)$
c) $\frac{3}{4} : \left(\frac{2}{5} : \frac{1}{2}\right)$ mit $\left(\frac{3}{4} : \frac{2}{5}\right) : \frac{1}{2}$
d) $\frac{9}{10} : \left(\frac{6}{15} : \frac{1}{3}\right)$ mit $\left(\frac{9}{10} : \frac{6}{15}\right) : \frac{1}{3}$

Gilt das Assoziativgesetz auch bei der Subtraktion und Division von Brüchen?

8 Berechne vorteilhaft im Kopf.

a) $\frac{4}{11} + \frac{3}{10} + \frac{7}{11}$
b) $\frac{2}{7} + \frac{5}{8} + \frac{5}{7}$
c) $\frac{8}{13} + \frac{7}{12} + \frac{5}{12}$
d) $\frac{13}{20} + \frac{4}{8} + \frac{27}{20}$
e) $\frac{11}{5} + \frac{11}{49} + \frac{19}{5}$
f) $\left(\frac{11}{13} + \frac{4}{5}\right) + \frac{15}{13}$
g) $\left(2\frac{3}{8} + 1\frac{9}{10}\right) + \frac{5}{8}$
h) $\frac{2}{9} \cdot \frac{3}{8} \cdot \frac{9}{2}$
i) $2{,}45 + 8{,}96 + 1{,}55$
k) $\left(\frac{1}{4} + \frac{3}{5}\right) + 0{,}75$
l) $\frac{1}{2} \cdot 0{,}9 \cdot 6$
m) $(4{,}5 \cdot 0{,}8) \cdot \frac{1}{3}$

9 Berechne vorteilhaft.

a) $\left(\frac{3}{4} + \frac{7}{9}\right) + \left(2\frac{1}{4} + 2\frac{2}{9}\right)$
b) $\left(1\frac{1}{6} + \frac{9}{14}\right) + \left(\frac{2}{7} + \frac{5}{6}\right)$
c) $\left(3\frac{5}{8} + 4\frac{5}{18}\right) + \left(\frac{1}{9} + \frac{3}{8}\right)$
d) $\frac{7}{12} + \frac{4}{5} + \left(3\frac{2}{10} + \frac{5}{12}\right)$
e) $6\frac{19}{25} + \left(3\frac{13}{34} + 4\frac{6}{25}\right) + \frac{1}{17}$
f) $\left(6\frac{6}{7} + 5\frac{8}{15}\right) + \left(\frac{1}{5} + 2\frac{1}{7}\right)$
g) $\frac{13}{25} \cdot \frac{7}{12} \cdot \left(\frac{25}{26} \cdot \frac{12}{49}\right)$
h) $\left(\frac{19}{49} \cdot \frac{1}{8}\right) \cdot \left(\frac{7}{19} \cdot \frac{8}{9}\right)$
i) $\left(2\frac{4}{17} \cdot \frac{5}{21}\right) \cdot \left(\frac{17}{19} \cdot \frac{21}{25}\right)$

L 5; $\frac{2}{5}$; $2\frac{13}{14}$; $14\frac{11}{15}$; 4; $8\frac{7}{18}$; $\frac{1}{14}$; $14\frac{15}{34}$; $\frac{1}{63}$

10 Fasse günstig zusammen, damit die Rechnung möglichst einfach wird.

a) $\frac{4}{5} + \frac{3}{7} + \frac{2}{3} + \frac{1}{5} + \frac{4}{7}$
b) $\frac{3}{13} + \frac{1}{2} + \frac{4}{9} + \frac{10}{13} + \frac{5}{9}$
c) $3\frac{1}{11} + 2\frac{1}{4} + 5\frac{10}{11}$
d) $\frac{6}{7} \cdot \frac{19}{29} \cdot \frac{7}{9} \cdot \frac{29}{19}$
e) $\frac{2}{3} \cdot \frac{11}{17} \cdot \frac{5}{91} \cdot \frac{17}{22} \cdot \frac{91}{50}$
f) $\frac{20}{81} \cdot \frac{33}{14} \cdot \frac{81}{100} \cdot \frac{28}{99}$
g) $\frac{17}{38} + \frac{5}{17} + \frac{21}{38}$
h) $\frac{4}{9} + 1\frac{7}{8} + \frac{3}{51} + \frac{5}{9} + 1\frac{1}{8}$
i) $4 \cdot 1\frac{3}{47} \cdot \frac{1}{8} \cdot \frac{47}{50}$

11 Übertrage in dein Heft und fülle die Lücken aus. Vergleiche die Ergebnisse.

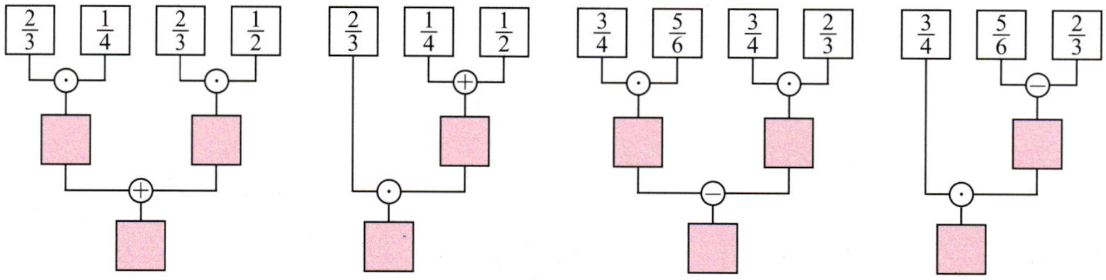

$\frac{2}{3} \cdot \frac{1}{4} + \frac{2}{3} \cdot \frac{1}{2}$
$= \square + \square$
$= \square$

$\frac{2}{3} \cdot \left(\frac{1}{4} + \frac{1}{2}\right)$
$= \square \cdot \square$
$= \square$

$\frac{3}{4} \cdot \frac{5}{6} - \frac{3}{4} \cdot \frac{2}{3}$
$= \square - \square$
$= \square$

$\frac{3}{4} \cdot \left(\frac{5}{6} - \frac{2}{3}\right)$
$= \square \cdot \square$
$= \square$

12 Berechne und vergleiche.

a) $\frac{3}{5} \cdot \left(\frac{1}{3} + \frac{5}{8}\right)$
$\frac{3}{5} \cdot \frac{1}{3} + \frac{3}{5} \cdot \frac{5}{8}$

b) $\frac{3}{4} \cdot \left(\frac{2}{9} + \frac{4}{9}\right)$
$\frac{3}{4} \cdot \frac{2}{9} + \frac{3}{4} \cdot \frac{4}{9}$

c) $\frac{3}{10} \cdot \left(7 + \frac{1}{6}\right)$
$\frac{3}{10} \cdot 7 + \frac{3}{10} \cdot \frac{1}{6}$

d) $\left(\frac{4}{3} + \frac{2}{3}\right) \cdot \frac{1}{4}$
$\frac{4}{3} \cdot \frac{1}{4} + \frac{2}{3} \cdot \frac{1}{4}$

e) $1{,}8 \cdot (0{,}4 + 4{,}2)$
$1{,}8 \cdot 0{,}4 + 1{,}8 \cdot 4{,}2$

f) $0{,}5 \cdot (9{,}6 + 5{,}8)$
$0{,}5 \cdot 9{,}6 + 0{,}5 \cdot 5{,}8$

g) $2{,}5 \cdot (3{,}5 - 1{,}5)$
$2{,}5 \cdot 3{,}5 - 2{,}5 \cdot 1{,}5$

h) $5{,}4 \cdot (6 - 0{,}3)$
$5{,}4 \cdot 6 - 5{,}4 \cdot 0{,}3$

Distributivgesetz

$a \cdot (b + c) = a \cdot b + a \cdot c$

$\frac{2}{3} \cdot \left(\frac{5}{8} + \frac{1}{2}\right) = \frac{2}{3} \cdot \frac{5}{8} + \frac{2}{3} \cdot \frac{1}{2}$

$8{,}7 \cdot (4{,}8 + 5{,}1) = 8{,}7 \cdot 4{,}8 + 8{,}7 \cdot 5{,}1$

$a \cdot (b - c) = a \cdot b - a \cdot c$

$\frac{2}{3} \cdot \left(\frac{5}{8} - \frac{1}{2}\right) = \frac{2}{3} \cdot \frac{5}{8} - \frac{2}{3} \cdot \frac{1}{2}$

$9{,}2 \cdot (3{,}5 - 1{,}8) = 9{,}2 \cdot 3{,}5 - 9{,}2 \cdot 1{,}8$

13 Setze Klammern und rechne.

$\frac{3}{8} \cdot \frac{2}{5} + \frac{3}{8} \cdot \frac{1}{10} = \frac{3}{8} \cdot \left(\frac{2}{5} + \frac{1}{10}\right) = \frac{3}{8} \cdot \left(\frac{4}{10} + \frac{1}{10}\right) = \frac{3}{8} \cdot \frac{5}{10} = \frac{3}{16}$

a) $\frac{7}{4} \cdot \frac{1}{5} + \frac{7}{4} \cdot \frac{8}{15}$
b) $\frac{15}{16} \cdot \frac{6}{9} + \frac{15}{16} \cdot \frac{1}{3}$
c) $\frac{17}{25} \cdot \frac{6}{8} + \frac{17}{25} \cdot \frac{1}{4}$
d) $\frac{7}{10} \cdot \frac{1}{8} + \frac{7}{10} \cdot \frac{13}{32}$
e) $\frac{5}{36} \cdot \frac{12}{5} + \frac{5}{36} \cdot \frac{1}{5}$
f) $13 \cdot \frac{4}{13} - 13 \cdot \frac{4}{26}$
g) $1\frac{2}{3} \cdot 2\frac{1}{5} - 1\frac{2}{3} \cdot \frac{1}{5}$
h) $6 \cdot 3\frac{2}{3} - 6 \cdot \frac{1}{3}$
i) $\frac{8}{15} \cdot \frac{5}{27} + \frac{7}{15} \cdot \frac{5}{27}$
k) $\frac{3}{12} \cdot \frac{8}{47} - \frac{1}{4} \cdot \frac{8}{47}$
l) $\frac{79}{100} \cdot \frac{55}{88} + \frac{79}{100} \cdot \frac{5}{88}$
m) $\frac{21}{38} \cdot \frac{19}{39} + \frac{18}{38} \cdot \frac{19}{39}$

14 Berechne mit dem Distributivgesetz.

$\frac{3}{4} \cdot 4\frac{3}{5} = \frac{3}{4} \cdot \left(4 + \frac{3}{5}\right)$
$= \frac{3}{4} \cdot 4 + \frac{3}{4} \cdot \frac{3}{5}$
$= 3 + \frac{9}{20} = 3\frac{9}{20}$

$\frac{3}{2} \cdot 3\frac{1}{3} = \frac{3}{2} \cdot \left(3 + \frac{1}{3}\right)$
$= \frac{3}{2} \cdot 3 + \frac{3}{2} \cdot \frac{1}{3}$
$= 4\frac{1}{2} + \frac{1}{2} = 5$

a) $\frac{2}{3} \cdot 6\frac{4}{5}$
b) $\frac{4}{5} \cdot 15\frac{1}{4}$
c) $\frac{5}{6} \cdot 18\frac{3}{5}$
d) $\frac{3}{4} \cdot 8\frac{4}{9}$
e) $\frac{3}{2} \cdot 6\frac{2}{5}$
f) $\frac{3}{8} \cdot 40\frac{5}{6}$
g) $\frac{4}{3} \cdot 9\frac{5}{8}$
h) $\frac{7}{8} \cdot 16\frac{2}{5}$
i) $\frac{7}{6} \cdot 30\frac{5}{14}$
k) $\frac{6}{5} \cdot 20\frac{2}{9}$

1 Setze für ■ die passende Zahl ein.

a) $\frac{4}{5} + ■ = \frac{4}{5}$ b) $■ + 0 = \frac{2}{3}$ c) $\frac{4}{7} \cdot ■ = \frac{4}{7}$ d) $\frac{19}{20} \cdot \frac{1}{1} = ■$ e) $\frac{8}{9} \cdot ■ = 0$

2 Drei Ergebnisse sind falsch. Überprüfe die Ergebnisse durch die Multiplikationsprobe.

$\frac{1}{2} : 3 = \frac{1}{6}$, denn $\frac{1}{6} \cdot 3 = \frac{1}{2}$

a) $\frac{3}{4} : 1 = \frac{3}{4}$ b) $0 : \frac{5}{9} = 0$ c) $\frac{7}{10} : 0 = 0$ d) $0 : \frac{11}{12} = \frac{11}{12}$ e) $\frac{7}{10} : 0 = \frac{7}{10}$

Durch Null kann man **nicht** dividieren.

$\frac{3}{10} : 0$ ist nicht möglich

Wenn man eine Zahl mit Null multipliziert oder Null durch eine Zahl dividiert, so erhält man 0.

$\frac{6}{11} \cdot 0 = 0$ $0 : 3{,}6 = 0$

3 a) Übertrage die Tabellen in dein Heft und fülle sie so weit wie möglich aus. In den Subtraktionstabellen müssen Felder frei bleiben. Benutze das Kommutativgesetz.

+	$\frac{1}{10}$	$\frac{3}{4}$	$\frac{2}{3}$	$\frac{1}{2}$
$\frac{1}{10}$	■	■	■	■
$\frac{3}{4}$	■	■	■	■
$\frac{2}{3}$	■	■	■	■
$\frac{1}{2}$	■	■	■	■

−	$\frac{1}{10}$	$\frac{1}{4}$	$\frac{1}{3}$	$\frac{1}{2}$
$\frac{1}{10}$	■	■	■	■
$\frac{1}{4}$	■	■	■	■
$\frac{1}{3}$	■	■	■	■
$\frac{1}{2}$	■	■	■	■

·	$\frac{1}{2}$	$\frac{3}{5}$	$\frac{5}{7}$	$1\frac{1}{4}$
$\frac{1}{2}$	■	■	■	■
$\frac{3}{5}$	■	■	■	■
$\frac{5}{7}$	■	■	■	■
$1\frac{1}{4}$	■	■	■	■

b) Woran sieht man in den Additions- und Multiplikationstabellen, dass das Kommutativgesetz gilt?

4 Übertrage die Tabelle in dein Heft und fülle sie aus.

:	2	4	8	24
2	■	■	■	■
4	■	■	■	■
8	■	■	■	■
24	■	■	■	■

:	$\frac{1}{2}$	$\frac{3}{4}$	$\frac{5}{7}$	$\frac{9}{10}$
$\frac{1}{2}$	■	■	■	■
$\frac{3}{4}$	■	■	■	■
$\frac{5}{7}$	■	■	■	■
$\frac{9}{10}$	■	■	■	■

5 Welche Behauptung ist richtig, welche falsch?

a) Wenn man zu einer gebrochenen Zahl eine andere addiert, so erhält man als Summe immer eine gebrochene Zahl.

b) Wenn man eine natürliche Zahl durch eine andere dividiert, so ist der Quotient nicht immer eine natürliche Zahl.

c) Die Differenz zweier natürlicher Zahlen ist immer eine natürliche Zahl.

d) Der Quotient zweier gebrochener Zahlen ist immer eine gebrochene Zahl.

3 Abbildungen

1

← gewebter Gürtel

↑ Perserteppich

Die Griechen schmückten ihre Amphoren schon im 8. Jahrhundert v. Chr. mit geometrischen Mustern.

↑ Fliesen aus der Alhambra

Indisches Kissen →

Regelmäßige Muster spielen bei der Verzierung von Gegenständen eine große Rolle.

a) Betrachte die einzelnen Muster und beschreibe die Regelmäßigkeiten, die du entdeckst.

b) Welche Muster haben Gemeinsamkeiten in ihrem Aufbau? Beschreibe diese Gemeinsamkeiten.

2 Setze die folgenden Bandornamente in deinem Heft fort.

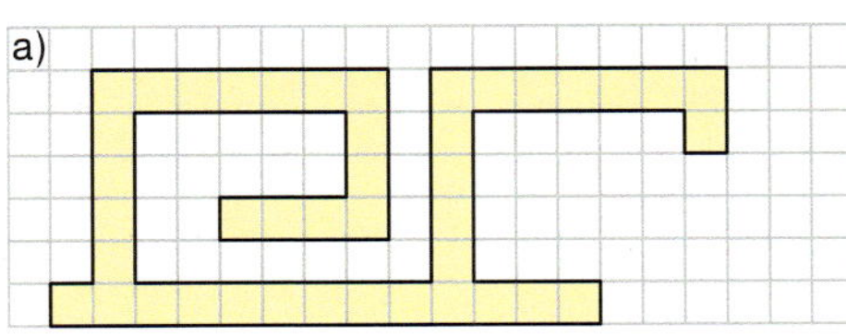

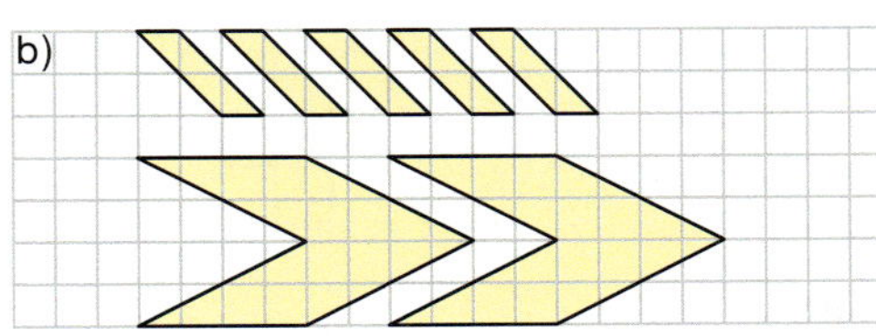

3 Übertrage das Stickmuster in dein Heft und setze es fort.

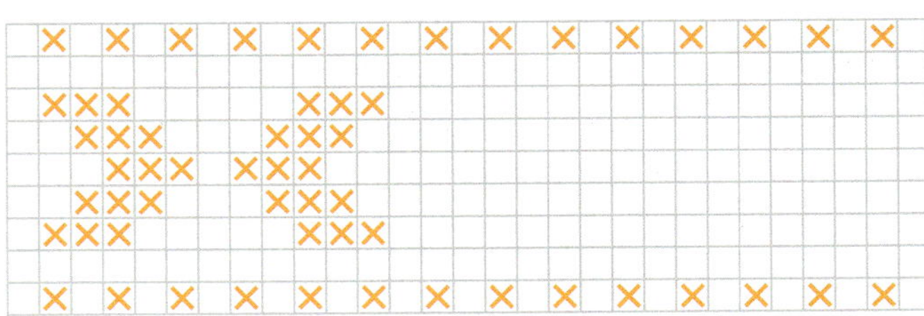

4

Oliver und Thorsten haben die Aufgabe übernommen neue bunte Urkunden für das jährliche Sportfest zu entwerfen.
Vervollständige den Urkundenrahmen auf einem karierten Blatt Papier.

5 Entwirf für ein Sportereignis in deiner Schule eine Urkunde mit symmetrischem Rahmen.

6 Lara hat Musterstreifen mit ihrem Anfangsbuchstaben entworfen um ihr Briefpapier zu verzieren.

a) Wie hat Lara das rechts abgebildete Grundmuster entworfen?
b) Übertrage den abgebildeten Musterstreifen auf deine Heftseite.
c) Entwirf ähnliche Muster mit einem anderen Buchstaben.

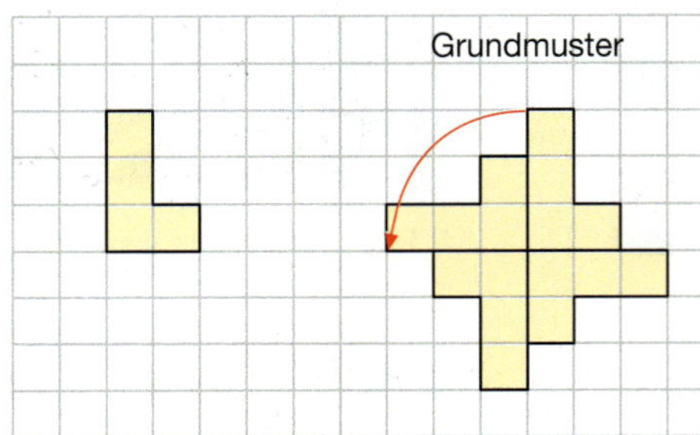

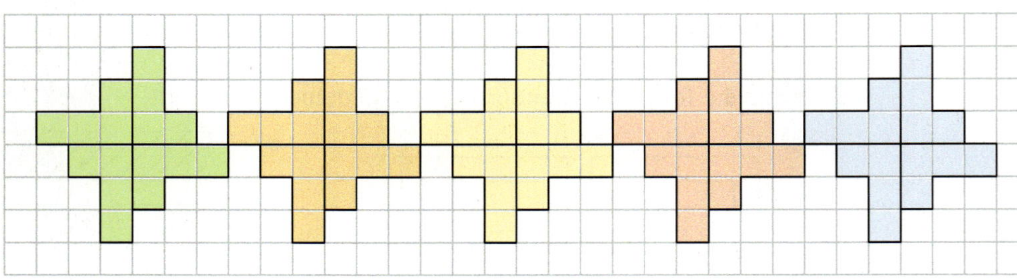

7

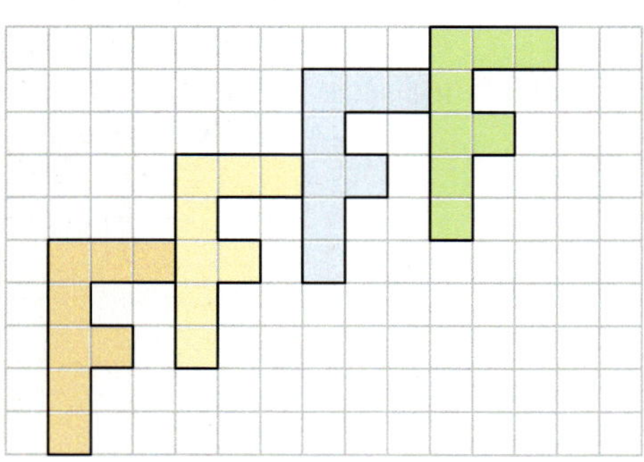

a) Felix wollte ein gleichmäßig schräg nach oben laufendes Muster mit dem Anfangsbuchstaben seines Vornamens entwerfen.
Überprüfe, ob ihm das gelungen ist.
b) Nimm den Anfangsbuchstaben deines Vornamens und entwirf ein ähnliches Muster. Dabei soll der neue Buchstabe jeweils drei Kästchen nach rechts und zwei Kästchen nach oben wandern.

Drei Kästchen nach rechts und zwei nach oben.

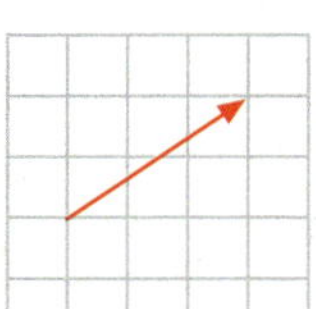

1

Auf den Abbildungen siehst du Fliesen mit kunstvoll gestalteten Mustern.
Diese Muster bestehen aus mehrfach aneinandergereihten Figuren gleicher Größe und gleicher Form. Sie werden als zueinander **deckungsgleiche** oder als zueinander **kongruente** Figuren bezeichnet.

Schneide aus gefaltetem Papier eine zusammenhängende Figurenreihe aus. Worauf musst du dabei achten?

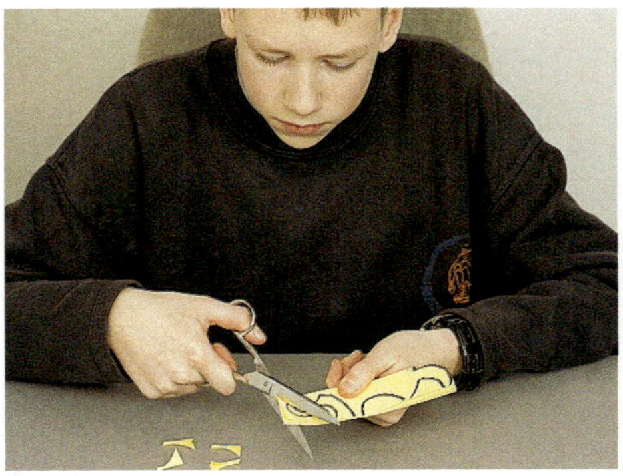

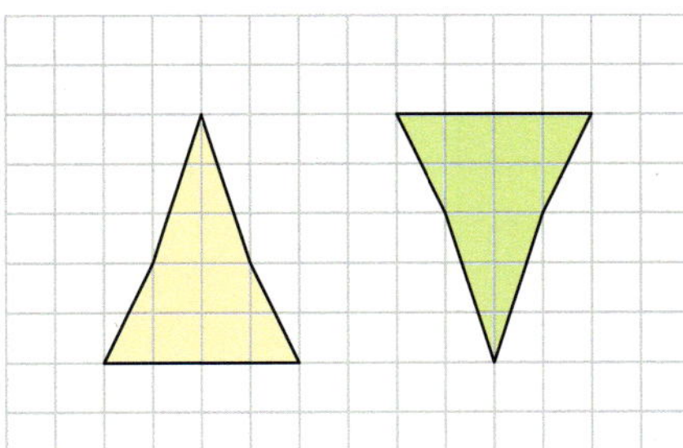

Zwei Figuren heißen **kongruent** (deckungsgleich) zueinander, wenn sie in **Größe** und **Form** übereinstimmen. Entsprechende Strecken und Winkel sind in kongruenten Figuren gleich groß.

2 Erläutere, warum die gelben Fußabdrücke jeweils zueinander kongruent sind.

Rostock (be).
In den vergangenen Tagen wurden Eltern, Lehrer und Schüler aktiv und sprühten „kleine gelbe Füße“ auf Schulwege.

An besonderen Gefahrenpunkten heißt es dann:

Achtung, hier aufpassen!

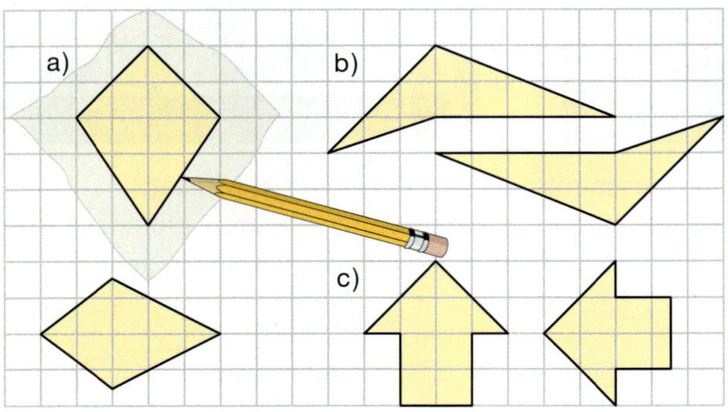

3 Überprüfe, ob die beiden Figuren mit derselben Schablone gezeichnet wurden. Übertrage dazu eine der beiden Figuren auf Transparentpapier. Untersuche anschließend, ob deine Figur genau auf die zweite Figur passt.

a) nein
b) ja
c) nein

4 Welche Figuren sind zueinander kongruent?

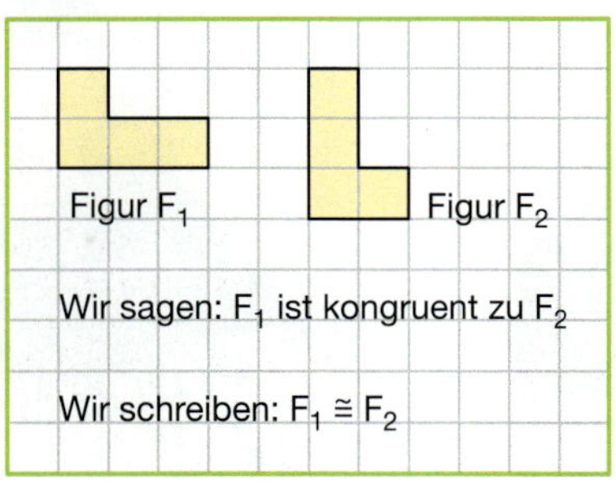

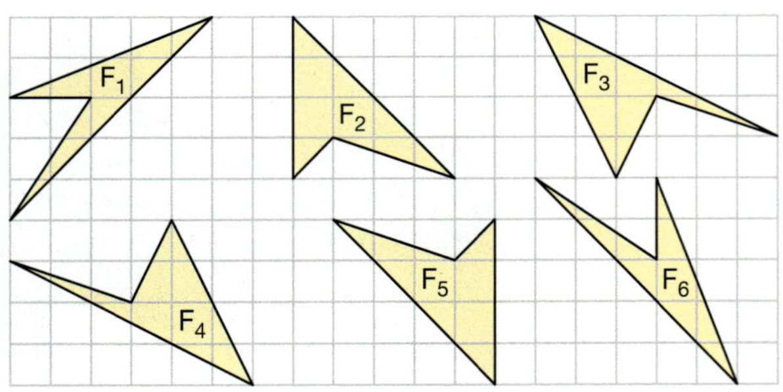

5 Welche der Teilfiguren sind zueinander kongruent?

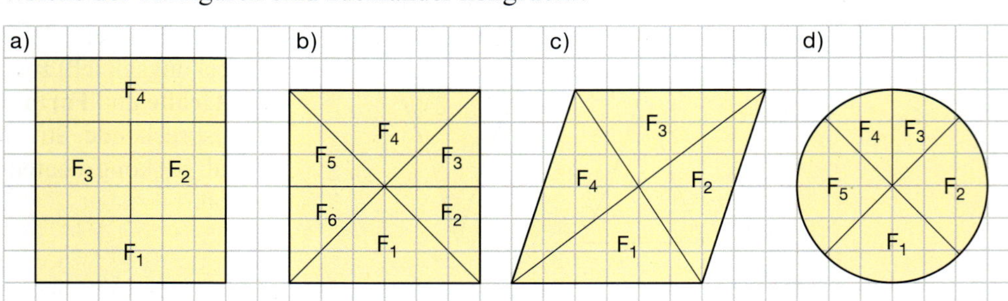

1 Die Raufasertapete in Marks Zimmer hat als Verzierung einen Bandmusterstreifen. Überlege, wie das Muster gezeichnet wurde.

2 Das Spiegelbild der Hafenstraße enthält elf Fehler.

3

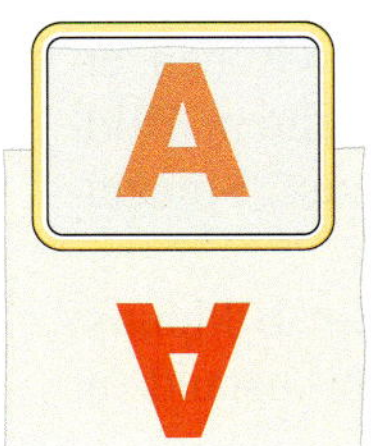

a) Babsi möchte sich mit Katja verabreden. Wie lautet ihre Antwort?

b) Auf der Pinnwand siehst du einzelne Sätze in Spiegelschrift geschrieben. Versuche, sie zu lesen. Überlege zunächst, wie du den Spiegel dazu aufstellen musst.

c) Schreibt ebenfalls verschiedene Texte in Spiegelschrift auf. Fordert anschließend eine Mitschülerin oder einen Mitschüler auf die Wörter richtig zu lesen.

1 Annalena will mithilfe eines Geometrieprogramms zueinander kongruente (deckungsgleiche) Dreiecke erzeugen.

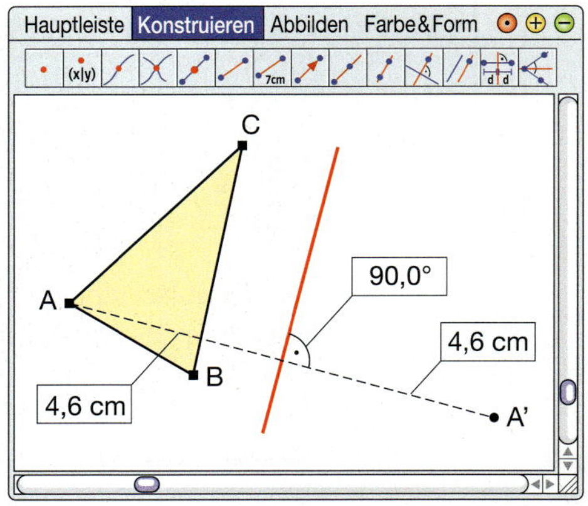

Versuche die Frage anhand der Abbildung auf dem Bildschirm zu beantworten.

2

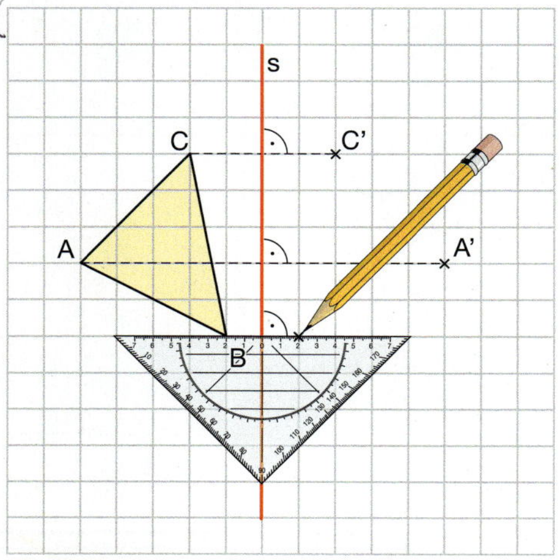

Das Dreieck ABC soll an der Geraden s gespiegelt werden.

a) Wie liegen die Strecken $\overline{AA'}$, $\overline{BB'}$, $\overline{CC'}$ jeweils zur Spiegelachse s?

b) Wo findest du gleich lange Strecken?

c) Übertrage das Dreieck ABC und die Gerade s in dein Heft.
Spiegele das Dreieck an s.

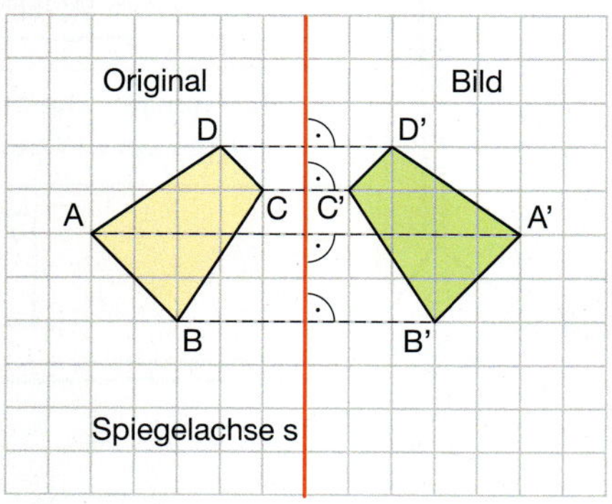

Das Viereck ABCD ist an der Geraden s gespiegelt.
Die Gerade s heißt Spiegelachse.

Die Verbindungsstrecke zwischen einem Originalpunkt und seinem Bildpunkt steht senkrecht zur Spiegelachse.
Ein Originalpunkt und sein Bildpunkt haben jeweils den gleichen Abstand zur Spiegelachse.

Bei einer Achsenspiegelung sind Originalfigur und Bildfigur zueinander kongruent (deckungsgleich).
Die Achsenspiegelung ist eine Kongruenzabbildung.

3

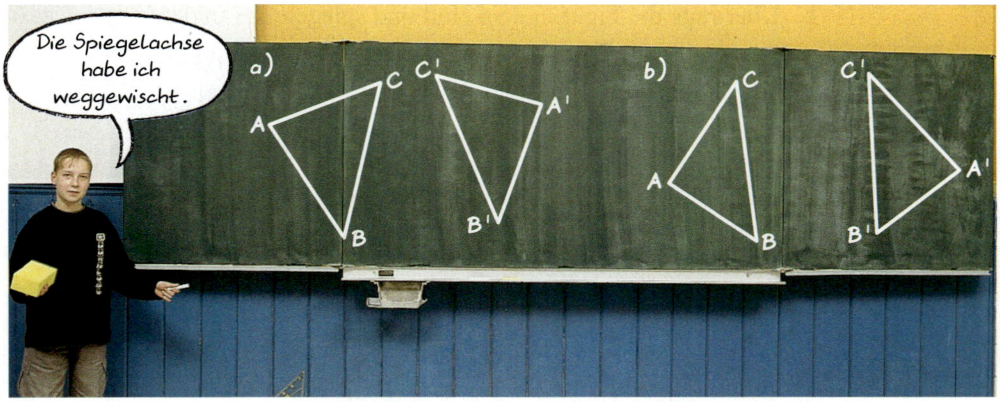

Ist das Dreieck A′B′C′ das Bild des Dreiecks ABC bei einer Achsenspiegelung? Begründe deine Antwort.

4

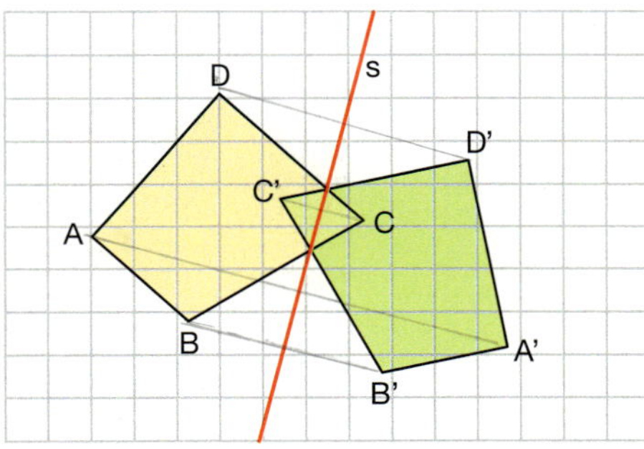

Emre hat das Viereck ABCD an der Geraden s gespiegelt.
Hat er es richtig gemacht?

5 In der Abbildung erkennst du Punkte, die bei einer Achsenspiegelung auf sich selbst abgebildet werden.
Benenne die Punkte und beschreibe ihre Lage.

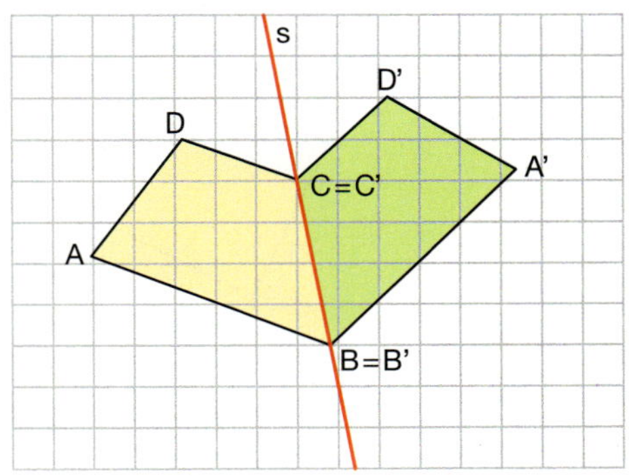

Eigenschaften der Achsenspiegelung

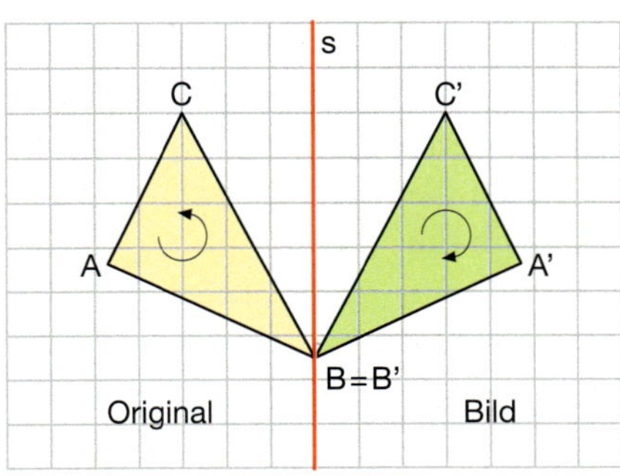

Bei einer Achsenspiegelung bleiben die Länge einer Strecke sowie die Größe eines Winkels erhalten.

Ein Punkt, der auf der Spiegelachse liegt, wird auf sich selbst abgebildet. Er heißt Fixpunkt.

Die Achsenspiegelung ändert den Umlaufsinn.

1 Übertrage die Figur in dein Heft und spiegele sie an der Geraden s. Achte auf die gefärbten Flächen.

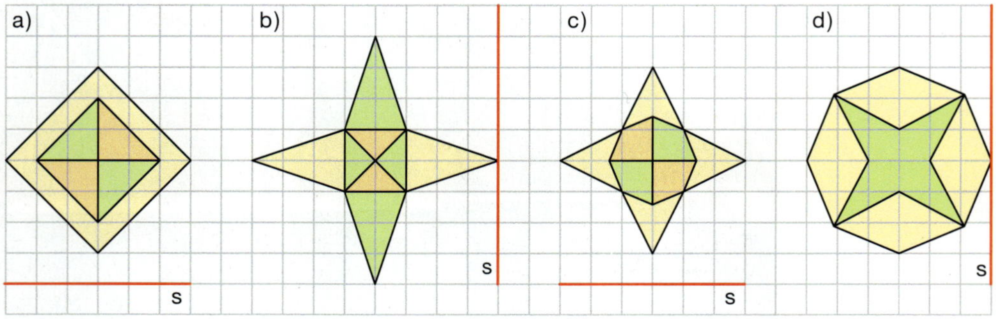

2 Übertrage die Figur und zeichne ihr Spiegelbild. Verlängere, wenn notwendig, die Spiegelachse s.

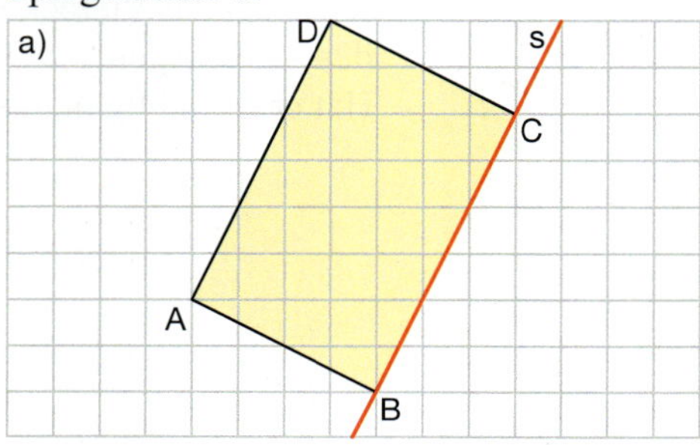

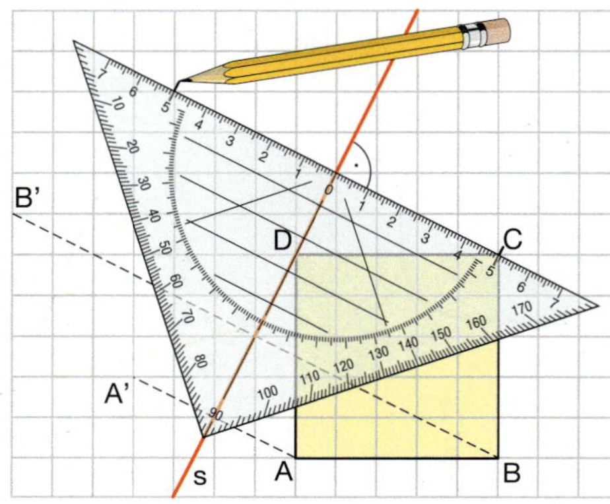

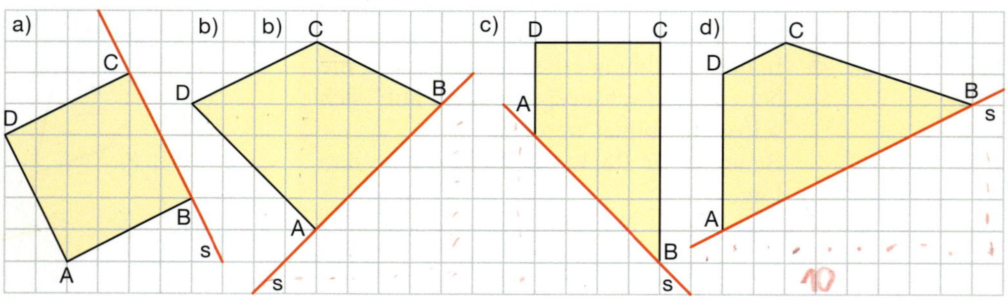

3 a) Übertrage das abgebildete Koordinatensystem in dein Heft. Spiegele das Dreieck ABC an s. Gib die Koordinaten der Bildpunkte an.

b) Zeichne das Viereck mit den Eckpunkten A(6|0), B(10|2), C(6|4) und D(2|2) in ein Koordinatensystem. Spiegele es an der Geraden durch die Punkte V(2|4) und W(11|4). Gib die Koordinaten der Bildpunkte an.

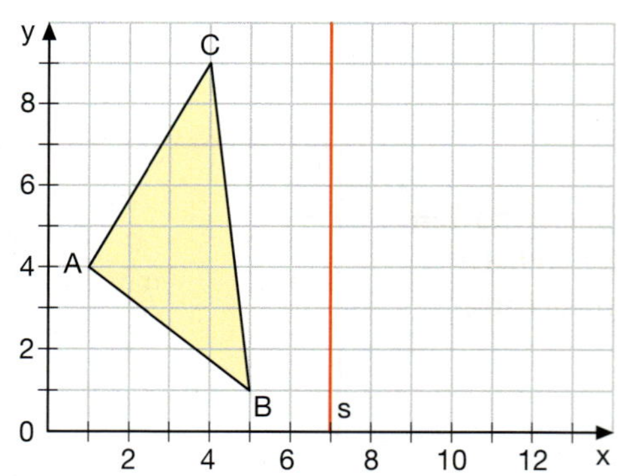

4 Zeichne das Viereck mit den Eckpunkten A(5|2), B(8|8), C(5|11) und D(2|8) in ein Koordinatensystem (Einheit 0,5 cm). Spiegele es an der Geraden durch die Punkte R(5|14) und S(11|8). Gib die Koordinaten der Bildpunkte an.

1 So kannst du die Spiegelachse s bei gegebenem Original- und Bildpunkt konstruieren:

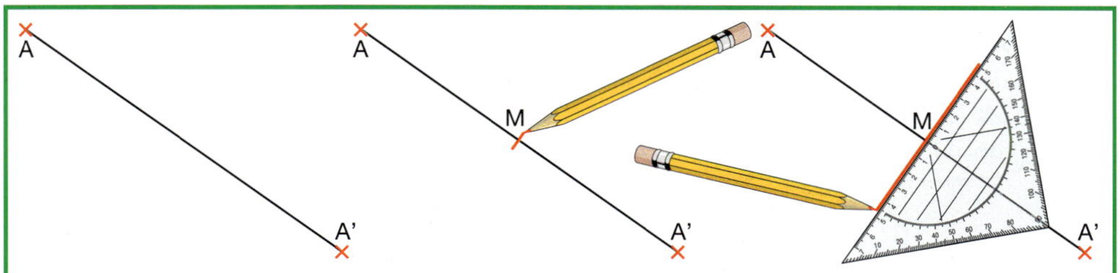

Verbinde den Originalpunkt A mit seinem Bildpunkt A′.

Halbiere die Strecke $\overline{AA'}$ und markiere ihren Mittelpunkt M.

Zeichne die Senkrechte zu $\overline{AA'}$ durch M. Du erhältst die Spiegelachse s.

Übertrage die Figur und den markierten Bildpunkt B′ in dein Heft. Konstruiere die zugehörige Spiegelachse s und spiegele anschließend die Figur an s.

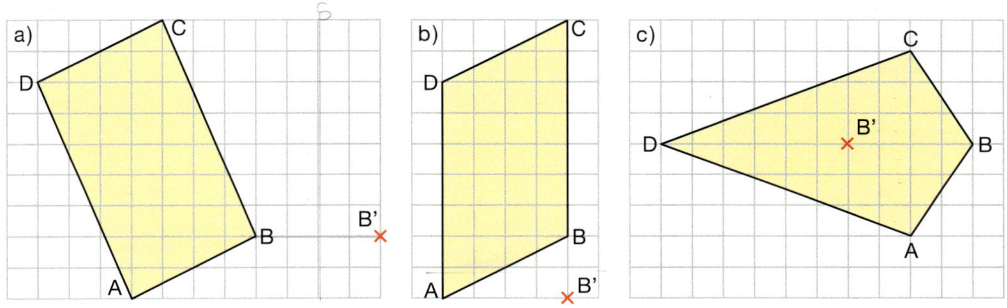

2 Übertrage die Figur und zeichne ihr Spiegelbild. Konstruiere zunächst die Spiegelachse s.

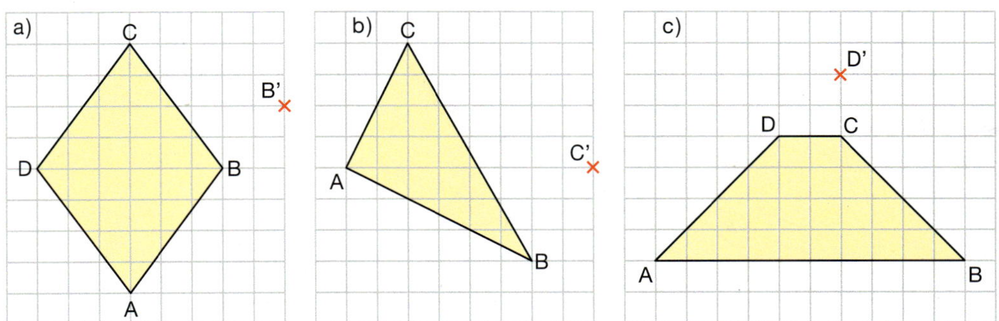

3 Übertrage jeweils Original- und Bildpunkte in ein Koordinatensystem (Einheit 0,5 cm). Zeichne die Spiegelachse ein. Markiere zwei beliebige Punkte der Spiegelachse und bestimme jeweils ihre Koordinaten.

a)

Original	Bild
A(2|3)	A′(12|3)
B(5|6)	B′(9|6)
C (3|9)	C′(11|9)

b)

Original	Bild
A(2|1)	A′(9|8)
B(4|2)	B′(8|6)
C(4|4)	C′(6|6)
D(2|5)	D′(5|8)

4 Übertrage die Punkte in ein Koordinatensystem (Einheit 0,5 cm).
Konstruiere die Spiegelachse s. Spiegele die Originalfigur an s und gib die Koordinaten der fehlenden Bildpunkte an.

a)

Original	Bild
A(2|3)	
B(7|2)	B′(13|6)
C(8|7)	
D(3|8)	

b)

Original	Bild
A(5|10)	
B(10|13)	
C(5|16)	C′(16|5)
D(0|13)	

1

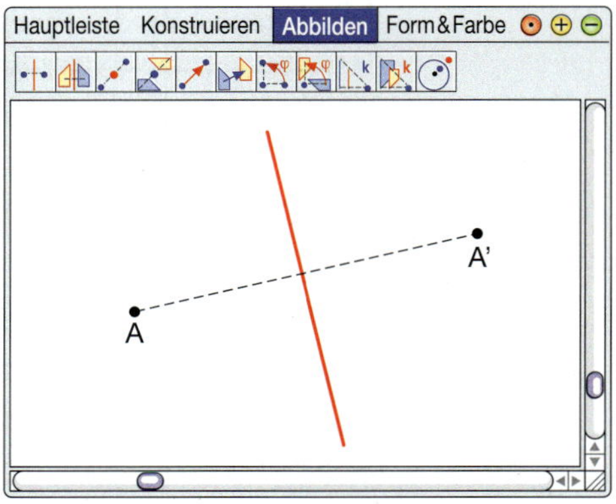

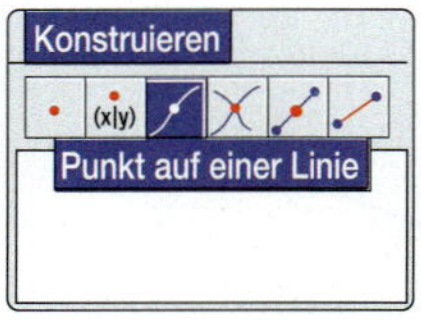

a) Zeichne mithilfe eines Geometrieprogramms zwei Punkte A und A′. Konstruiere die Spiegelachse s zu A und A′.

b) Fixiere einen beliebigen Punkt P auf der Spiegelachse s.
Bestimme jeweils die Entfernung $\overline{AP}$ und $\overline{A'P'}$.

c) Verändere die Lage des Punktes P auf der Spiegelachse s. Was stellst du fest?

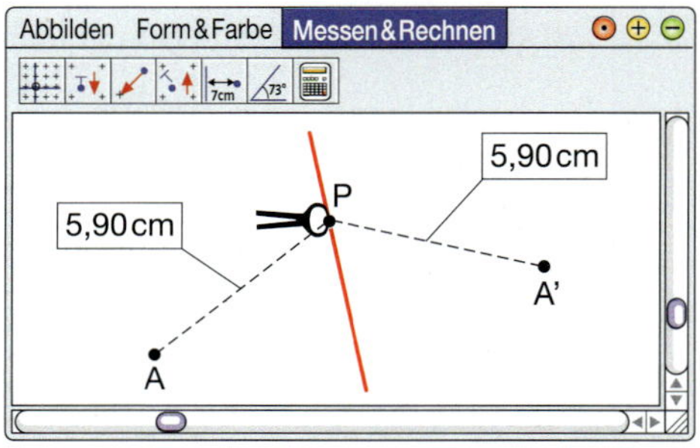

2

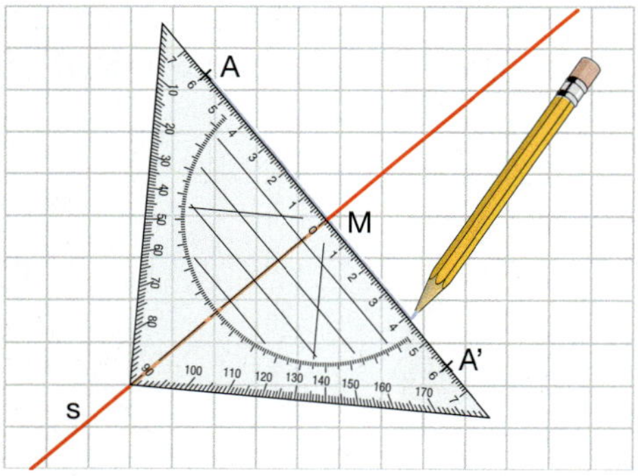

Der Punkt A ist an der Geraden s gespiegelt.
Begründe, warum du die Spiegelachse s auch als **Mittelsenkrechte** der Strecke $\overline{AA'}$ bezeichnen kannst.

3 Zeichne eine 5 cm lange Strecke $\overline{AB}$. Markiere sechs Punkte, die von den Endpunkten der Strecke jeweils gleich weit entfernt sind. Was kannst du über die Lage der sechs Punkte sagen?

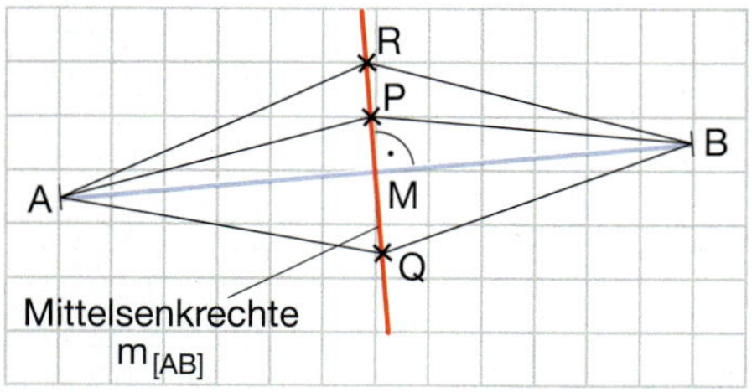

$\overline{PA} = \overline{PB}$ $\overline{QA} = \overline{QB}$ $\overline{RA} = \overline{RB}$

Die Mittelsenkrechte einer Strecke geht durch den Mittelpunkt der Strecke und steht senkrecht zu ihr.

Die Punkte der Mittelsenkrechten sind von den Eckpunkten einer Strecke jeweils gleich weit entfernt.

1 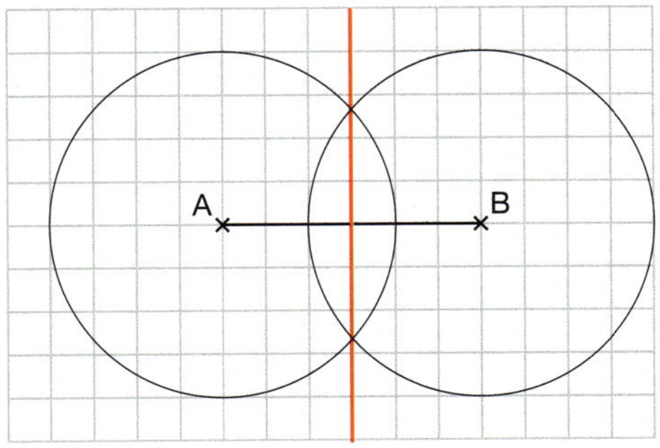

a) Ist die rot markierte Gerade die Mittelsenkrechte der Strecke $\overline{AB}$?
Begründe deine Antwort.

b) Übertrage die Abbildung. Zeichne anschließend um A und um B zwei weitere Kreise, sodass ihre Schnittpunkte auf der Mittelsenkrechten von $\overline{AB}$ liegen.
Wie groß musst du jeweils die Radien wählen?

2 So kannst du mit Zirkel und Lineal die Mittelsenkrechte einer Strecke konstruieren:

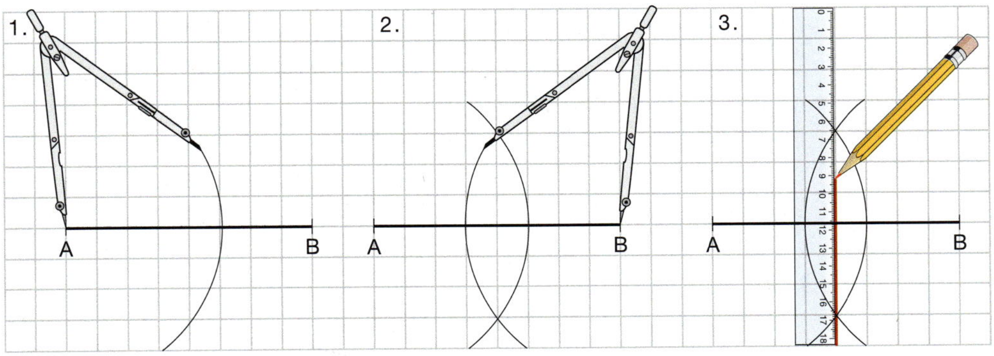

Zeichne die Strecke und konstruiere ihre Mittelsenkrechte.

	a)	b)	c)	d)	e)	f)	g)	h)
Strecke	$\overline{AB}$	$\overline{CD}$	$\overline{EF}$	$\overline{GH}$	$\overline{KL}$	$\overline{MN}$	$\overline{OP}$	$\overline{RS}$
Länge	5 cm	3,7 cm	4,3 cm	45 mm	53 mm	3 cm 5 mm	0,6 dm	0,49 dm

3 a) Zeichne eine Strecke mit den Endpunkten A (1 | 7) und B (13 | 1) in ein Koordinatensystem (Einheit 0,5 cm).

b) Zeichne die Mittelsenkrechte zu $\overline{AB}$. Gib die Koordinaten des Mittelpunktes der Strecke $\overline{AB}$ an.

c) Bestimme zwei Punkte, die zur Mittelsenkrechten gehören. Die Koordinaten dieser Punkte sollen ganzzahlig sein.

4 Zeichne jeweils Original- und Bildpunkt einer Achsenspiegelung in ein Koordinatensystem (Einheit 1 cm). Konstruiere die Spiegelachse.

a) A(2|7), A′(9|5) b) B(10|2), B′(11|7) c) C(1,5|1), C′(7,5|3)

5 Halbiere die Strecke mit Zirkel und Lineal.

	a)	b)	c)	d)	e)	f)	g)	h)
Strecke	$\overline{AB}$	$\overline{CD}$	$\overline{EF}$	$\overline{GH}$	$\overline{KL}$	$\overline{MN}$	$\overline{OP}$	$\overline{RS}$
Länge	9 cm	8,5 cm	4,9 cm	7,1 cm	115 mm	0,55 dm	9,9 cm	6 cm 3 mm

6 Teile eine 7 cm (9,5 cm; 1,3 dm) lange Strecke in vier gleich lange Teile. Benutze dazu den Zirkel.

Lot fällen

1 So kannst du mit Zirkel und Lineal das Lot von einem Punkt P auf eine Gerade g fällen (d.h. die Senkrechte zu g durch P konstruieren):

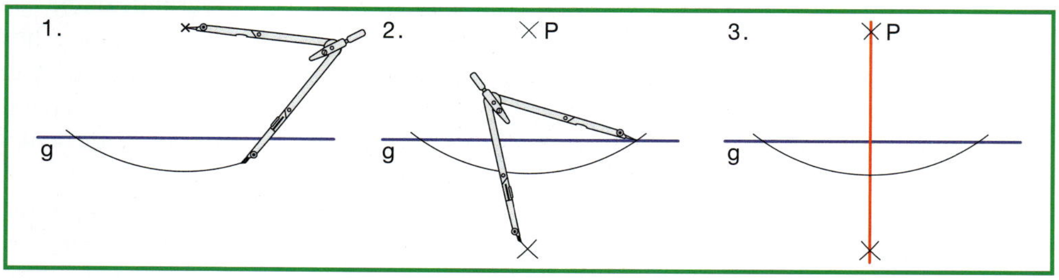

Beschreibe die einzelnen Konstruktionsschritte.

2 Zeichne wie in der Abbildung eine Gerade g und einen Punkt P.
Fälle das Lot von Punkt P auf g und miss den Abstand vom Punkt zur Geraden.

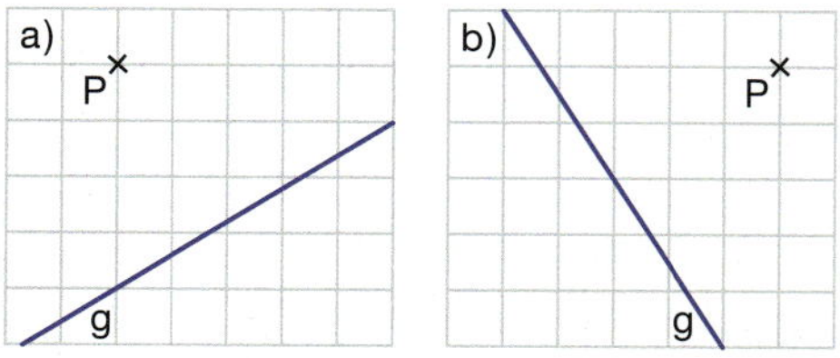

3 a) Zeichne eine Gerade AB mit A(2|2), B(20|8) sowie die Punkte P(3|9), Q(8|14) und S(16|0) in ein Koordinatensystem (Einheit 0,5 cm).
b) Konstruiere mit Zirkel und Lineal jeweils das Lot von P, Q und S auf die Gerade AB. Bestimme jeweils die Koordinaten des Fußpunktes des Lotes auf AB.

Senkrechte errichten

4 So kannst du mit Zirkel und Lineal die Senkrechte zu einer Geraden g in einem Punkt P errichten:

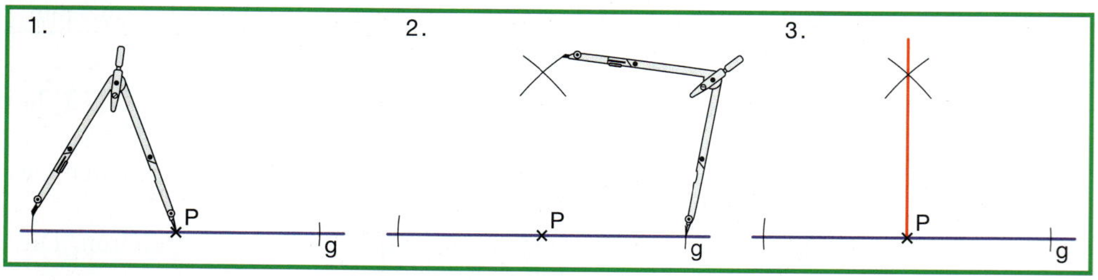

Beschreibe die einzelnen Konstruktionsschritte.

5 Zeichne fünf Geraden a, b, c, d und e in dein Heft. Markiere auf ihnen jeweils einen Punkt und errichte in ihm die Senkrechte.

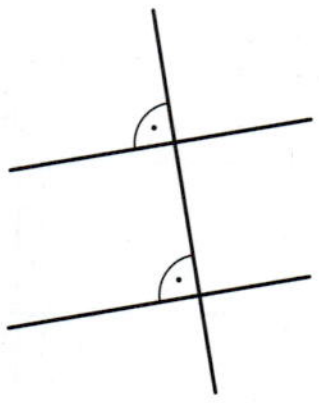

6 Zeichne eine Gerade g durch die Punkte A(1|6), B(13|2) in ein Koordinatensystem (Einheit 0,5 cm). Errichte in P(7|4) die Senkrechte zu g und konstruiere durch den Punkt S(9|10) eine zu g parallele Gerade h.
Markiere drei Punkte der Geraden h und bestimme jeweils ihre Koordinaten.

7 Konstruiere zu einer Geraden g eine Parallele h im Abstand von 4,7 cm. Konstruiere eine weitere Parallele, die von g denselben Abstand hat wie von h.

8 a) Konstruiere mit Zirkel und Lineal ein Quadrat mit der Seitenlänge 3,5 cm (4,5 cm).
b) Konstruiere ebenso ein Rechteck mit den Seitenlängen 2,8 cm und 5,7 cm.

1 a) Zeichne um die Endpunkte einer Strecke $\overline{AB}$ je einen Kreis mit demselben Radius. Wähle seine Größe so, dass sich die Kreise schneiden.
Markiere die beiden Schnittpunkte.

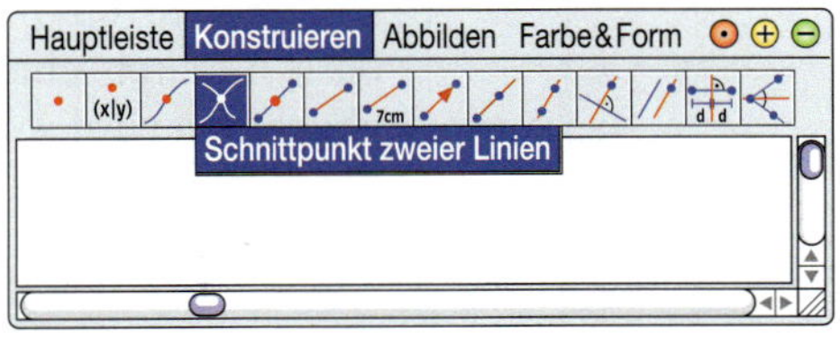

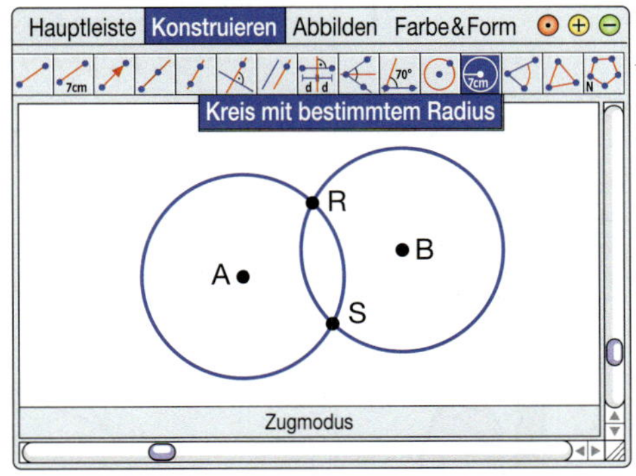

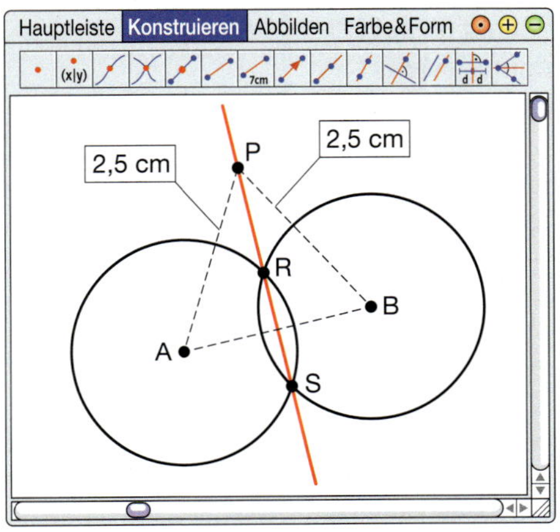

b) Zeichne durch die Schnittpunkte R und S eine Gerade.
Markiere einen beliebigen Punkt P auf der Geraden RS.

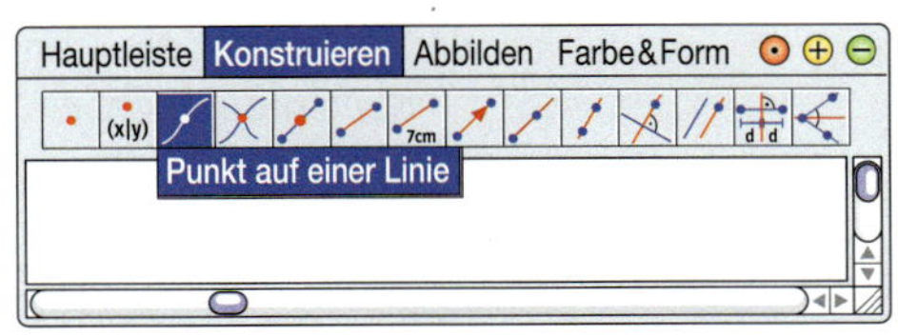

Bestimme jeweils den Abstand des Punktes P von den Endpunkten der Strecke $\overline{AB}$. Verändere anschließend die Lage von P. Was stellst du fest?

c) Untersuche weitere Eigenschaften der Geraden RS. Öffne die Textbox deines Geometrieprogramms und notiere die Eigenschaften.

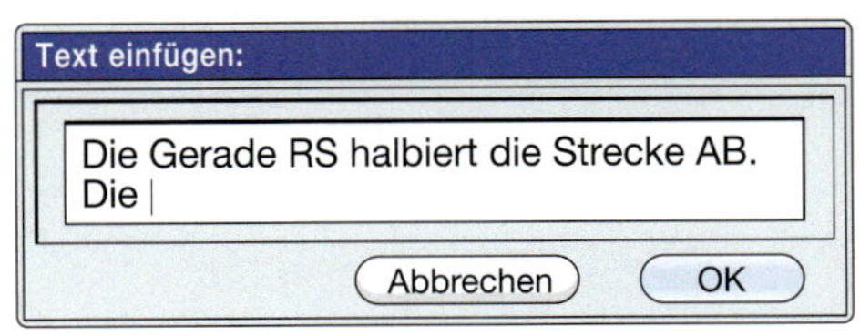

d) Konstruiere jeweils die Symmetrieachsen verschieden langer Strecken. Benutze dazu nicht den Menübefehl **„Mittelsenkrechte“.**
Mit dem Menüpunkt **„Rückblende“** kannst du die einzelnen Konstruktionsschritte nochmals ablaufen lassen. Dazu musst du jeden Schritt mit einem Mausklick aufrufen.

2 Zeichne jeweils die folgenden Original- und Bildpunkte einer Achsenspiegelung in das Koordinatensystem deines Geometrieprogramms.
a) A(2|3); A′(12|3)
b) A(4|2); A′(8|6)
c) A(10|3); A′(14|11)
d) A(4|4); A′(6|6)
Konstruiere anschließend die zugehörige Spiegelachse. Markiere danach zwei beliebige Punkte auf der Spiegelachse und gib ihre Koordinaten an.

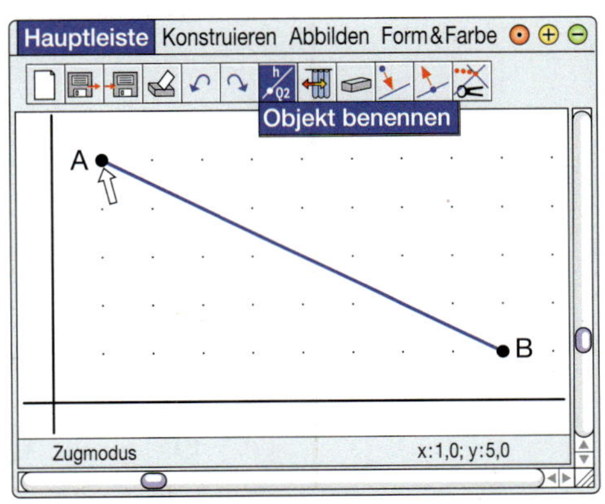

1

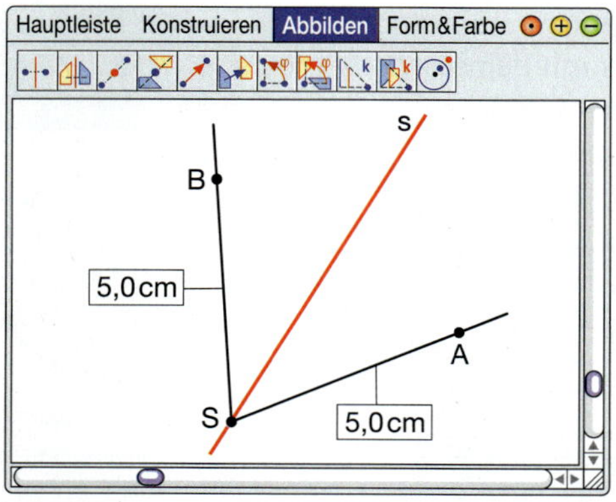

a) Zeichne einen beliebig großen Winkel. Fixiere wie abgebildet auf seinen Schenkeln zwei Punkte A und B. A und B sollen vom Scheitelpunkt S gleich weit entfernt sein.

b) Konstruiere eine Spiegelachse s, sodass A durch eine Spiegelung auf B abgebildet wird. Welche Eigenschaften hat diese Spiegelachse?

c) Fixiere einen beliebigen Punkt P auf der Spiegelachse s. Bestimme jeweils den Abstand des Punktes P zu den Schenkeln des Winkels.

d) Verändere die Lage des Punktes P auf der Spiegelachse s. Was stellst du fest?

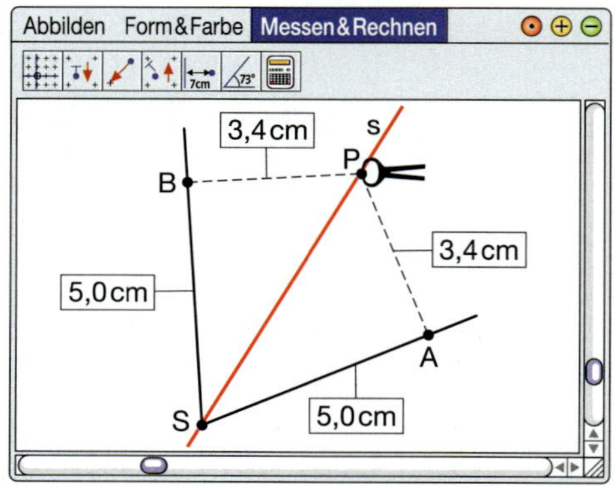

2 Überprüfe mit dem Geodreieck, ob die rot gefärbte Gerade den markierten Winkel teilt.

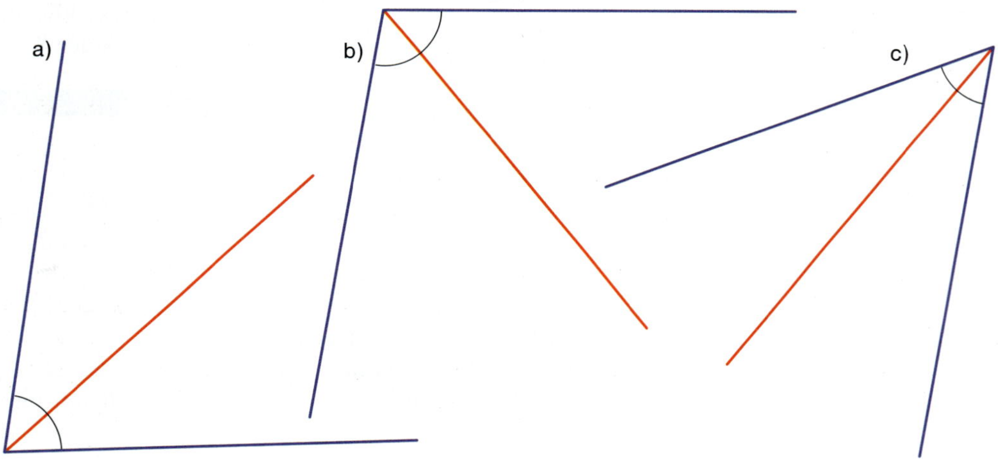

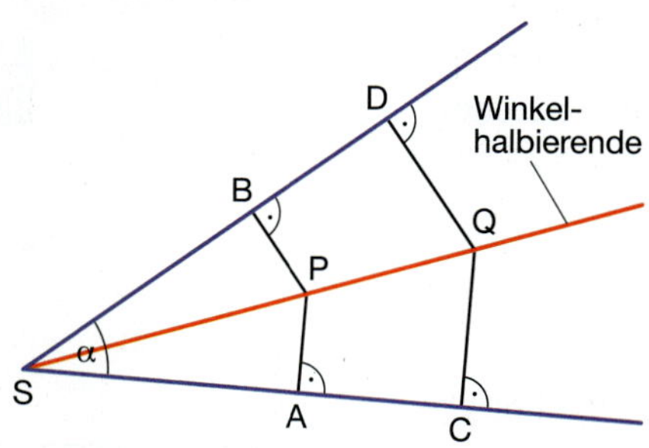

$\overline{PA} = \overline{PB}$ $\overline{QC} = \overline{QD}$

Die **Winkelhalbierende** teilt einen Winkel in zwei gleich große Teilwinkel.
Die Winkelhalbierende eines Winkels ist die Symmetrieache des Winkels.

Jeder Punkt der Winkelhalbierenden hat von den beiden Schenkeln denselben Abstand.

1 So kannst du mit Zirkel und Lineal die Winkelhalbierende konstruieren:

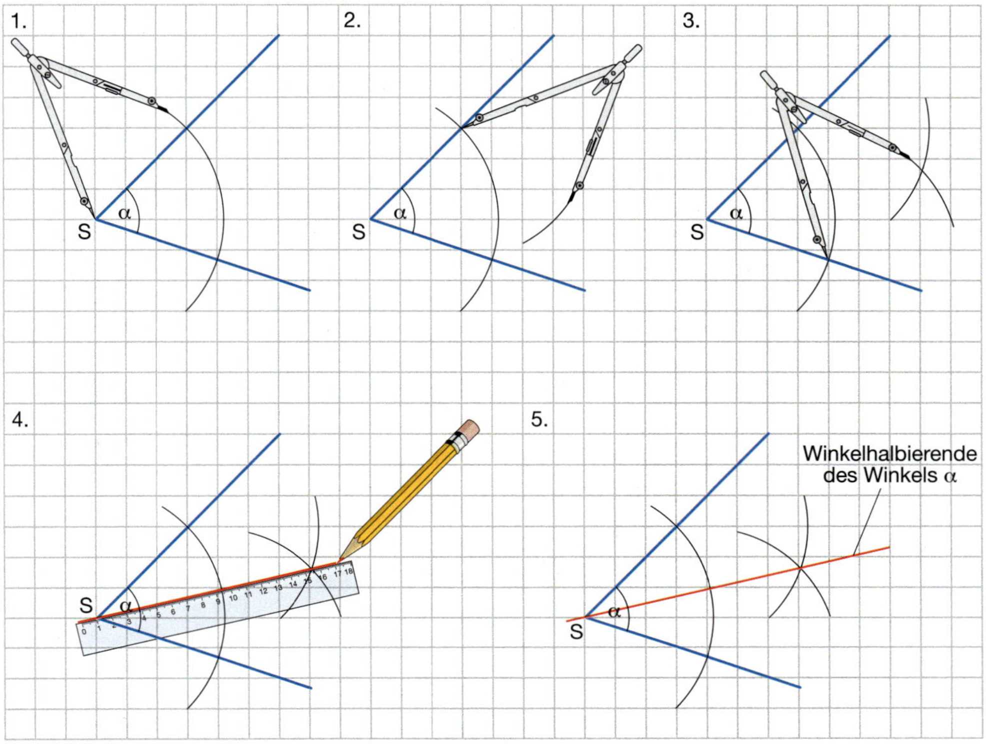

Zeichne einen Winkel der angegebenen Größe. Konstruiere seine Winkelhalbierende.

a) 30°; 50°; 60°; 80°; 46°; 72°

b) 110°; 140°; 156°; 174°; 118°

c) 75°; 43°; 87°; 105°; 133°; 157°

d) 230°; 312°; 267°; 307°; 335°

2 Zeichne einen Winkel der Größe 125° (158°; 235°) und teile ihn mithilfe von Zirkel und Lineal in vier gleich große Winkel.

3 Zeichne einen Winkel der Größe 35° (56°; 77°; 134°) und verdopple ihn mithilfe von Zirkel und Lineal.
Überprüfe deine Konstruktion mit dem Geodreieck.

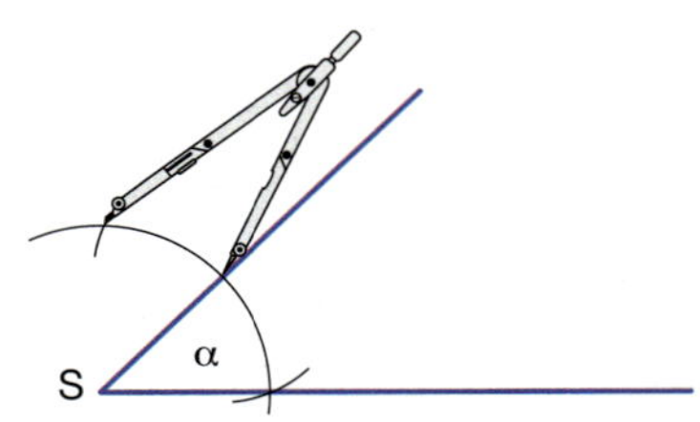

4 a) Zeichne wie in der Abbildung die Winkel $\alpha = 80°$ und $\beta = 100°$.
b) Halbiere jeweils die Winkel α und β.
c) Beschreibe die Lage der Winkelhalbierenden zueinander. Was stellst du fest? Begründe!

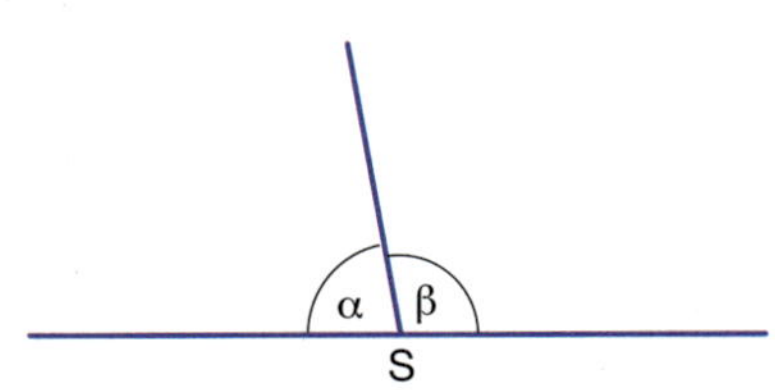

5 a) Zeichne einen Winkel (60°) und seine Winkelhalbierende. Kennzeichne 3 cm vom Scheitelpunkt entfernt einen Punkt der Winkelhalbierenden und bestimme jeweils den Abstand des Punktes zu den Schenkeln des Winkels.
b) Zeichne einen 75° großen Winkel und konstruiere einen Punkt, der von den Schenkeln jeweils einen Abstand von 2 cm (2,5 cm; 3 cm) hat.

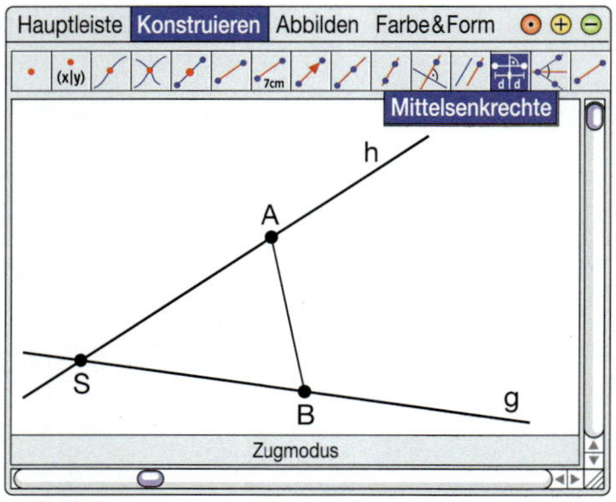

1 a) Zeichne zwei Geraden g und h, die sich in Punkt S schneiden.
Markiere wie abgebildet auf den Geraden zwei Punkte A und B, die von S jeweils gleich weit entfernt sind.
Konstruiere anschließend die Mittelsenkrechte der Strecke $\overline{AB}$.
Beschreibe die Lage der Mittelsenkrechten.

b) Bezeichne die Mittelsenkrechte der Strecke $\overline{AB}$ mit w.
Markiere auf der Geraden w einen beliebigen Punkt P.
Klicke nacheinander die Menüpunkte „Messen“ und „Abstand messen“ an und bestimme jeweils den Abstand des Punktes P von den Geraden g und h.
Verändere die Lage von P. Was stellst du fest?

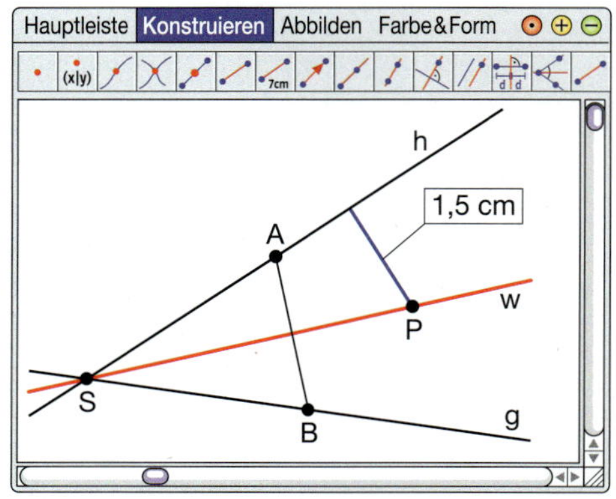

c) Stelle alle Eigenschaften der Geraden w in einer Textbox zusammen. Drucke deine Zeichnung und den Inhalt der Textbox aus. Klebe das ausgedruckte Zeichenblatt in dein Heft.

2

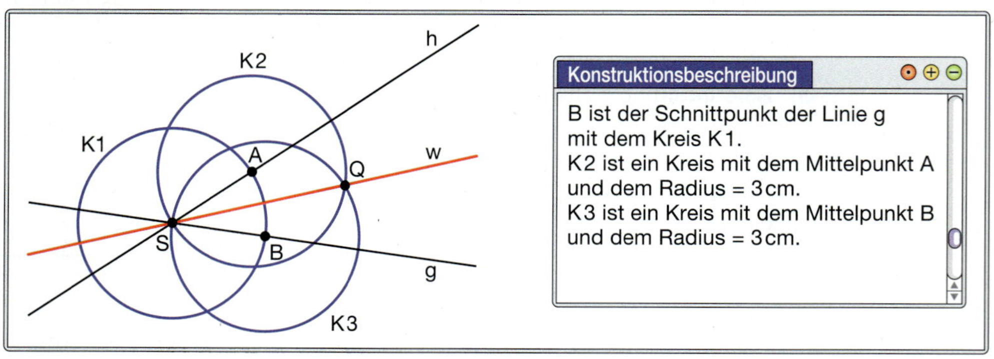

Auf dem abgebildeten Zeichenblatt ist die Winkelhalbierende w des Winkels ∢ (g, h) mit „Zirkel und Lineal“ des Geometrieprogramms konstruiert worden.
Das geöffnete Fenster zeigt dir einen Ausschnitt der zugehörigen Konstruktionsbeschreibung.
Fertige in deinem Heft eine eigene Beschreibung an.

Konstruktion mit Zirkel und Lineal:
Halbiere einen Winkel

Konstruktionsbeschreibung:

1. Zeichne um den Scheitelpunkt S einen Kreis mit einem beliebigen Radius.

2. Bezeichne die Schnittpunkte des Kreises.

1 

Du kannst Bandornamente (Streifenmuster) durch wiederholtes Verschieben einer Grundfigur in die gleiche Richtung herstellen.

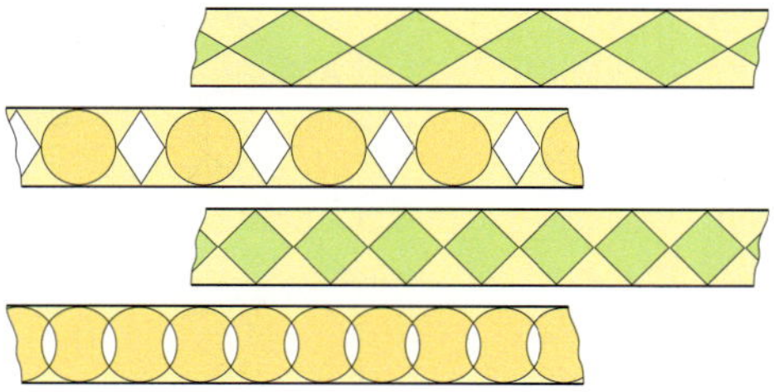

a) Welche Grundfigur ist in den abgebildeten Mustern mehrfach verschoben?
b) Fertige eine Schablone an und erzeuge mit ihrer Hilfe farbige Streifenmuster.

2 Das Viereck ABCD wird durch eine Verschiebung abgebildet.
Der **Verschiebungspfeil $\overrightarrow{AA'}$** zeigt die Verschiebungsrichtung und die Verschiebungslänge an.
a) Bestimme anhand der Zeichnung die **Verschiebungsvorschrift.**
b) Übertrage die Abbildung in dein Heft und zeichne die Bildfigur A′B′C′D′. Beschreibe deine Konstruktion.

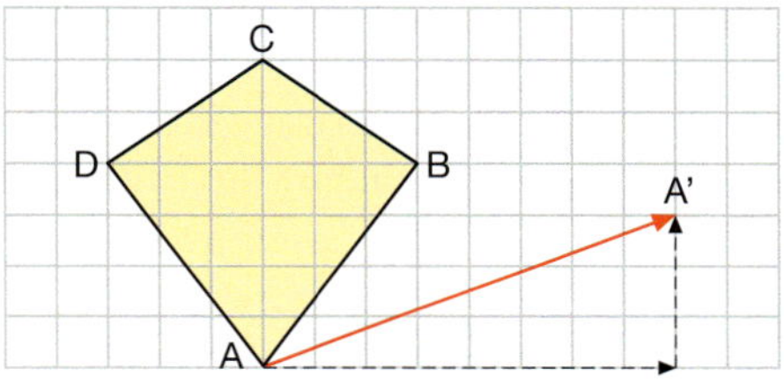

Verschiebungsvorschrift:
___ Kästchen nach rechts und
___ Kästchen nach ___

3 In der Abbildung wird das Viereck ABCD durch eine Verschiebung auf das Viereck A′B′C′D′ abgebildet.
Welche Eigenschaften treffen auf die Verschiebung zu?

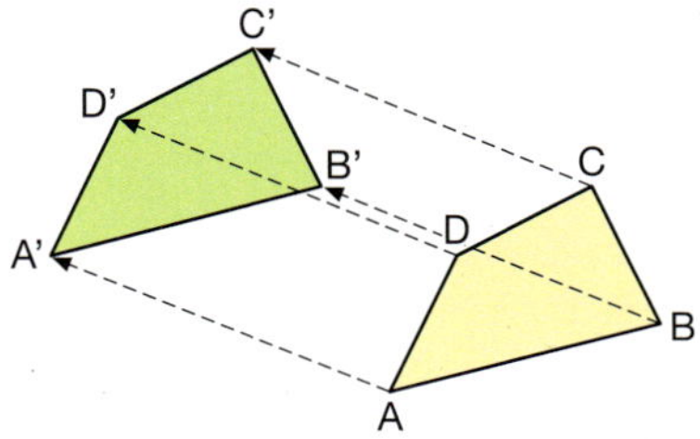

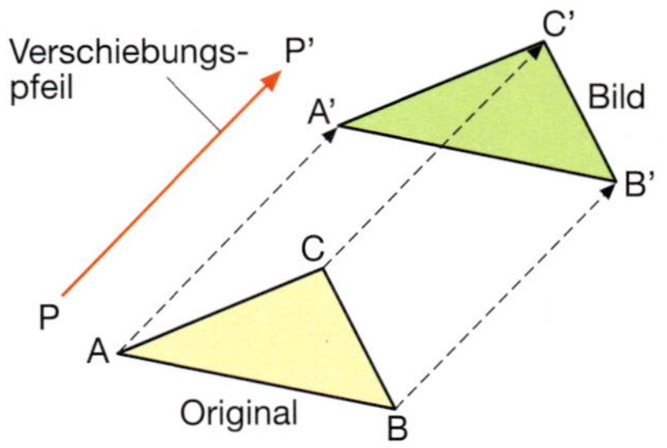

Das Dreieck ABC ist parallel zu dem Verschiebungspfeil $\overrightarrow{PP'}$ verschoben.

Der Verschiebungspfeil legt die Verschiebungsrichtung und die Verschiebungslänge fest.
Die Verschiebungspfeile sind gleich lang und parallel zueinander.
Sie zeigen in die gleiche Richtung.

Bei einer Verschiebung sind Originalfigur und Bildfigur zueinander kongruent (deckungsgleich).
Die Verschiebung ist eine Kongruenzabbildung.

4 Überprüfe, ob eine Verschiebung richtig ausgeführt ist. Begründe deine Antwort.

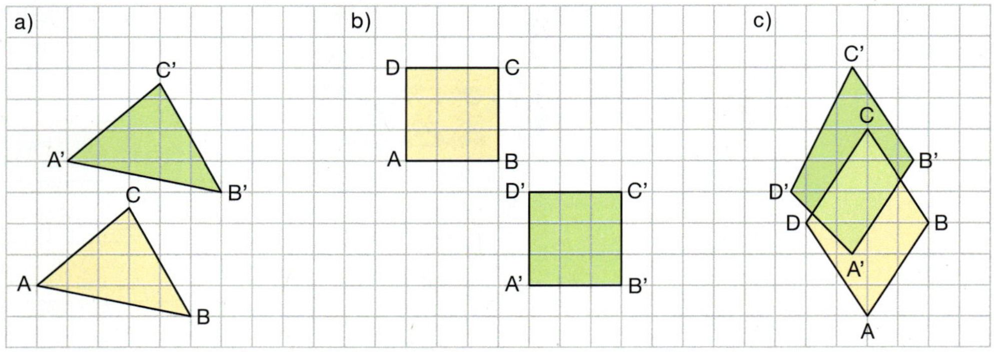

5 Zeichne ein Dreieck (Rechteck, Quadrat). Lege die Eckpunkte der Figur auf Gitterpunkte deines karierten Papiers. Verschiebe die Figur nach folgender Vorschrift:
a) 5 Kästchen nach rechts b) 6 Kästchen nach rechts und 2 Kästchen nach unten
c) 4 Kästchen nach links und 7 Kästchen nach oben d) 6 Kästchen nach unten.

6 Übertrage die Figur in dein Heft und verschiebe sie mit dem eingezeichneten Pfeil. Kennzeichne die Bildpunkte und gib die Verschiebungsvorschrift an.

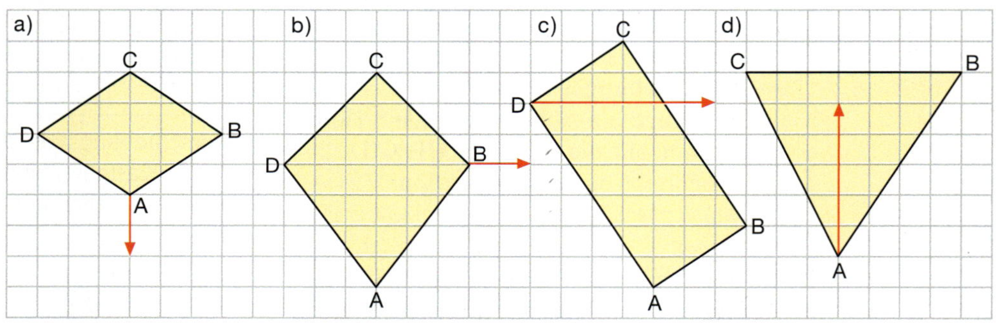

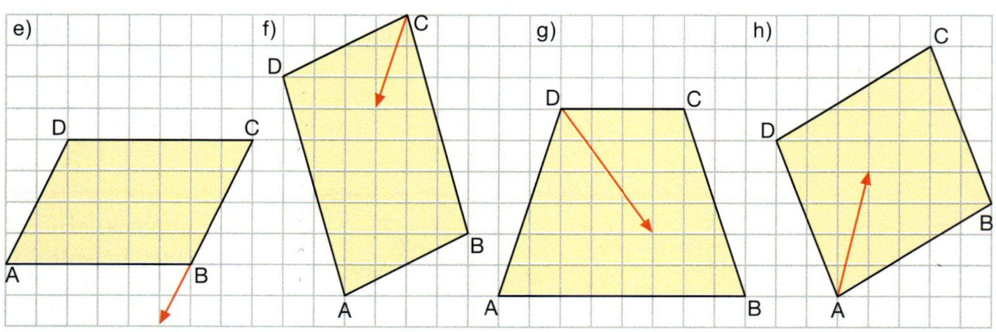

7 Zeichne die Figur mit den angegebenen Eckpunkten in ein Koordinatensystem (Einheit 0,5 cm). Verschiebe sie, sodass der Punkt A in den Punkt A′ übergeht. Gib die Koordinaten der fehlenden Bildpunkte an und bestimme die Verschiebungsvorschrift. Schreibe so:
■ Einheiten nach ■ und ■ Einheiten nach ■.

a) Dreieck

Original	Bild
A(1|1)	A′(6|6)
B(6|3)	■
C(2|6)	■

b) Rechteck

Original	Bild
A(9|1)	A′(1|4)
B(15|3)	■
C(14|6)	■
D(8|4)	■

c) Parallelogramm

Original	Bild
A(3|7)	A′(6|2)
B(9|9)	■
C(7|11)	■
D(1|9)	■

d) Raute

Original	Bild
A(12|4)	A′(4|1)
B(15|8)	■
C(12|12)	■
D(9|8)	■

1

Der Briefträger dreht in der Abbildung die Metallfahne des Briefkastens nach oben, wenn er Post eingeworfen hat.

a) Um welchen Winkel und in welche Richtung dreht er die Metallfahne?

b) Nenne weitere Beispiele für Drehbewegungen.

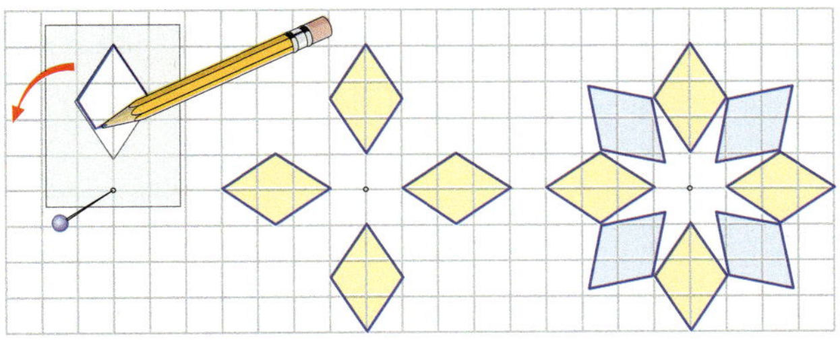

2 Schmuckfiguren kannst du durch mehrfaches Drehen einer Grundfigur erzeugen. Wie musst du vorgehen, um die abgebildeten Figuren herzustellen?
Gib die Größe des Winkels an, um den die Grundfigur jeweils weitergedreht wurde.

3 Das Dreieck ABC wird durch eine Drehbewegung um den Punkt Z abgebildet.

a) Bestimme anhand der Zeichnung die **Drehrichtung** und die Größe des **Drehwinkels.**

b) Übertrage die Abbildung in dein Heft und zeichne das Bild A′B′C′.

c) Beschreibe deine Konstruktion.

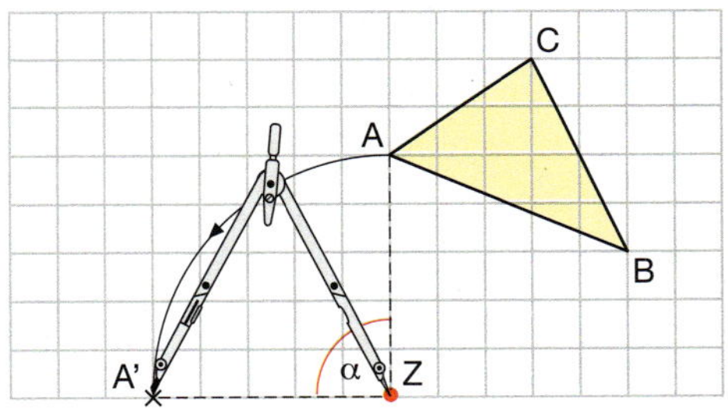

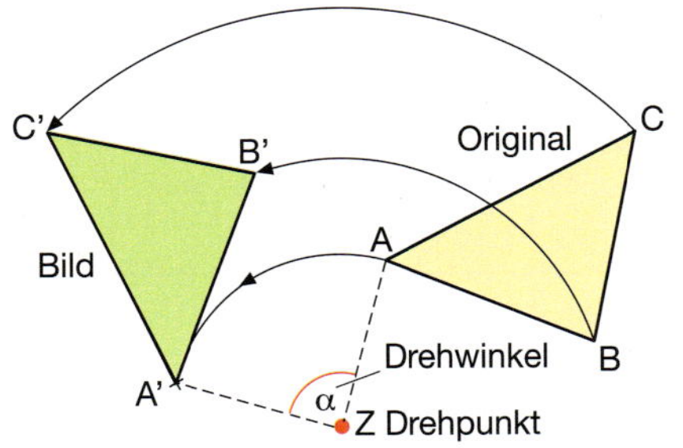

Das Dreieck ABC ist entgegen dem Uhrzeigersinn um Z mit $\alpha = 90°$ gedreht.
Bei einer Drehung liegen die Originalpunkte und die Bildpunkte auf Kreisbahnen um den Drehpunkt.

Der Drehwinkel gibt an, wie weit gedreht wird.

Bei einer Drehung sind Originalfigur und Bildfigur zueinander kongruent (deckungsgleich).
Die Drehung ist eine Kongruenzabbildung.

4 So kannst du den Punkt A um den Drehpunkt Z um 90° drehen:

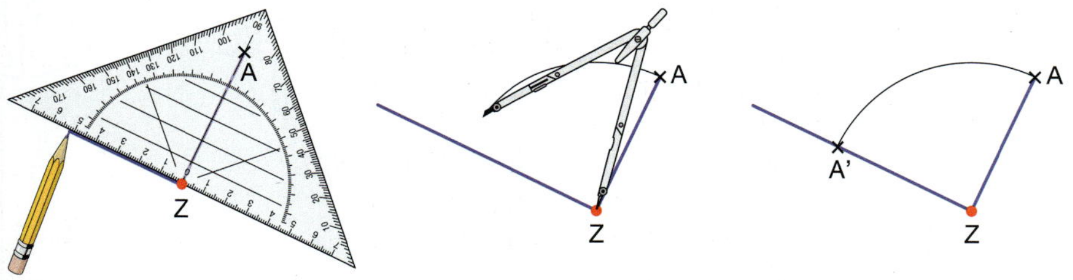

1. Verbinde A mit Z und trage in Z an der Strecke $\overline{ZA}$ einen 90° großen Winkel an.
2. Zeichne um Z den Kreis mit dem Radius $\overline{ZA}$.
3. Bezeichne den Schnittpunkt des Kreises mit dem freien Schenkel mit A′.

Übertrage in dein Heft und drehe die Figuren um 90° (180°, 270°) um den Punkt Z.

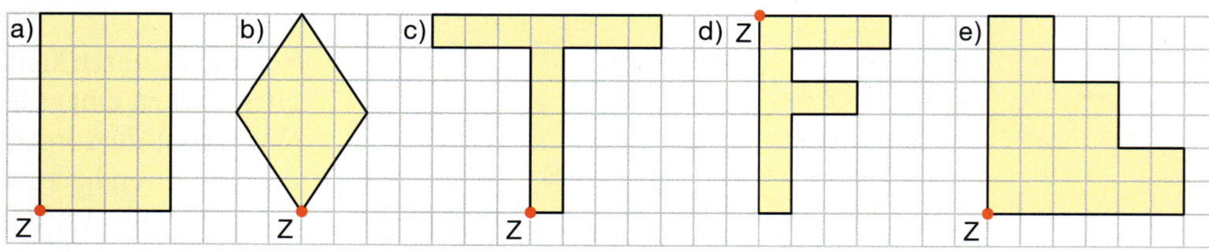

5 Übertrage die Figur in dein Heft und drehe sie mithilfe des Zirkels um den Punkt Z um 90° (180°; 270°).

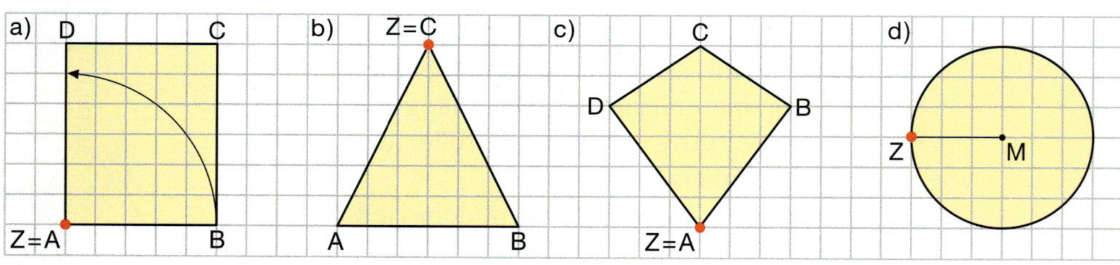

6 Übertrage in dein Heft und drehe um den Punkt Z um 90° (180°, 270°).

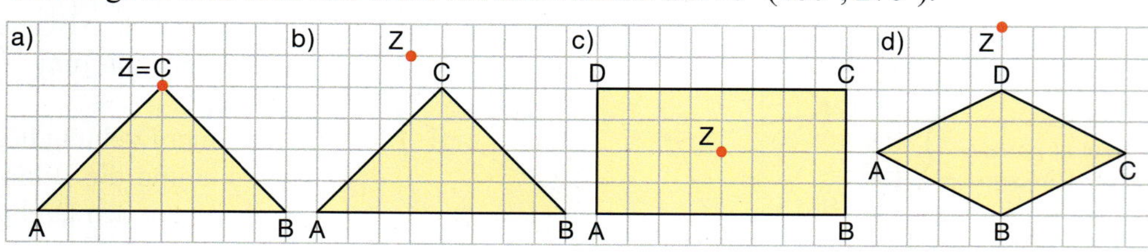

7 Zeichne in ein Koordinatensystem (Einheit 0,5 cm) ein Dreieck mit den Eckpunkten A(6|16), B(14|16), C(10|20). Drehe das Dreieck um Z(10|11) um 90° (180°, 270°). Gib die Koordinaten der Bildpunkte an.

8 Zeichne in ein Koordinatensystem (Einheit 0,5 cm) ein Viereck mit den Eckpunkten A(12|15), B(19|15), C(16|18) und D(9|18). Drehe das Dreieck um Z(12|9) um 90° (270°). Gib die Koordinaten der Bildpunkte an.

1 Das Dreieck ABC wird durch eine Drehung um 180° **(Halbdrehung)** auf das Dreieck A′B′C′ abgebildet.
a) Warum kann die Halbdrehung auch als **Punktspiegelung** an Punkt Z bezeichnet werden?
b) Beschreibe, wie sich die Bildpunkte sehr einfach konstruieren lassen.
c) Wie liegen Original- und Bildstrecken jeweils zueinander?

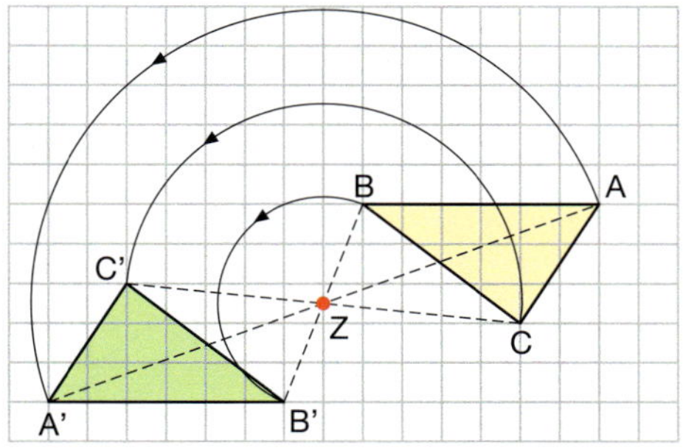

2 Zeichne in ein Koordinatensystem (Einheit 0,5 cm) ein Rechteck mit den Eckpunkten A(15|5), B(18|7), C(14|13) und D(11|11).
Bilde zunächst das Rechteck ABCD durch eine Punktspiegelung an Z(10|7) ab. Gib anschließend die Koordinaten der Bildpunkte an.

3 Das Dreieck ABC mit A(12|3), B(18|7) und C(13|11) soll durch eine Punktspiegelung an Z so abgebildet werden, dass A′(8|11) das Bild von A wird.
Konstruiere die Bildfigur und gib jeweils die Koordinaten des Symmetriezentrums Z und der fehlenden Bildpunkte an.

4 Das Dreieck ABC wird durch eine Drehung um 180° auf das Dreieck A′B′C′ abgebildet.
a) Welche Gesamtfigur ist durch die abgebildete Punktspiegelung entstanden?
b) Beschreibe jeweils die Lage des Drehpunktes in dem Dreieck ABC und in der Gesamtfigur.

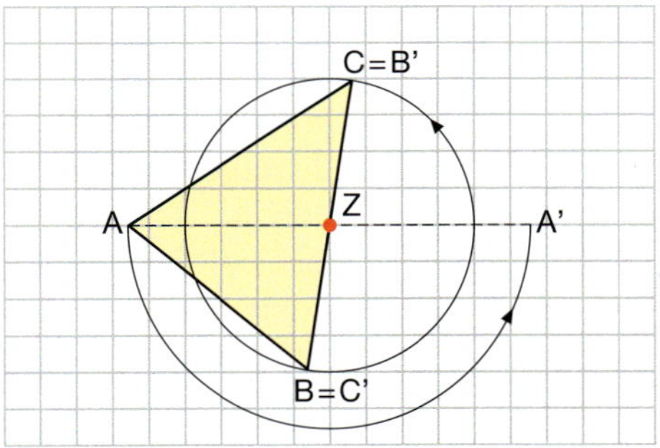

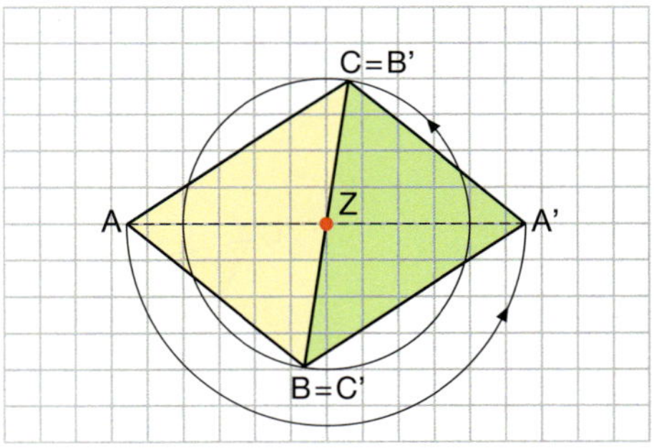

5 Übertrage das Dreieck ABC in dein Heft. Zähle dafür sorgfältig die Kästchen aus. Spiegele anschließend das Dreieck an dem rot markierten Punkt Z.
Beschreibe die Eigenschaften des entstandenen Vierecks. Zeichne in das Viereck alle Diagonalen und Symmetrieachsen ein. Was stellst du fest?

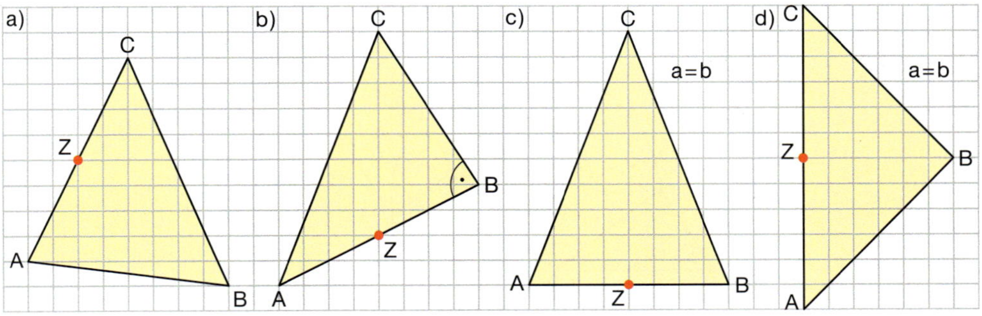

Achsenspiegelung

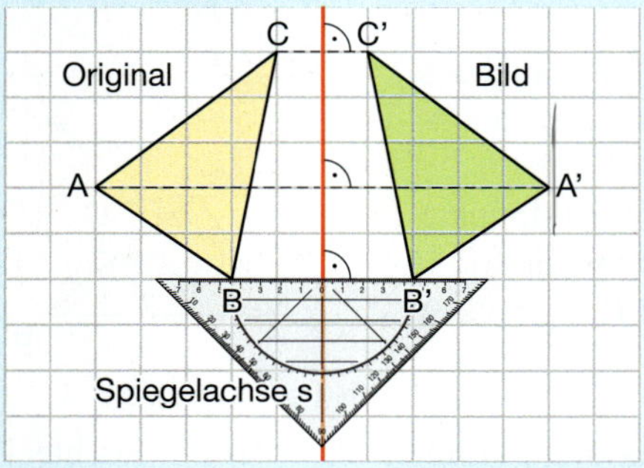

Das Dreieck ABC ist an der Geraden s gespiegelt.

Die Punkte A, B und C sind **Originalpunkte,** die Punkte A′, B′ und C′ sind die zugehörigen **Bildpunkte.**

Die Gerade s heißt **Spiegelachse.**

Verschiebung

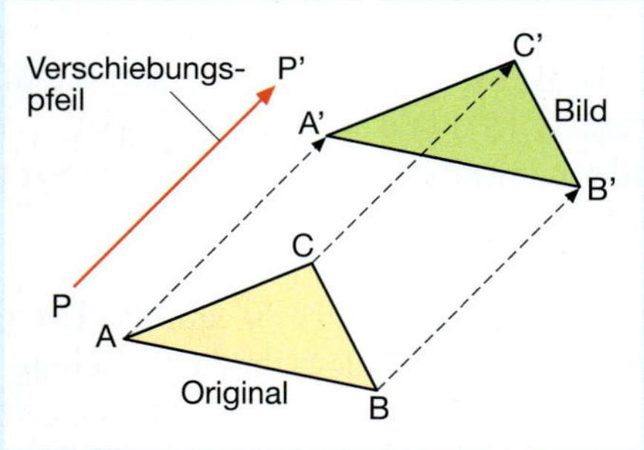

Das Dreieck ABC ist parallel zu dem Verschiebungspfeil $\overrightarrow{PP'}$ verschoben.

Der Verschiebungspfeil legt die Verschiebungsrichtung und die Verschiebungslänge fest.
Die Verschiebungspfeile sind gleich lang und parallel zueinander.
Sie zeigen in die gleiche Richtung.

Drehung

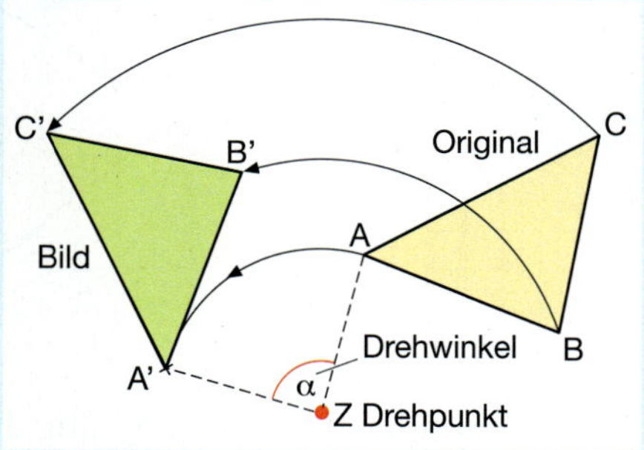

Das Dreieck ABC ist entgegen dem Uhrzeigersinn um den Punkt Z um 90° gedreht.
Bei einer Drehung liegen die Originalpunkte und die Bildpunkte auf Kreisbahnen um den Drehpunkt.

Der Drehwinkel gibt an, wie weit gedreht wird.

Punktspiegelung

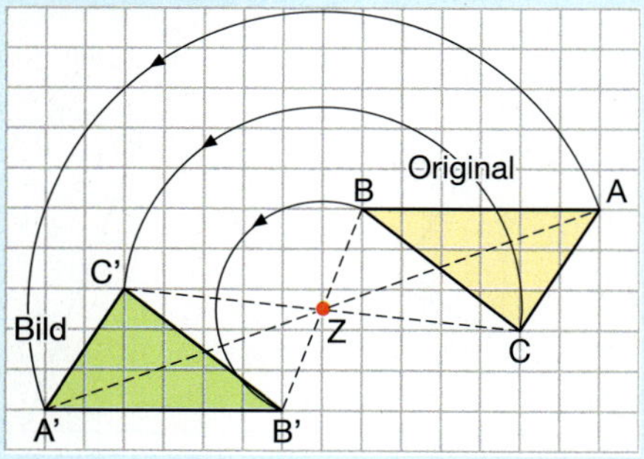

Das Dreieck ABC ist am Punkt Z gespiegelt (Drehung um Z um 180°).

1 Überprüfe, ob die Achsenspiegelung richtig ausgeführt ist.

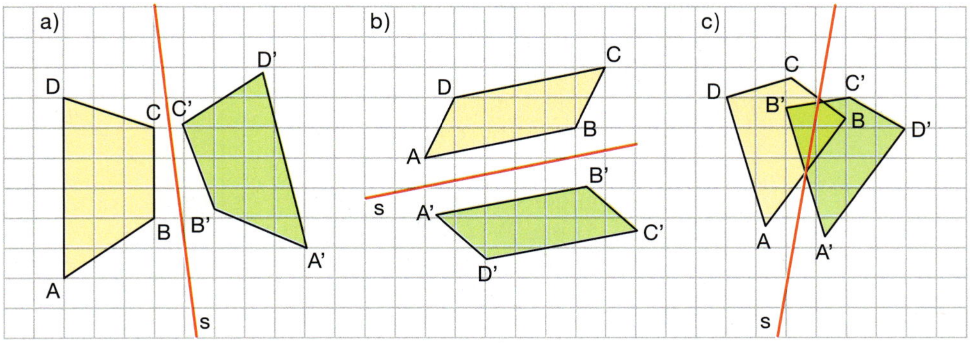

2 Übertrage die Figur in dein Heft und spiegele sie an der Geraden s. Achte auf die gefärbten Flächen.

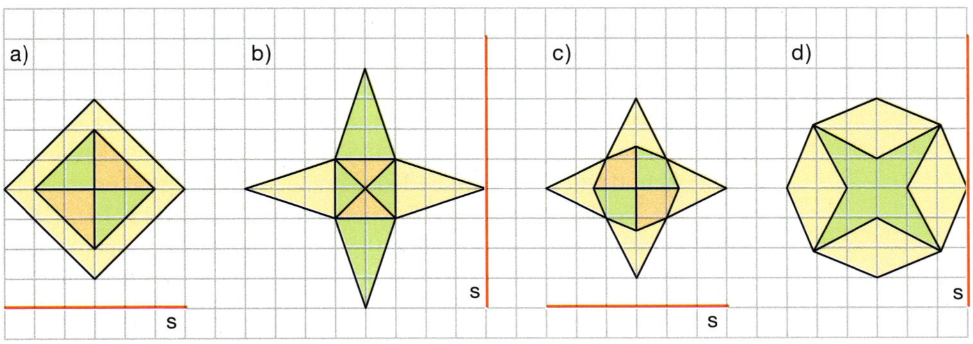

3 Übertrage die Figur und spiegele sie an der Geraden s.

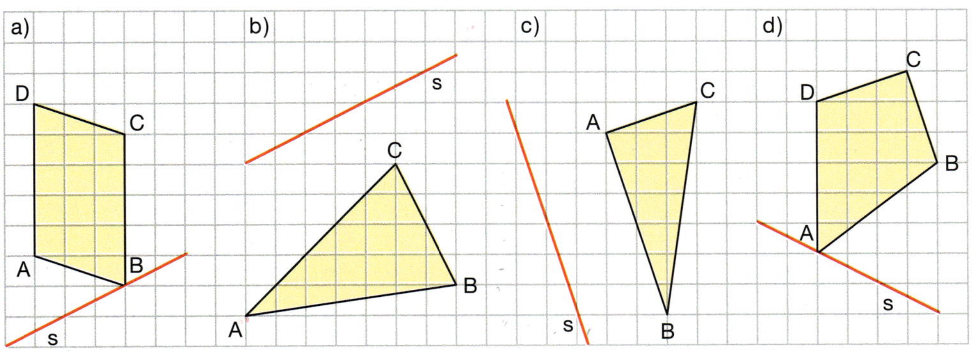

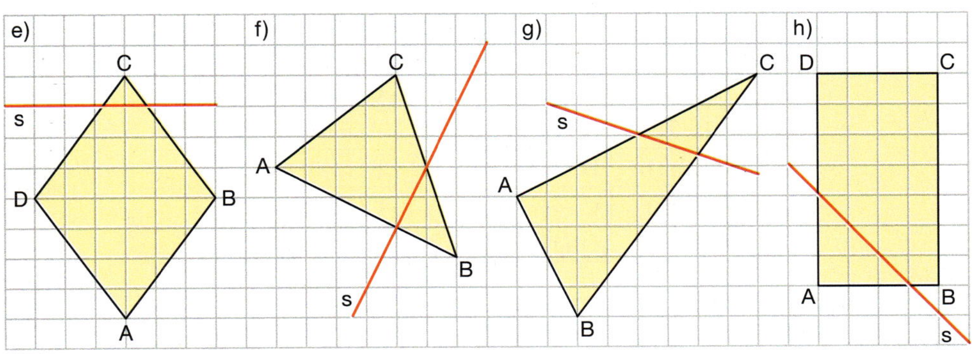

4 a) Übertrage das abgebildete Koordinatensystem in dein Heft. Spiegele das Dreieck ABC an s. Gib die Koordinaten der Bildpunkte an.

b) Zeichne das Viereck mit den Eckpunkten A(2|2), B(10|0), C(11|4) und D(1|5) in ein Koordinatensystem. Spiegele es an der Geraden durch die Punkte V(3|5) und W(12|5). Gib die Koordinaten der Bildpunkte an.

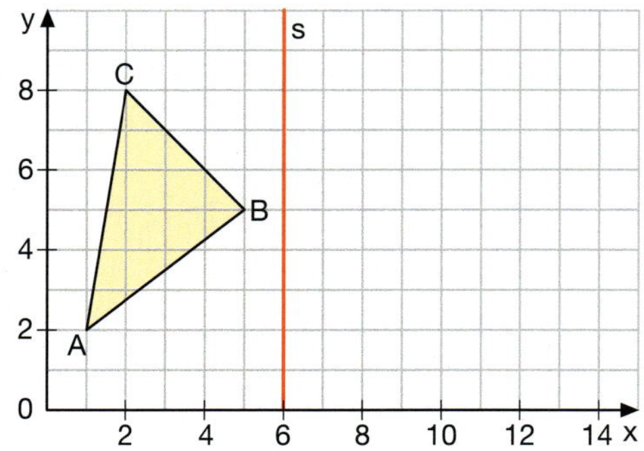

5 Verbinde die Punkte in einem Koordinatensystem (Einheit 0,5 cm) zur angegebenen Figur. Spiegele die Figur an der Geraden durch R(22|2) und S(2|12). Gib die Koordinaten der Bildpunkte an.

Quadrat	A(7|2), B(12|2)
	C(12|7), D(7|7)

Parallelogramm	A(1|5), B(5|3)
	C(5|8), D(1|10)

Dreieck	A(14|1), B(21|0)
	C(19|6)

6 a) Zeichne ein Viereck mit den Eckpunkten A(9|10), B(14|13), C(9|16) und D(4|13) in ein Koordinatensystem (Einheit 0,5 cm). Spiegele es an der Geraden durch die Punkte R(2|9) und S(17|9). Gib die Koordinaten der Bildpunkte an.

b) Zeichne ein Trapez mit den Eckpunkten A(3|9), B(13|14), C(8|19) und D(2|16) in ein Koordinatensystem (Einheit 0,5 cm). Spiegele es an der Geraden durch die Punkte R(2|6) und S(16|13). Gib die Koordinaten der Bildpunkte an.

7 Übertrage die Figur und den markierten Bildpunkt B′ in dein Heft. Konstruiere die zugehörige Spiegelachse s. Spiegele anschließend die Figur an s.

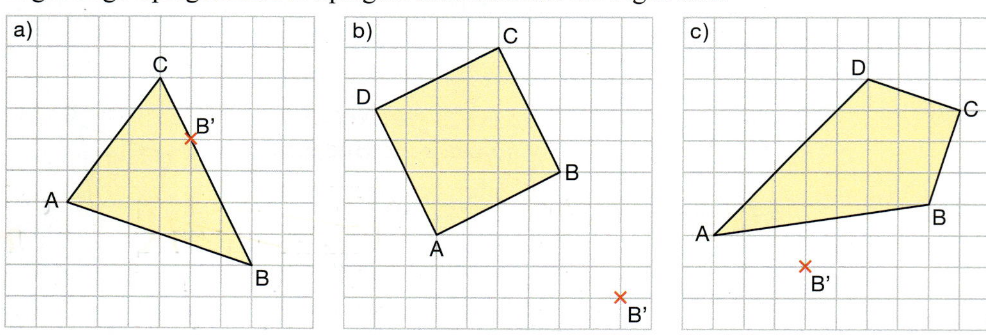

8 Zeichne Original- und Bildfigur in ein Koordinatensystem und trage die Spiegelachse s ein. Gib die fehlenden Koordinaten der Bildpunkte an.

a)

Original	Bild
A(5|7)	A′(5|11)
B(12|1)	B′(12|17)
C(19|7)	C′(19|11)
D(12|5)	D′(12|13)

b)

Original	Bild
A(3|6)	A′(5|2)
B(11|0)	
C(21|5)	
D(13|11)	

c)

Original	Bild
A(7|6)	
B(13|2)	
C(18|3)	C′(0|15)
D(17|8)	
E(11|12)	

9 Übertrage die Figur in dein Heft und verschiebe sie. Die Verschiebungsvorschrift wird durch den rot eingezeichneten Pfeil vorgegeben.

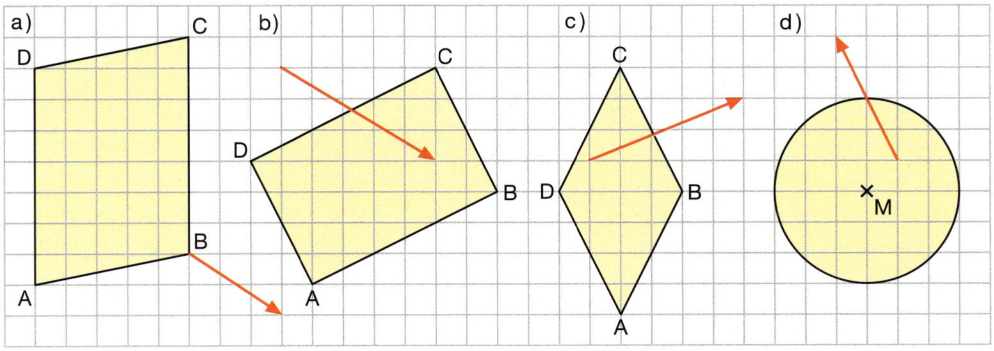

10 Übertrage in dein Heft und verschiebe jede Figur.
Gib die Koordinaten der Original- und Bildpunkte an.
Schreibe auch die Verschiebungsvorschrift auf.

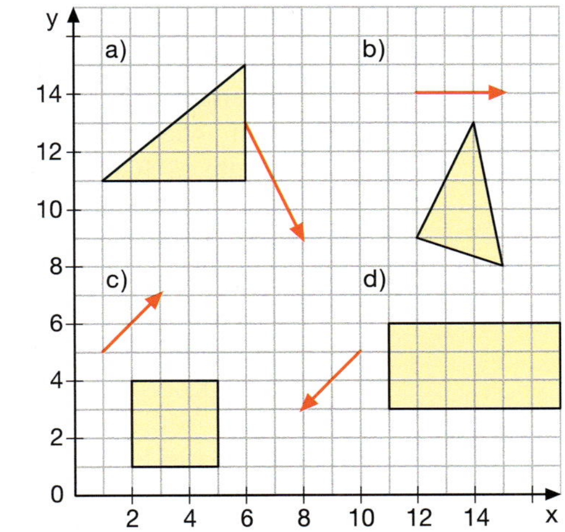

11 Das Dreieck ABC wird durch eine Verschiebung auf das Bilddreieck A′B′C′ abgebildet. Gib die fehlenden Koordinaten der Bildpunkte an.

a)

Originalfigur	Bildfigur
A(2|3)	
B(5|4)	B′(7|10)
C(3|8)	

b)

Originalfigur	Bildfigur
A(12|2)	A′(2|9)
B(18|7)	
C(15|13)	

c)

Originalfigur	Bildfigur
A(22|18)	
B(29|14)	
C(25|25)	C′(16|14)

12 Gib an, um welche Kongruenzabbildung es sich handelt. Überprüfe deine Lösung durch eine Zeichnung.

a)

Originalfigur	Bildfigur
A(1|1)	A′(7|6)
B(7|3)	B′(13|8)
C(2|5)	C′(8|10)

b)

Originalfigur	Bildfigur
A(2|5)	A′(16|5)
B(8|4)	B′(10|4)
C(7|10)	C′(11|10)

c)

Originalfigur	Bildfigur
A(2|6)	A′(12|2)
B(10|7)	B′(20|3)
C(7|12)	C′(17|8)

13 Übertrage die Figur in dein Heft und drehe sie mithilfe des Zirkels um den Punkt Z um 90° (180°, 270°).

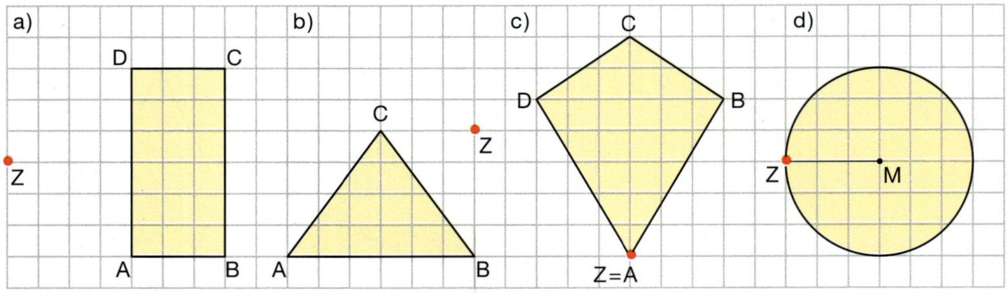

14 Der Rhombus ABCD ist durch eine Drehung auf A′B′C′D′abgebildet worden.
a) Übertrage die Figur in dein Heft und zeichne den Drehpunkt ein.
b) Bestimme die Größe des Drehwinkels.
c) Um wie viel Grad musst du die Raute ABCD drehen, damit Original- und Bildfigur genau zur Deckung kommen?

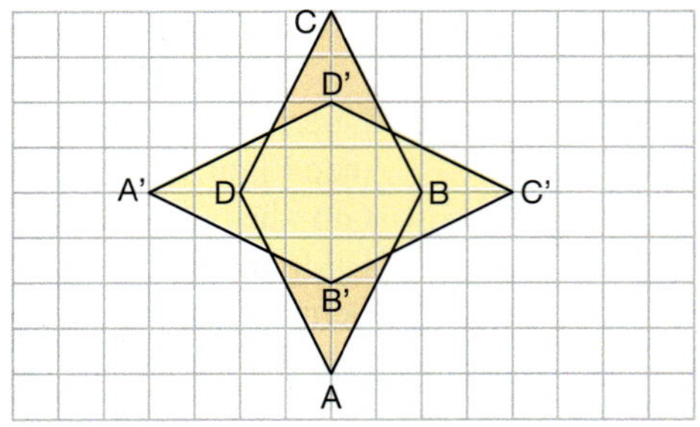

15 Zeichne ein Dreieck mit den Eckpunkten A(6|14), B(14|14) und C(10|18) in ein Koordinatensystem (Einheit 0,5 cm). Drehe das Dreieck um Z(10|10) um a) 90°, b) 180°, c) 270°. Gib die Koordinaten der Bildpunkte an.

16 Zeichne die Figur mit den angegebenen Eckpunkten in ein Koordinatensystem (Einheit 0,5 cm). Drehe die Figur, sodass die jeweiligen Originalpunkte auf die vorgegebenen Bildpunkte abgebildet werden. Bestimme die Koordinaten des Drehpunktes, der fehlenden Bildpunkte und gib die Größe des Drehwinkels an.

a)

Originalfigur	Bildfigur
A(15|1)	
B(18|6)	
C(15|11)	C′(5|1)
D(12|6)	D′(5|1)

b)

Originalfigur	Bildfigur
A(12|11)	A′(12|11)
B(18|14)	
C(8|19)	C′(4|7)
D(2|16)	

17 Übertrage die Figur und den Punkt Z in dein Heft. Drehe anschließend die Figur um Z um den angegebenen Drehwinkel α.

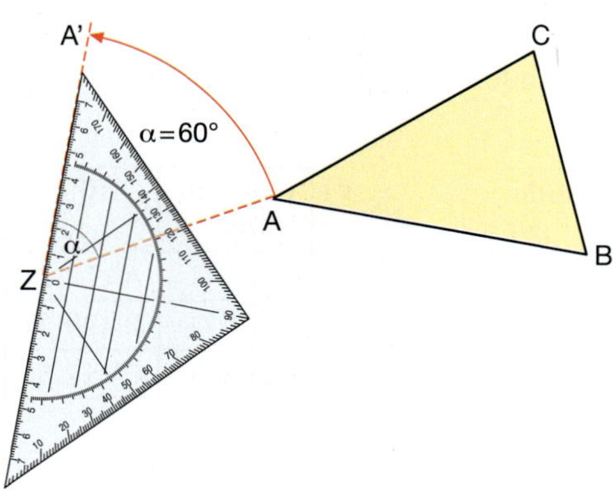

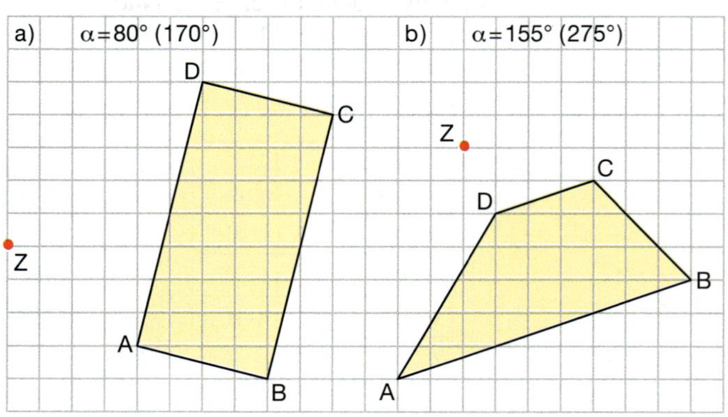

1 a) Die Dreiecke ABC und A″B″C″ sind zueinander kongruent.
Übertrage die Abbildung in dein Heft. Versuche, durch eine einzelne Achsenspiegelung, Verschiebung oder Drehung, das Dreieck ABC auf das Dreieck A″B″C″ abzubilden. Was stellst du fest?

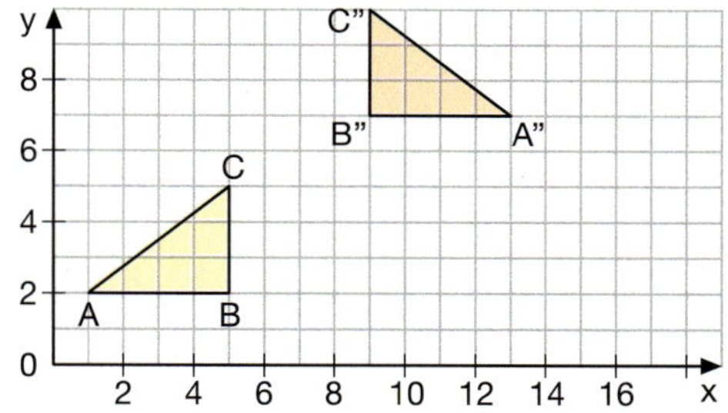

b) In den Zeichnungen wird durch eine Nacheinanderausführung von Spiegelung und Verschiebung oder von Verschiebung und Spiegelung das Dreieck ABC auf das Dreieck A″B″C″ abgebildet.

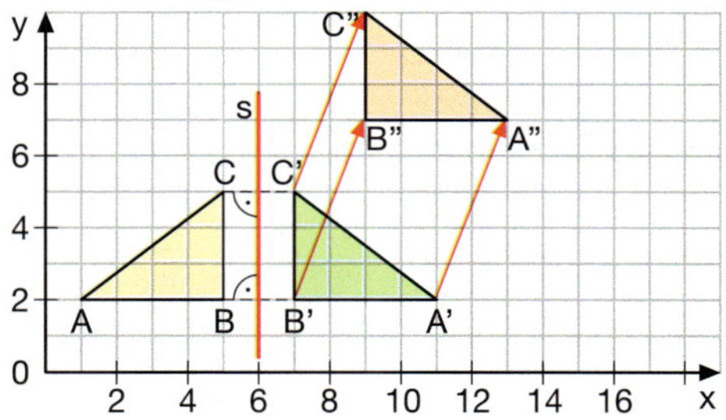

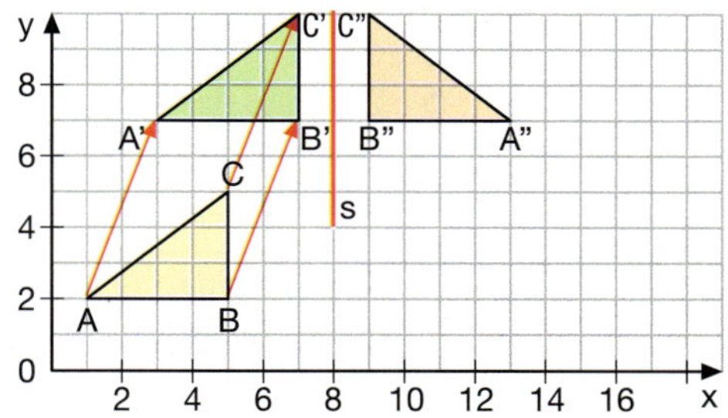

Zeichne ein Dreieck ABC mit A(11|1), B(17|1) und C(11|5) in ein Koordinatensystem (Einheit $\frac{1}{2}$ cm).
Spiegele das Dreieck ABC zunächst an der Geraden durch R(9|1) und S(9|5). Verschiebe anschließend die Bildfigur A′B′C′ um zwei Einheiten nach rechts und um sechs Einheiten nach oben. Du erhältst das Bilddreieck A″B″C″.
Bestimme jeweils die Koordinaten für die Eckpunkte der Dreiecke A′B′C′ und A″B″C″.

c) Verschiebe jetzt das Dreieck ABC zuerst nach der angegebenen Vorschrift und bilde danach die Bildfigur durch eine Spiegelung auf das Dreieck A″B″C″ ab. Gib zwei Punkte der Spiegelachse an.

2 Die Dreiecke ABC und A″B″C″ sind zueinander kongruent.

a) Übertrage die Abbildung in dein Heft.
b) Führe nacheinander die Spiegelung an s und eine Verschiebung aus, sodass das Dreieck ABC auf das Dreieck A″B″C″ abgebildet wird.
c) Zeige, dass durch eine Nacheinanderausführung von Verschiebung und Spiegelung das Dreieck ABC ebenfalls auf das Dreieck A″B″C″ abgebildet wird.

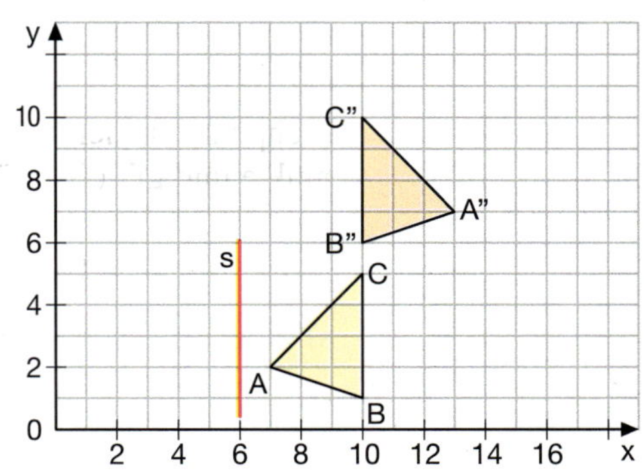

3 a) Zeichne das Dreieck ABC mit A(2|13), B(10|13) und C(5|18) in ein Koordinatensystem (Einheit $\frac{1}{2}$ cm). Führe nacheinander eine Spiegelung und Verschiebung aus, sodass der Punkt A auf A′(2|5) und anschließend A′ auf A″(12|11) abgebildet wird.
Gib jeweils die Koordinaten für die Eckpunkte der Bildfiguren an.

b) Bilde durch eine Nacheinanderausführung von Verschiebung und Spiegelung das Dreieck ABC ebenfalls auf das Dreieck A″B″C″ ab.

4 Beschreibe, wie durch Nacheinanderausführen von Spiegelung, Verschiebung oder Drehung das Dreieck ABC auf das Dreieck A″B″C″ abgebildet wird. Gib, wenn möglich, Drehpunkt, Drehwinkel und Verschiebungsvorschrift an.

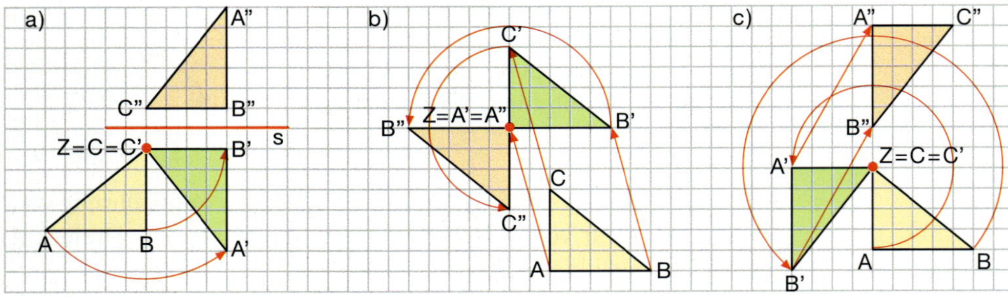

5 Zeichne das Dreieck ABC in ein Koordinatensystem (Einheit $\frac{1}{2}$ cm). Führe eine Achsenspiegelung und eine Drehung so nacheinander aus, dass du die vorgegebenen Bildpunkte erhältst.

a)

Originalfigur	1. Bildfigur	2. Bildfigur
A(1|1)	A′(13|1)	■
B(5|1)	■	B″(15|7)
C(5|7)	■	■

b)

Originalfigur	1. Bildfigur	2. Bildfigur
A(2|1)	■	A″(12|15)
B(6|1)	■	■
C(2|7)	C′(12|7)	■

Bestimme jeweils die fehlenden Koordinaten für die Eckpunkte der Bildfiguren.
Gib jeweils die Koordinaten des Drehpunktes und die Größe des Drehwinkels an.

6 Die Dreiecke ABC und A‴B‴C‴ sind zueinander kongruent.
Beschreibe, wie durch Nacheinanderausführung von Spiegelung, Verschiebung und Drehung das Dreieck ABC auf das Dreieck A‴B‴C‴ abgebildet wird.

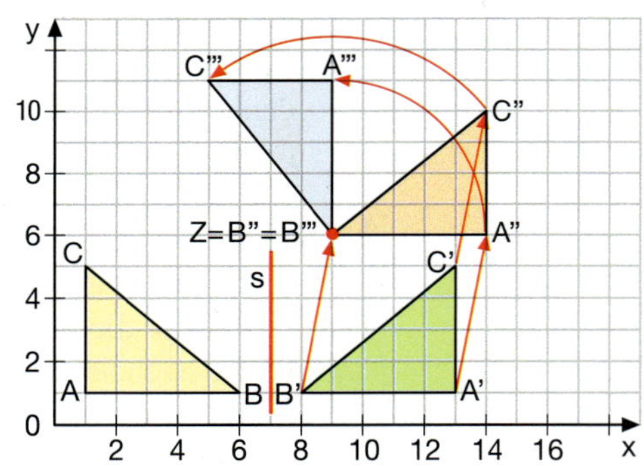

7 a) Zeichne die beiden zueinander kongruenten Dreiecke ABC mit A(1|3), B(11|3), C(3|7) und A‴B‴C‴ mit A‴(25|12), B‴(25|2), C‴(21|10) in ein Koordinatensystem (Einheit $\frac{1}{2}$ cm).
b) Zeige durch eine Nacheinanderausführung von Drehung, Verschiebung und Spiegelung, dass sich das Dreieck ABC auf das Dreieck A‴B‴C‴ abbilden lässt.
c) Gib jeweils die Koordinaten für die Eckpunkte der Bilddreiecke A′B′C′ und A″B″C″ an.

Spiegelung, Verschiebung, Drehung und jede Nacheinanderausführung dieser Abbildungen sind Kongruenzabbildungen.
Zwei Figuren sind kongruent, wenn sie sich durch eine Spiegelung, Verschiebung, Drehung oder durch eine Nacheinanderausführung dieser Abbildungen aufeinander abbilden lassen.

1

Wirklich symmetrisch?

a) Es gibt viele Dinge in deiner Umwelt, die als symmetrisch bezeichnet werden. Betrachte das abgebildete Kleeblatt. Ist es wirklich symmetrisch?

b) Sucht andere Beispiele für Gegenstände oder Figuren, die als symmetrisch bezeichnet werden, es aber im mathematischen Sinne nicht sind. Begründe deine Meinung.

2 a) Betrachte die drei Fotos genau. Was fällt dir auf? Ist das menschliche Gesicht symmetrisch?

b) Wie sind die Fotos entstanden? Welches Foto ist das Original? Bei welchen Fotos liegt Symmetrie vor?

c) Suche ein Bild von dir, auf dem du möglichst frontal abgebildet bist. Stelle mit einer Bildbearbeitungssoftware ein wirklich symmetrisches Bild her und vergleiche es mit dem Orginal. Hänge ‚Original' und ‚Fälschung' in deinem Klassenraum aus.

1

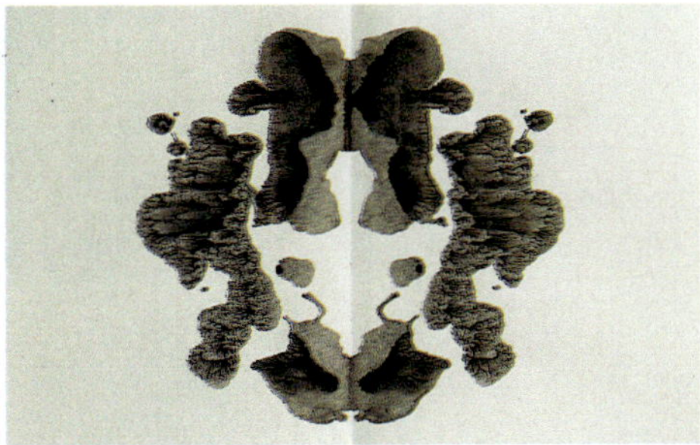

Betrachte die beiden Klecksbilder. Wie sind sie entstanden? Stelle selbst Klecksbilder her.

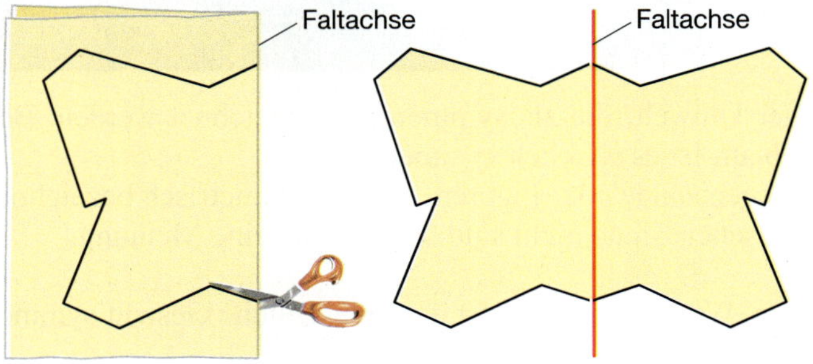

2 a) Erkläre, wie der Schmetterling entstanden ist.
b) Falte ein Blatt Papier. Zeichne die Hälfte eines Baumes und schneide sie aus. Markiere die Faltgerade farbig.
c) Zeichne weitere Figuren auf ein gefaltetes Blatt Papier: ein Haus, einen Drachen, eine Vase. Schneide sie aus und markiere die Faltgerade farbig.

3 Falte ein Blatt Papier zweimal. Schneide eine Spitze aus. Markiere die Faltgeraden.

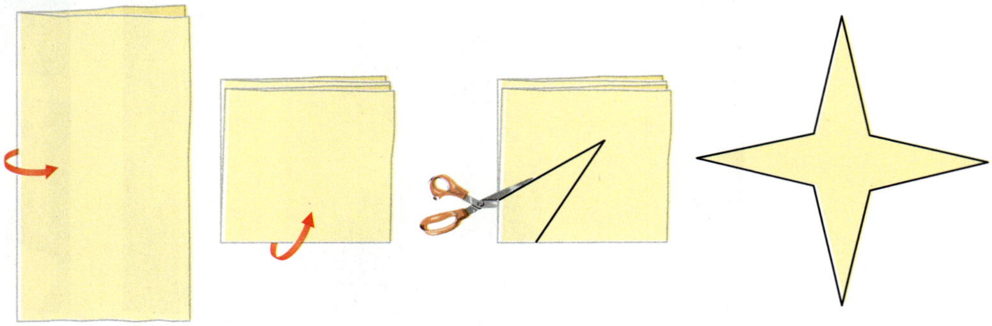

4 a) Beschreibe, wie die blau umrandete Figur erzeugt wird.
b) Fertige auf die gleiche Weise eine andere Figur an.
Verbinde anschließend einander entsprechende Punkte beider Hälften. Wie liegen die einzelnen Verbindungsstrecken zur Faltgeraden?

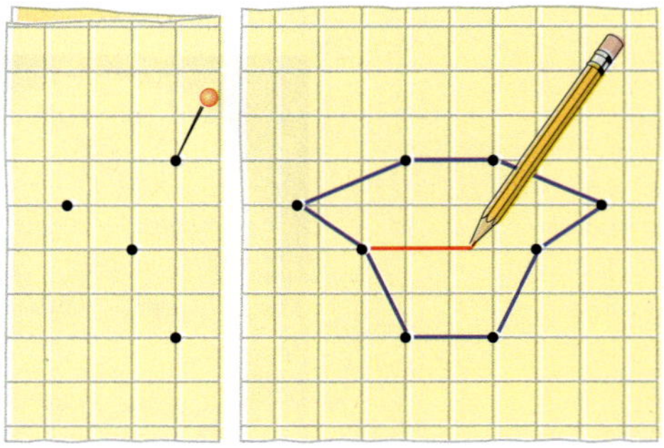

5 a) Schneide aus kariertem Papier ein 12 cm langes und 6 cm breites Rechteck aus. Falte das Rechteck so, dass beide Hälften genau aufeinander passen. Es gibt zwei Möglichkeiten. Zeichne die Faltgeraden farbig nach.
b) Verfahre ebenso mit einem Quadrat, dessen Seite 10 cm lang ist. Wie viele Faltgeraden hast du gefunden?

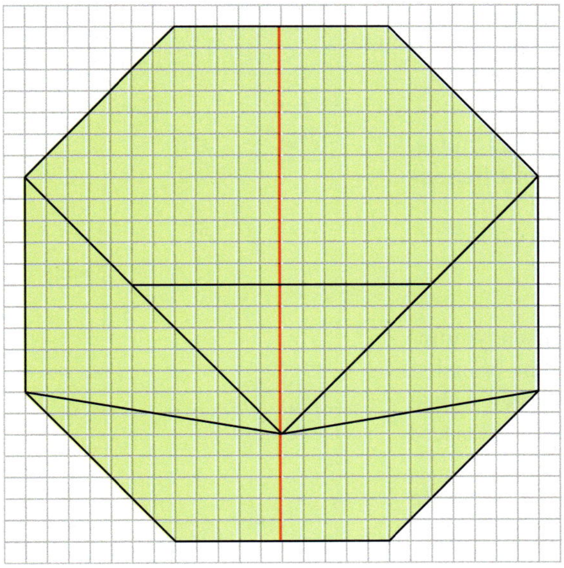

6 a) Zeichne das abgebildete Puzzle auf Kästchenpapier. Du musst dabei die Kästchen zählen und sehr genau arbeiten.
Schneide anschließend die Einzelteile aus. Aus den Puzzleteilen kannst du viele achsensymmetrische Figuren legen.

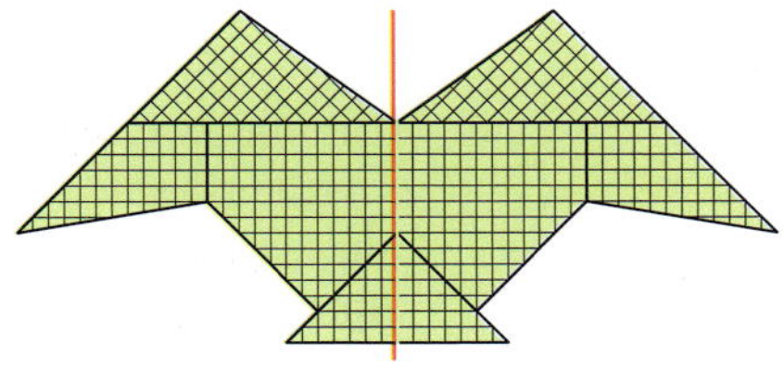

b) Lege verschiedene achsensymmetrische Figuren aus deinen Puzzleteilen.

c) Lege die abgebildete Hälfte des Puzzles und ergänze zu einer achsensymmetrischen Figur. Die Symmetrieachse ist rot eingezeichnet.

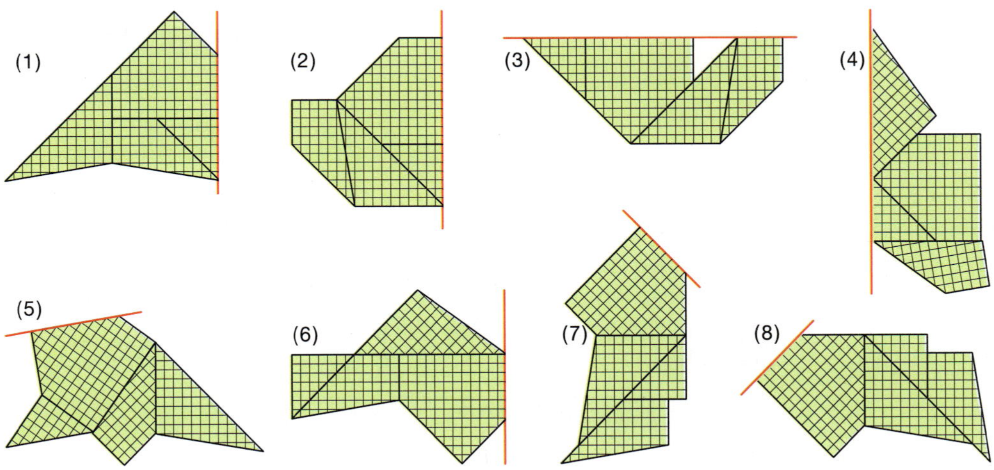

d) Lege die abgebildeten achsensymmetrischen Figuren.

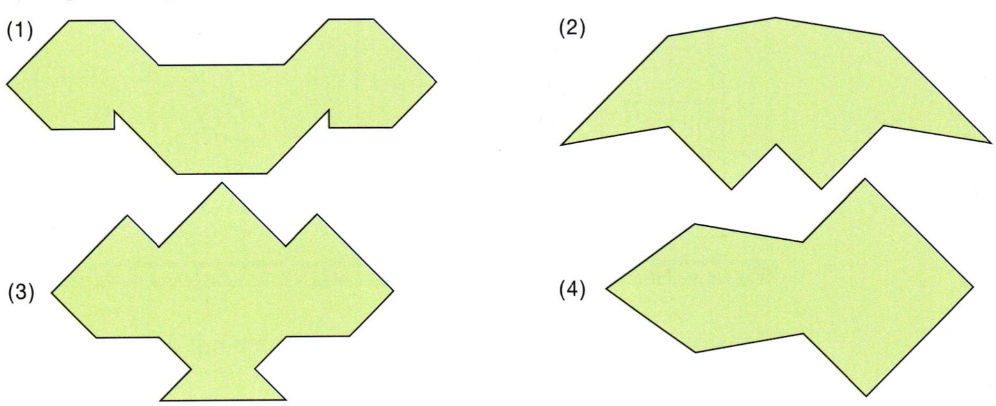

1 Wähle in der Leiste **Konstruieren** das Symbol **N-Eck** und zeichne ein Viereck ähnlich der Abbildung.

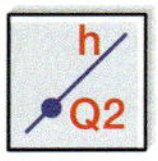

Benenne eine Seite des Vierecks mit s. Suche dazu die Funktion **Objekt benennen** in der Hauptleiste.

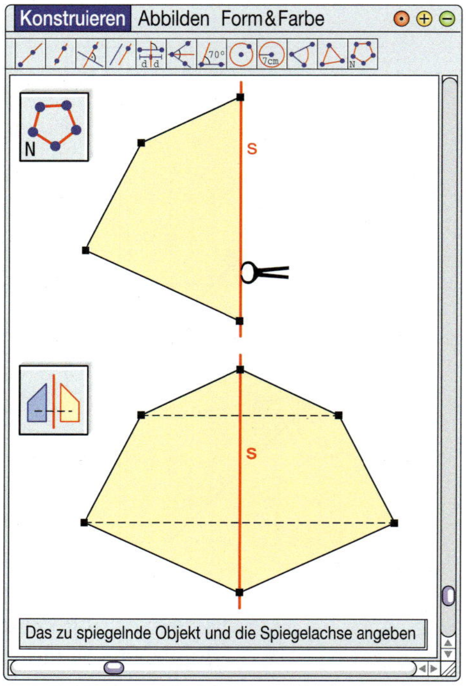

Um die zweite Hälfte der achsensymmetrischen Figur zu konstruieren, brauchst du die Funktion **Objekt an einer Achse spiegeln.** Als Spiegelachse dient unsere benannte Seite s.
Die Reihenfolge der Arbeitsschritte kannst du immer in einem Fenster unten links am Bildschirm ablesen.
Bewege anschließend mit der **Zange** die Punkte des linken Vierecks. Was stellst du fest?

Achte auf die Reihenfolge.

2 In den Abbildungen ist jeweils eine Hälfte einer achsensymmetrischen Figur dargestellt. Konstruiere ähnliche Vielecke und ergänze sie zu achsensymmetrischen Figuren. Die Symmetrieachse s ist jeweils angegeben.

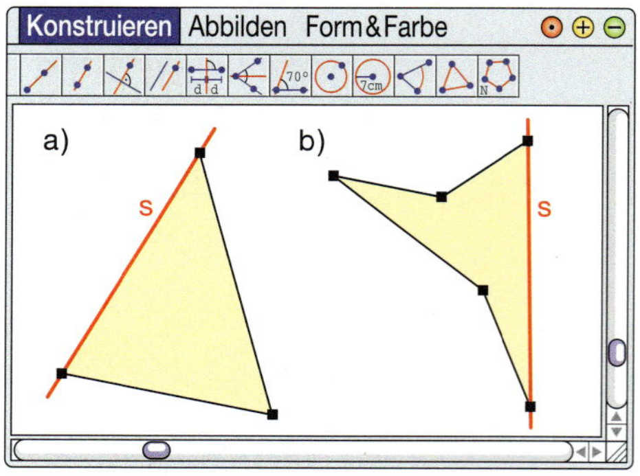

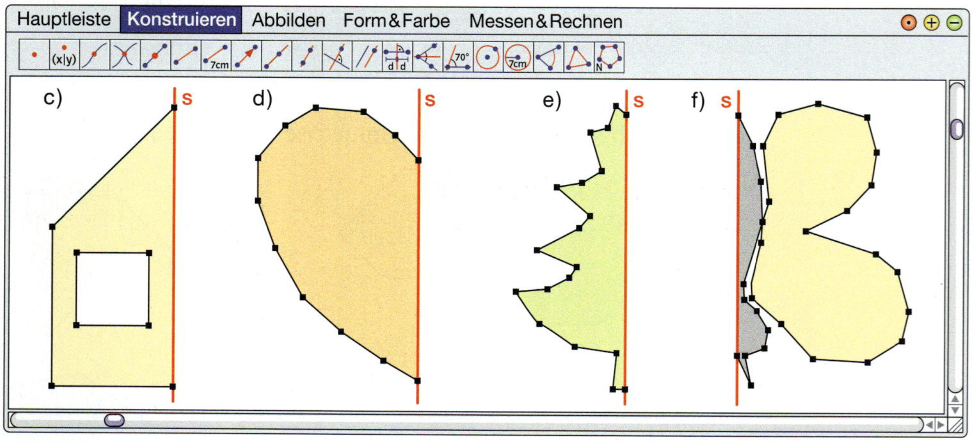

3 Konstruiere eigene achsensymmetrische Figuren mit deiner Geometriesoftware.

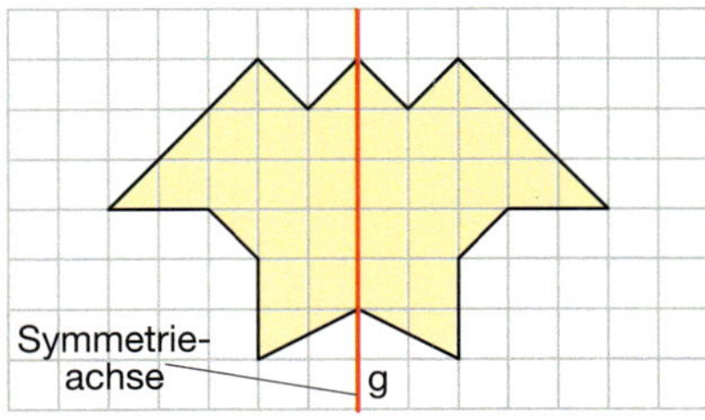

Eine Figur heißt **achsensymmetrisch** zu einer Geraden g, wenn sie bei einer Spiegelung an der Geraden g auf sich selbst abgebildet wird.

Die Gerade g ist **Symmetrieachse** der Figur.

1 Welche der abgebildeten Verkehrszeichen sind achsensymmetrisch? Zeichne fünf weitere achsensymmetrische Verkehrszeichen in dein Heft.

Gefahrenstelle Haltestelle Gegenverkehr Richtungstafel in Kurven Verbot der Einfahrt

2 a) Übertrage die achsensymmetrischen Flaggen in dein Heft und zeichne jeweils alle Symmetrieachsen ein.
b) Entwirf selbst fünf achsensymmetrische Flaggen.

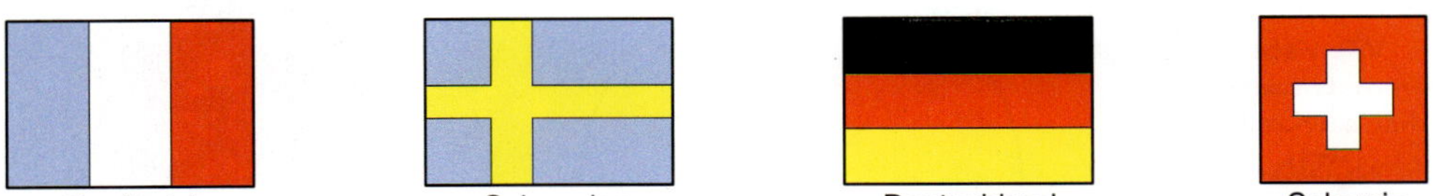

Frankreich Schweden Deutschland Schweiz

3

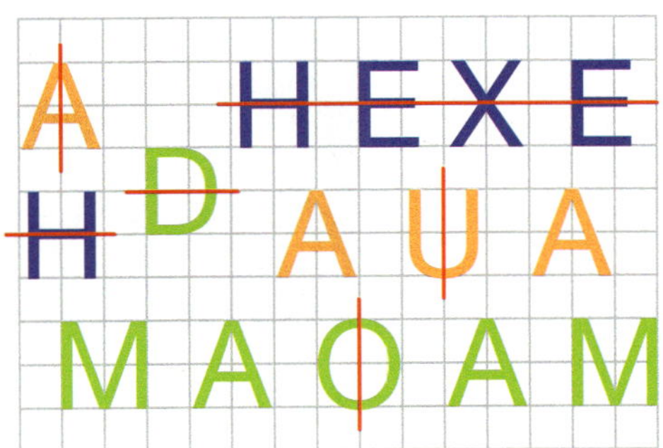

Einige der Großbuchstaben in Blockschrift sind achsensymmetrisch. Schreibe sie auf und zeichne die Symmetrieachsen ein.
Es gibt Wörter, die achsensymmetrisch sind. Finde weitere Beispiele.

4 Übertrage die Zeichnung in dein Heft. Ergänze sie jeweils zu einer achsensymmetrischen Figur. Die rot eingezeichneten Geraden sollen Symmetrieachsen der vollständigen Figur sein.

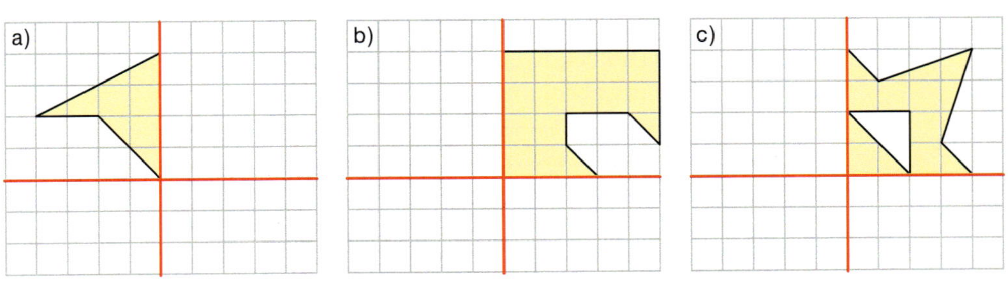

5 Übertrage die Figur in dein Heft und zeichne alle Symmetrieachsen ein. Gib auch den Namen der Figur an.

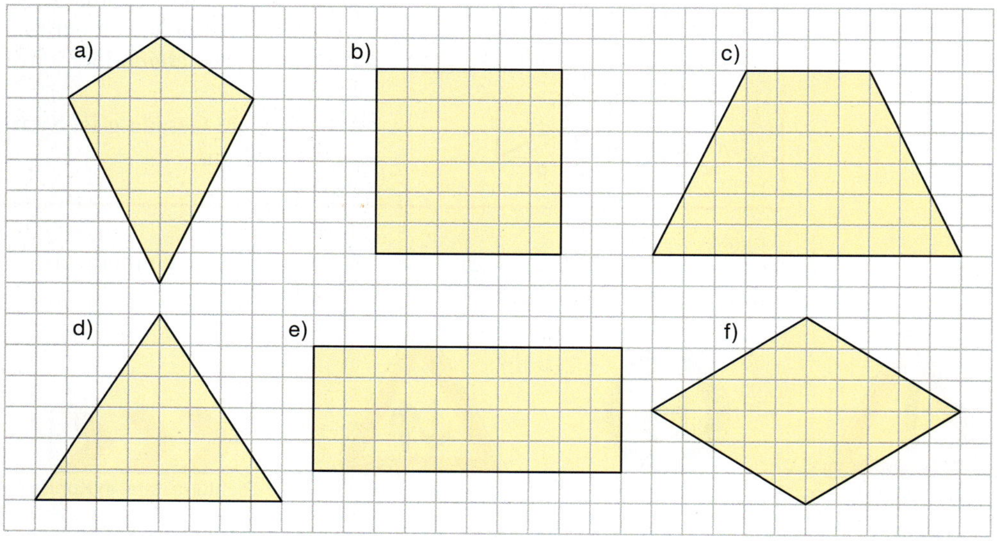

6

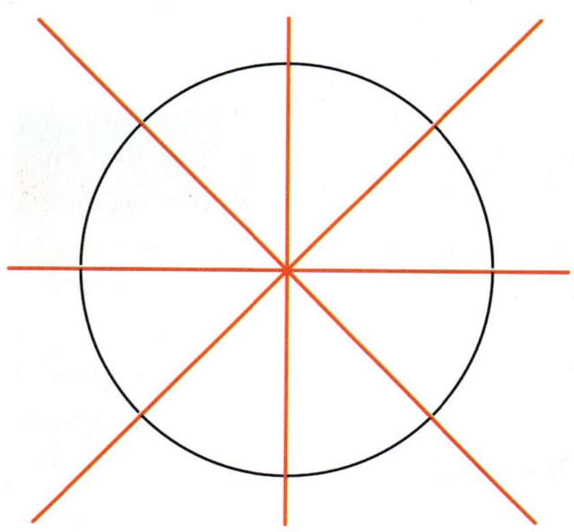

Kannst du die Frage beantworten?

7 a) Zeichne ein Koordinatensystem und trage die folgenden Punkte ein: A(8|3), B(10|4), C(11|6), D(10|8), E(8|9), F(6|8), G(5|6), H(6|4).
b) Verbinde die Punkte in der Reihenfolge A, B, C, D, E, F, G, H und A zu einer Figur. Zeichne alle Symmetrieachsen der Figur rot ein.

8 Zeichne ein Dreieck mit den angegebenen Eckpunkten in ein Koordinatensystem. Zeichne anschließend durch die Punkte B und C eine Gerade.
Ergänze das Dreieck zu einem achsensymmetrischen Viereck. Die Gerade soll dabei Symmetrieachse der neuen Figur sein.

a)	b)	c)
A(1|5), B(3|2), C(3|8)	A(9|10), B(7|8), C(11|8)	A(14|6), B(7|4), C(16|4)

Welche Figur erhältst du? Gib die Koordinaten des vierten Eckpunktes an.

1

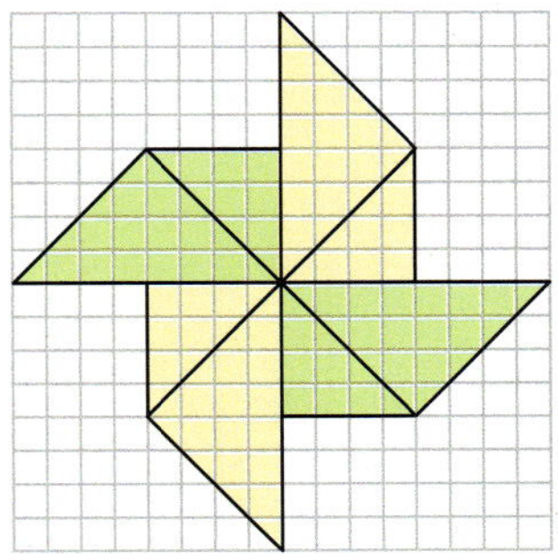

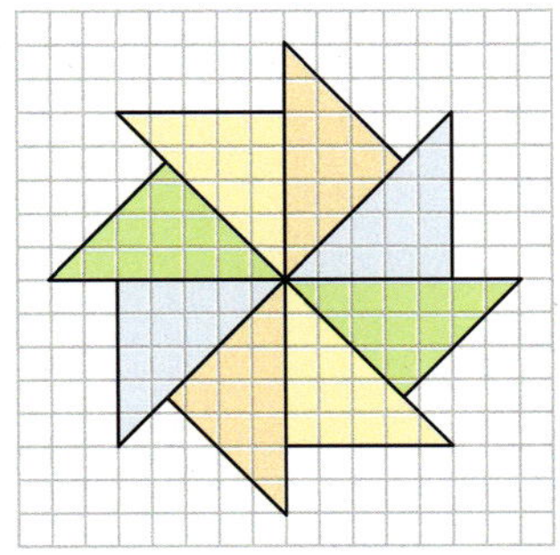

Hendrik entwirft eine Einladung für das Herbstfest der Schule. Das Fest steht unter dem Motto „Nutzung von Windenergie“. Das möchte er auf seiner Einladung mit Bildern von Windrädern deutlich machen. Überlege, wie Hendrik die Windräder entworfen hat.

a) Übertrage die Windräder in dein Heft und male sie farbig aus.

b) Entwirf ein eigenes Windrad.

2 Hendrik hat begonnen eine Windmühle mit vier Flügeln zu zeichnen. Vervollständige die Windmühle im Heft.

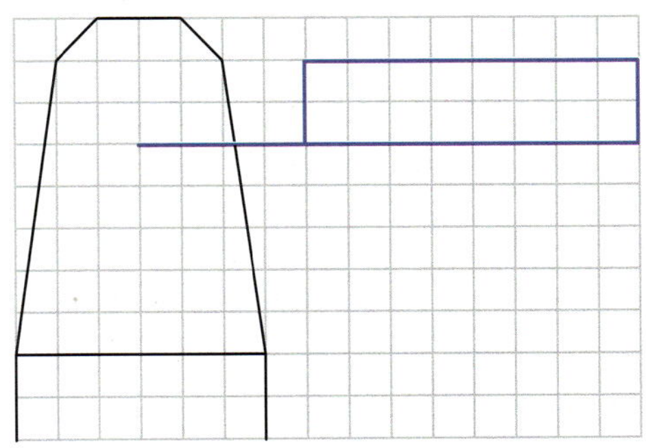

3 Melanie entwirft Drehfiguren mit einer selbstgefertigten Schablone.

a) Zeichne die drei Figuren mithilfe einer Schablone.

b) Entwirf selbst Schablonen und zeichne.

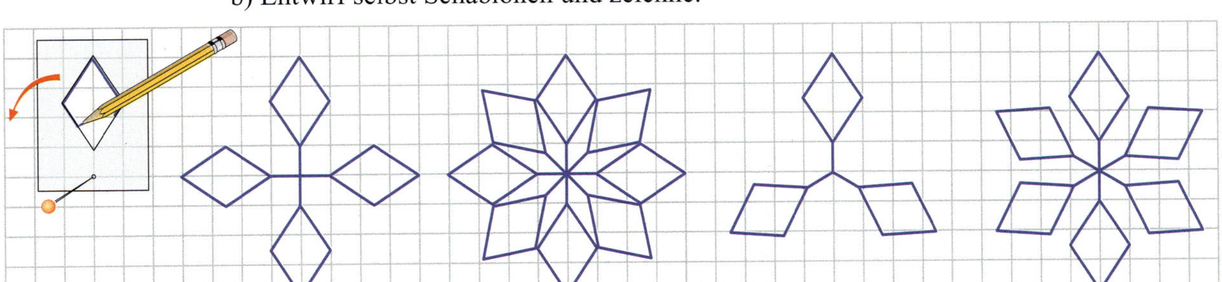

4 Kommt eine Figur nach einer Drehung um einen bestimmten Winkel (der kein Vollwinkel ist) mit sich selbst zur Deckung, so heißt sie **drehsymmetrisch.** Eine Figur, die sich nur bei einer Drehung um 180° auf sich selbst abbilden lässt, heißt **punktsymmetrisch.**
Überprüfe, ob die einzelnen Figuren achsen-, dreh- oder punktsymmetrisch sind.

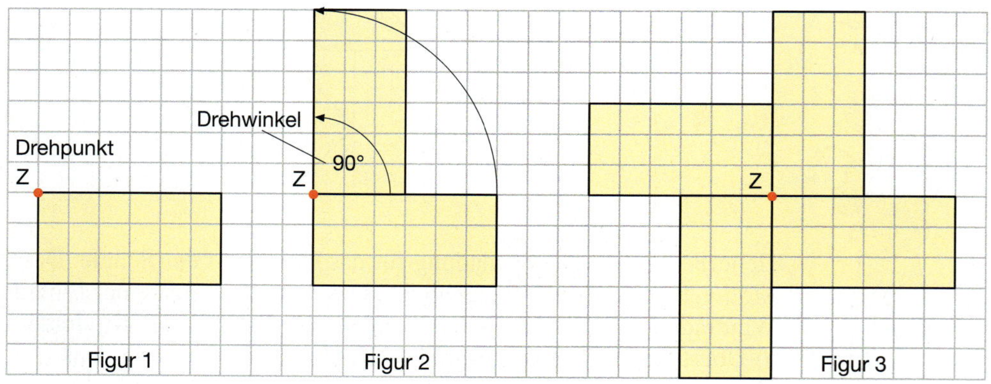

Entwirf drehsymmetrische Figuren wie oben abgebildet. Beginne mit dem angegebenen Grundmuster.

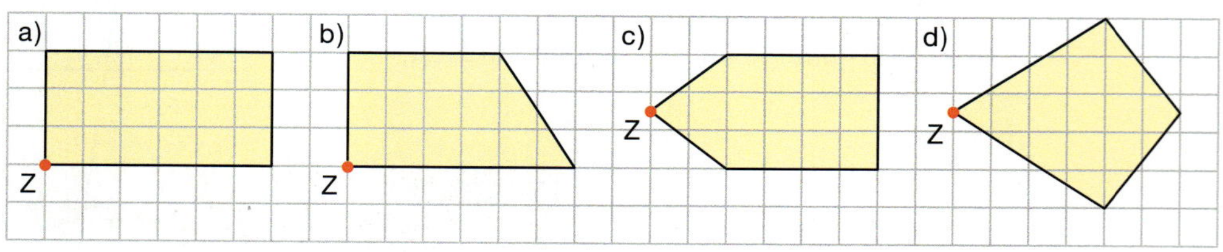

5 a) Die Abbildung zeigt eine drehsymmetrische Figur. Um wie viel Grad muss das farbige Dreieck gedreht werden, damit es wieder mit sich selbst zur Deckung kommt? Es gibt mehrere Lösungen.
b) Entwirf mit dem Geometrieprogramm verschiedene drehsymmetrische Figuren.
Verändere jeweils die Eckpunkte der einzelnen Figuren. Bleibt dabei die Drehsymmetrie erhalten?

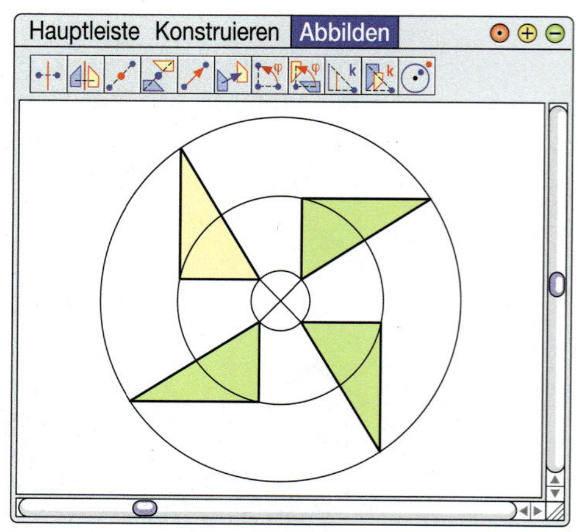

Wo erhältst du auch bei Wiederholungen immer dasselbe Ergebnis?
Wo kannst du das Ergebnis nicht vorhersagen? Nenne mögliche Ergebnisse.

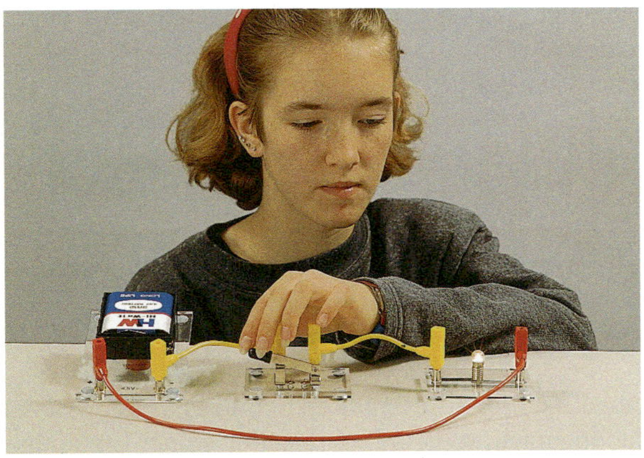

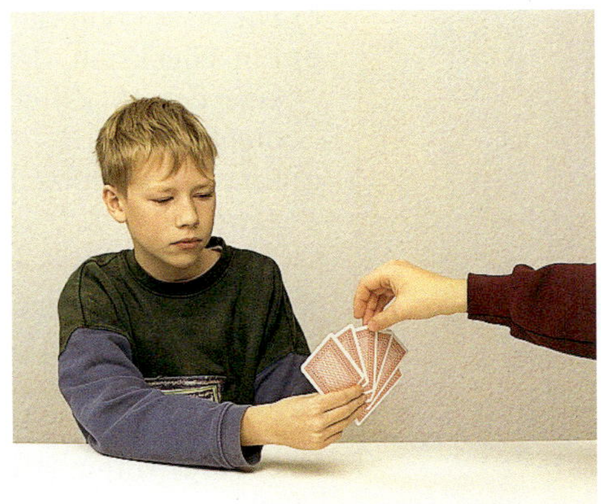

1 Eine Schülerin (ein Schüler) deiner Klasse wird ausgelost und wie unten angegeben befragt. Welche Ergebnisse sind möglich?
a) Welche Farbe haben deine Augen?
b) Welche Schuhgröße hast du?
c) Wie viele Geschwister hast du?
d) Wie alt bist du?
e) Wie viel Taschengeld bekommst du im Monat?
f) Welche Körpergröße hast du?

2 Welche Ergebnisse sind bei folgenden Experimenten möglich?
a) Eine Münze wird einmal geworfen.
b) Ein Würfel wird einmal geworfen.
c) Die erste Lottozahl wird gezogen.
d) Eine Heftzwecke wird einmal geworfen.
e) Ein Glücksrad, dessen Felder jeweils eine der 10 Ziffern tragen, wird gedreht.
f) Eine zufällig ausgewählte Person wird nach ihrer Nationalität gefragt.
g) Eine Streichholzschachtel wird einmal geworfen.
h) Eine zufällig ausgewählte Person wird nach ihrer Konfession gefragt.

Versuche, bei denen sich die **Ergebnisse** nicht sicher vorhersagen lassen, sondern zufällig zustande kommen, heißen **Zufallssexperimente.**

3 Isabel und Mirko befragen einen zufällig ausgewählten Schüler ihrer Klasse nach seiner Lieblingssportart (seinem Lieblingsfach, seinem Lieblingstier, seiner Lieblingssängerin). Nenne mögliche Ergebnisse der Befragung.

4 Maria will feststellen, wie viele Ergebnisse folgendes Zufallsexperiment hat: Sie nimmt mit geschlossenen Augen aus der Urne zwei Kugeln gleichzeitig heraus und zeichnet dieses Ergebnis mit entsprechenden Farbstiften auf.
Dann legt sie beide Kugeln wieder zurück, mischt gut durch und nimmt erneut zwei Kugeln.
Welche anderen Ergebnisse kann Maria bei weiteren Ziehungen erwarten?

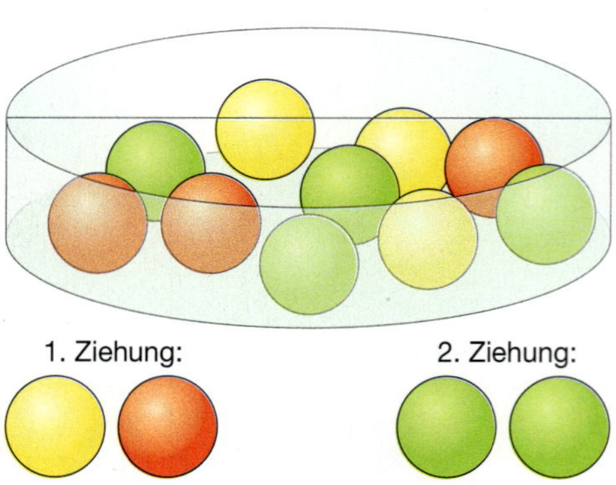

5

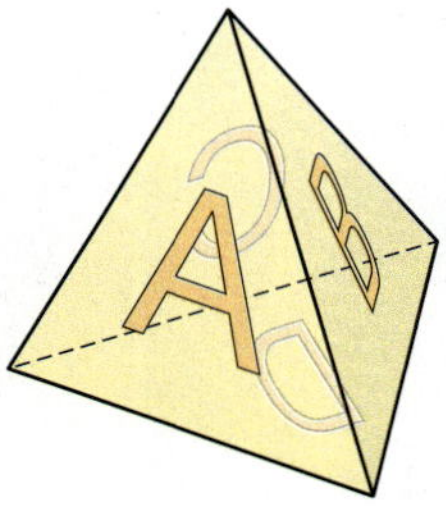

Der abgebildetete Tetraeder trägt auf seinen vier Seiten jeweils die Buchstaben A, B, C und D. Er wird zweimal nacheinander geworfen. Als Ergebnis zählt der Buchstabe, der unten liegt.
Schreibe alle möglichen Ergebnisse auf.

1 Melanie und Maik wollen „Stürzender Turm“ spielen. Durch einen Münzwurf soll entschieden werden, wer anfangen darf.
Beim ersten Wurf zeigt die Münze Bild. „Das war doch nur Zufall. Du hast einfach Glück gehabt“, sagt Maik.
Melanie und Maik wollen nun untersuchen, wer von ihnen mehr Glück hat.
Dazu werfen beide abwechselnd die Münze. Die Ergebnisse haben sie in einer Strichliste festgehalten. Hat Melanie mehr Glück als Maik?

2 Auch Arne und Laura haben beide mehrmals eine Münze geworfen und die Ergebnisse jeweils in einer **Strichliste** festgehalten.

Arne:

Zahl	𝍸 𝍸 𝍸 |
Bild	𝍸 𝍸 𝍸 𝍸 ||||

Laura:

Zahl	𝍸 𝍸 𝍸
Bild	𝍸 𝍸 𝍸

Das Ergebnis „Zahl“ zählt als Gewinn, bei „Bild“ hat man verloren. Wer hat mehr Glück gehabt, Arne oder Laura? Begründe.

3 Janina und Tobias haben dieselbe Münze unterschiedlich oft geworfen. Die Ergebnisse ihres Experimentes haben sie in zwei Strichlisten festgehalten.
In dem Beispiel wird für Janina der Anteil (Bruchteil) berechnet, den das Ergebnis „Zahl“ an allen Würfen hat.
Dieser Anteil wird als **relative Häufigkeit** bezeichnet.
a) Übertrage die Häufigkeitstabelle für Janinas Ergebnisse in dein Heft. Bestimme die relative Häufigkeit für das Ergebnis „Bild“.
b) Lege auch für die Würfe von Tobias eine Häufigkeitstabelle an. Gib die relativen Häufigkeiten als Bruch an.

	Janina	Tobias
Zahl	𝍸 𝍸 𝍸 𝍸 |||	𝍸 𝍸 𝍸 |||
Bild	𝍸 𝍸 𝍸 𝍸 𝍸 ||	𝍸 𝍸 𝍸 𝍸 ||

Ergebnis: Zahl
absolute Häufigkeit: 23
Gesamtzahl der Würfe: 50
relative Häufigkeit: $\frac{23}{50}$

Ergebnis	absolute Häufigkeit	relative Häufigkeit
Zahl	23	$\frac{23}{50}$
Bild	27	
Summe		

$$\textbf{relative Häufigkeit} = \frac{\textbf{absolute Häufigkeit}}{\textbf{Gesamtzahl der Versuche}}$$

4 Wirf in Partnerarbeit eine Münze zehnmal (zwanzigmal, fünfzigmal, hundertmal).
a) Bestimme mithilfe einer Strichliste die absoluten Häufigkeiten der einzelnen Ergebnisse.
b) Lege eine Häufigkeitstabelle an. Gib die relativen Häufigkeiten als Bruch an und trage sie in die Tabelle ein. Vergleiche die relativen Häufigkeiten für „Zahl“ und „Bild“ miteinander. Was stellst du fest?

5 Nadine und Marco haben das folgende Glücksspiel durchgeführt: Sie haben abwechselnd mit geschlossenen Augen eine Kugel aus dem Becher (der Urne) gezogen, die Farbe notiert und sie wieder zurückgelegt. Die absoluten Häufigkeiten haben sie in der Häufigkeitstabelle notiert.

a) Berechne die relativen Häufigkeiten als Bruch und als Dezimalbruch, übertrage die rechts abgebildete Tabelle in dein Heft und ergänze sie.

b) Vergleiche die relativen Häufigkeiten. Was stellst du fest?

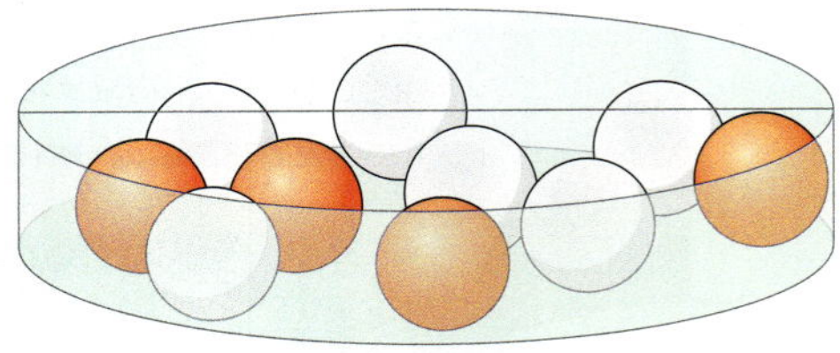

Ergebnis	absolute Häufigkeit			
rot	3	7	18	38
weiß	7	13	32	62

Anzahl der Ziehungen	absolute Häufigkeit	
	rot	weiß
10	$\frac{3}{10} = 0{,}3$	$\frac{7}{10} = 0{,}7$
20		

6 Aus einer Urne mit zwei weißen und acht blauen, sonst gleichartigen Kugeln wurde mehrmals eine Kugel mit Zurücklegen gezogen.
Berechne die relativen Häufigkeiten als Bruch und als Dezimalbruch und notiere sie in einer Tabelle. Vergleiche die relativen Häufigkeiten miteinander. Was fällt dir auf?

Ergebnis	absolute Häufigkeit			
weiß	3	6	12	42
blau	7	19	38	158
Summe				

absolute Häufigkeit		Anzahl der Würfe
Kopf	Seite	
3	7	10
7	13	20
9	16	25
19	21	
26	24	
43	57	
82	118	
168	232	

7 Vesna und David haben das folgende Glücksspiel vereinbart: Sie werfen eine Heftzwecke. Liegt die Heftzwecke auf dem Kopf, hat Vesna gewonnen, liegt sie auf der Seite, gewinnt David.
Sie haben dieses Zufallsexperiment oft durchgeführt und dabei nach zehn (zwanzig, fünfundzwanzig, ...) Würfen die absoluten Häufigkeiten bestimmt und in die Häufigkeitstabelle eingetragen.

a) Berechne zu jeder Anzahl von Würfen die relativen Häufigkeiten beider Ergebnisse als Bruch und als Dezimalbruch und trage sie in die unten abgebildete Tabelle ein.

Anzahl der Würfe	absolute Häufigkeit	
	Kopf	Seite
10	$\frac{3}{10} = 0{,}3$	$\frac{7}{10} = 0{,}7$
20		

b) Vergleiche die relativen Häufigkeiten miteinander. Was stellst du fest?

c) Haben Vesna und David die gleichen Gewinnchancen? Begründe.

8 Katrin und Willi haben beide mit einem Würfel gewürfelt und die Ergebnisse ihrer Zufallsexperimente in einer Strichliste festgehalten.
Bei jeder „Sechs“ gab es einen Gewinnpunkt.
a) Berechne jeweils die relativen Häufigkeiten und trage sie in eine Tabelle ein.
b) Wer hatte mehr Glück? Begründe.

Katrin

1	𝍸 |||
2	𝍸 ||
3	𝍸 |||
4	𝍸	
5	𝍸
6	𝍸	

Willi

1	𝍸 𝍸 ||
2	𝍸 𝍸 ||||
3	𝍸 𝍸 𝍸
4	𝍸 𝍸 ||
5	𝍸 𝍸 𝍸	
6	𝍸 𝍸	

9 Nicole und Frederic haben mit einem Würfel gewürfelt und die Ergebnisse ihres Zufallsexperiments in der abgebildeten Häufigkeitstabelle festgehalten.

Ergebnis	1	2	3	4	5	6
absolute Häufigkeit	16	15	20	17	14	18

Sie wollen die Ergebnisse ihres Zufallsexperiments in einem **Säulendiagramm** darstellen.
Übertrage das Säulendiagramm in dein Heft und vervollständige es (y-Achse: 1 Einheit ≙ 0,5 cm).

Säulendiagramm

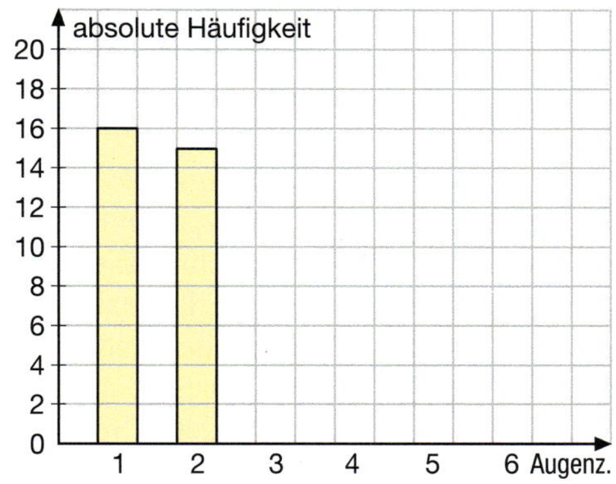

10 a) Werft in Partnerarbeit fünfzigmal (hundertmal, zweihundertmal) einen Würfel. Haltet die Ergebnisse in einer Strichliste fest.
b) Legt eine Häufigkeitstabelle an und berechnet die absoluten und relativen Häufigkeiten.
c) Stellt die absoluten Häufigkeiten in einem Säulendiagramm dar.

11 In dem Säulendiagramm sind die Ergebnisse des Zufallsexperiments „Werfen eines Würfels“ grafisch dargestellt.
a) Bestimme die absoluten Häufigkeiten.
b) Berechne die relativen Häufigkeiten.
c) Handelt es sich um einen „normalen“ Würfel? Begründe.

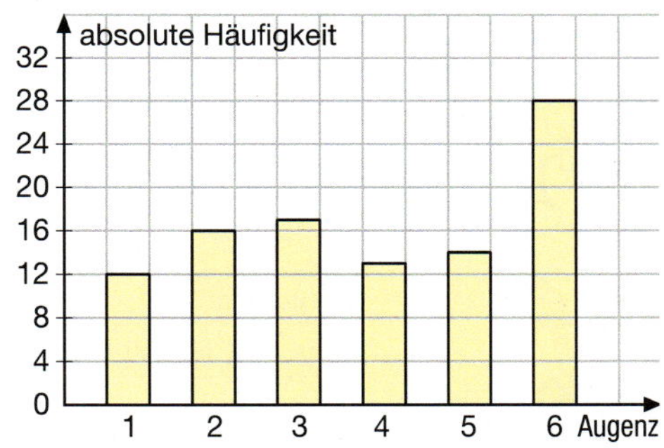

12 Würfelt in Partnerarbeit mit Spielsteinen, die nicht die Form eines Würfels haben und haltet die Ergebnisse in Strichlisten fest. Bestimmt die absoluten und die relativen Häufigkeiten und stellt die absoluten Häufigkeiten in Säulendiagrammen dar.

13

Spielstein A

Spielstein B

Die abgebildeten Spielsteine wurden unterschiedlich oft geworfen. Die absoluten Häufigkeiten der einzelnen Ergebnisse werden für jeden Spielstein in einem **Balkendiagramm** dargestellt.

a) Gib zu jedem Diagramm die relativen Häufigkeiten als Bruch an und trage sie in jeweils eine Häufigkeitstabelle ein.

b) Berechne die relativen Häufigkeiten auch als Dezimalbruch und vergleiche sie miteinander.

c) Welches Diagramm gehört zu dem abgebildeten Spielstein A? Begründe.

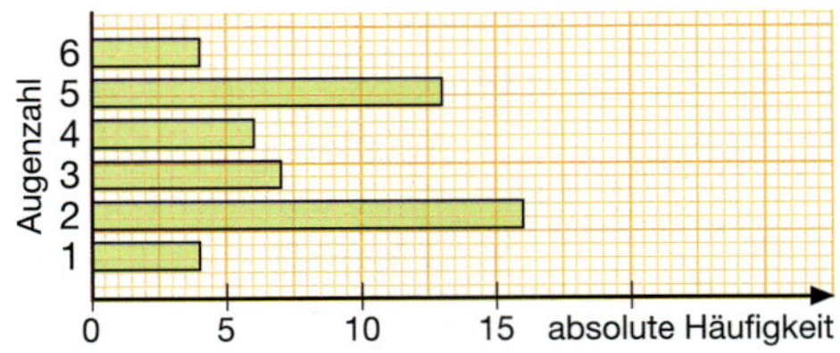

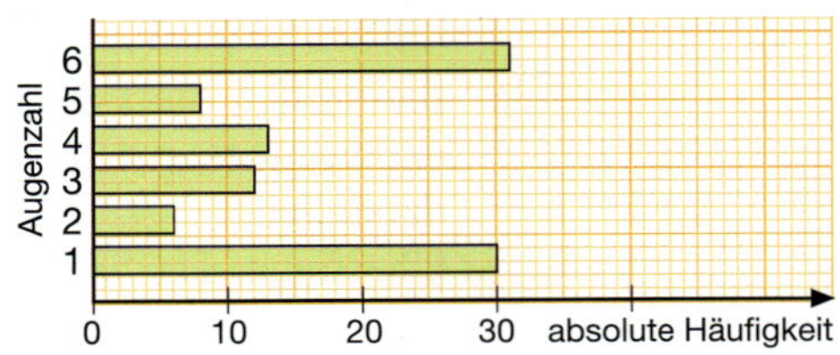

14 a) Kennzeichne die Flächen einer Streichholzschachtel mit den Augenzahlen 1 bis 6. Wirf die Schachtel fünfzigmal (hundertmal, zweihundertmal). Halte die Ergebnisse deines Zufallsexperiments in einer Strichliste fest.

b) Bestimme die absoluten Häufigkeiten und stelle sie in einem Balkendiagramm dar.

c) Berechne die relativen Häufigkeiten und trage sie in eine Häufigkeitstabelle ein.

15

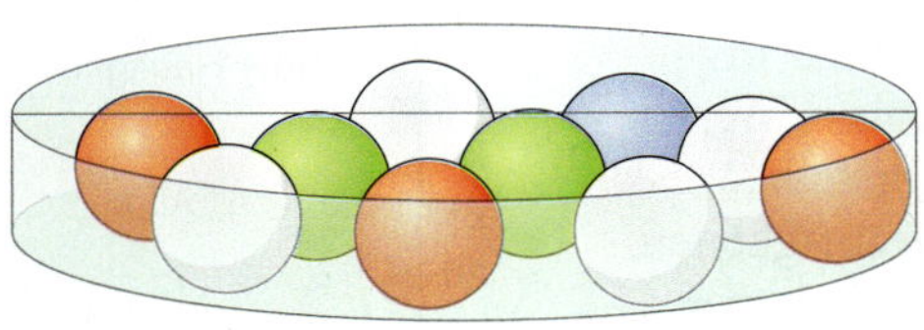

Ergebnis	weiß	rot	grün	blau
absolute Häufigkeit	38	31	21	10

Streifendiagramm

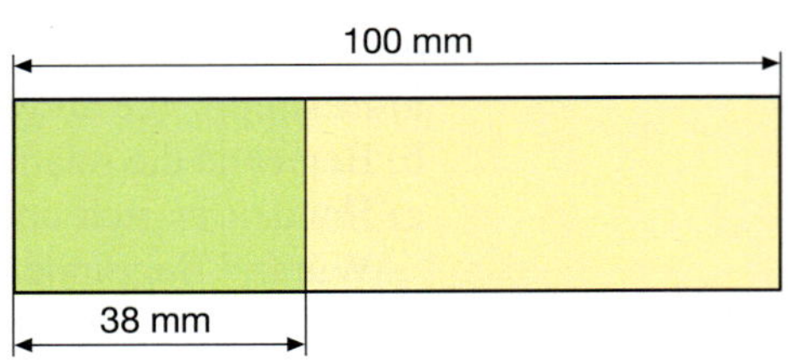

Aus der abgebildeten Urne wurde mit Zurücklegen gezogen. Die absoluten Häufigkeiten der einzelnen Ergebnisse werden in einem **Streifendiagramm** veranschaulicht.

a) Begründe, warum für die Gesamtlänge des Streifens 100 mm gewählt wurde.

b) Zeichne das vollständige Streifendiagramm in dein Heft. Berechne auch die relativen Häufigkeiten.

c) In der Häufigkeitstabelle findest du die Ergebnisse von weiteren Ziehungen. Stelle die Ergebnisse in einem Streifendiagramm dar (Gesamtlänge 100 mm).

Ergebnis	weiß	rot	grün	blau
absolute Häufigkeit	22	14	10	4

d) Vergleiche die Streifendiagramme miteinander. Was stellst du fest?

e) Berechne die relativen Häufigkeiten. Vergleiche sie mit den in b) berechneten.

16

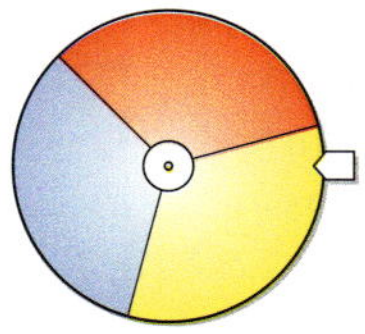

Ergebnis	blau	rot	gelb
absolute Häufigkeit	29	33	38

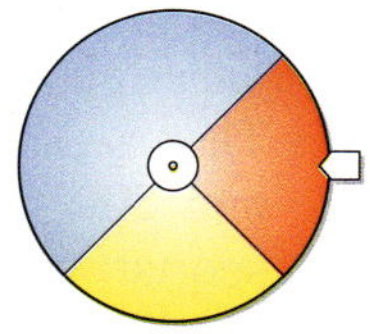

Ergebnis	blau	rot	gelb
absolute Häufigkeit	23	12	15

Die abgebildeten Glücksräder wurden unterschiedlich oft gedreht.

a) Berechne für beide Glücksräder die relativen Häufigkeiten und trage sie in jeweils eine Tabelle ein.

b) Stelle die Häufigkeiten jeweils in einem Streifendiagramm dar (Gesamtlänge 10 cm). Berechne dazu die Länge der einzelnen Abschnitte.

c) Vergleiche die Diagramme miteinander.

> Ergebnis: blau
> absolute Häufigkeit: 29
> relative Häufigkeit: $\frac{29}{100}$
> Länge des zum Ergebnis „blau“ gehörigen Abschnitts:
> $\frac{29}{100}$ von 100 mm = 29 mm

17 Das abgebildete Glücksrad wurde mehrere Male gedreht, die absoluten Häufigkeiten der Ergebnisse in der Tabelle festgehalten.

a) Berechne die relativen Häufigkeiten.

b) Zeichne ein Streifendiagramm (Gesamtlänge 100 mm).

c) Ordne die Farben den Zahlen zu.

d) Welche absoluten Häufigkeiten erwartest du bei 200 Drehungen?

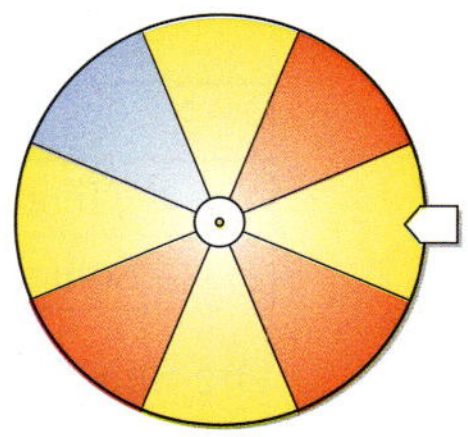

Ergebnis	Farbe 1	Farbe 2	Farbe 3
absol. Häufigkeit	46	40	14

18 Ein Glücksrad ist in zwölf gleich große Felder eingeteilt, auf jedem Feld steht eine Zahl von 1 bis 5.

Das Glücksrad wurde mehrmals gedreht, die absoluten Häufigkeiten der einzelnen Ergebnisse werden in dem Säulendiagramm grafisch dargestellt.

a) Berechne zu jeder Ziffer die relative Häufigkeit.

b) Wie viele Felder tragen deiner Meinung nach die Zahl 1, wie viele die Zahl 2 (3, 5)?

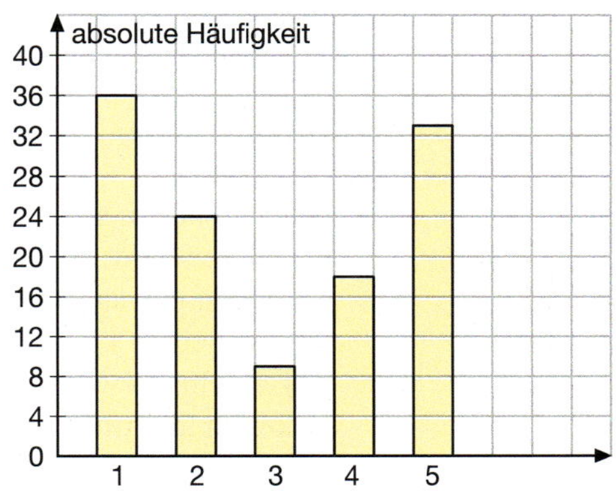

19 Führt in Partnerarbeit Zufallsexperimente mit einer Urne durch. Legt dazu gleich große Kugeln unterschiedlicher Farben in eine Urne und zieht mit Zurücklegen.

a) Bestimmt die absoluten und die relativen Häufigkeiten und notiert sie in einer Tabelle.

b) Stellt die absoluten oder die relativen Häufigkeiten in einem Säulendiagramm (einem Balkendiagramm, einem Streifendiagramm) grafisch dar.

c) Überlegt, ob ihr schon vor der Durchführung der Zufallsexperimente Aussagen über die erwartete relative Häufigkeit der Ergebnisse machen könnt.

1 Die Schülerinnen und Schüler der 6b haben eine statistische Untersuchung zum Thema „Lieblingssportart“ durchgeführt und 200 Schüler nach ihrer Lieblingssportart gefragt.
Da die Schüler zufällig ausgewählt wurden, ist auch diese Befragung ein Zufallsexperiment.
Die Ergebnisse haben sie in einer Häufigkeitstabelle festgehalten. Berechne die relativen Häufigkeiten und trage sie in eine Tabelle ein.

Lieblingssportart	absolute Häufigkeit
Fußball	76
Handball	34
Schwimmen	16
Basketball	18
Tennis	10
Kampfsport	8
Turnen	8
Volleyball	6
Sonstiges	24

2

Lieblingssportart	absolute Häufigkeit
Fußball	38
Handball	14
Schwimmen	28
Tanzen	34
Reiten	32
Volleyball	20
Turnen	10
Tennis	8
Sonstiges	16

Die Schülerinnen und Schüler der 6c haben 200 Schülerinnen ebenfalls nach ihrer Lieblingssportart gefragt.
a) Berechne die relativen Häufigkeiten und trage sie in eine Tabelle ein.
b) Stelle die Häufigkeiten in einem Säulendiagramm (Balkendiagramm) dar.

3 Die Schülerinnen und Schüler der Klasse 6a wollten wissen, wie wichtig Fernsehen, Computer, Internet, Bücher, Radio, Zeitungen und Zeitschriften für Jugendliche sind.
Deshalb haben sie 50 zufällig ausgewählte Jungen und 50 zufällig ausgewählte Mädchen gefragt, worauf sie am wenigsten verzichten könnten.
a) Berechne jeweils die relativen Häufigkeiten und trage sie in eine Tabelle ein.
b) Stelle das Ergebnis der Befragung jeweils in einem geeigneten Diagramm dar.
c) Vergleiche die Befragungsergebnisse miteinander.

Worauf kann ich am wenigsten verzichten?

	absolute Häufigkeit	
	Mädchen	Jungen
Fernsehen	15	14
Computer	8	15
Internet	7	9
Bücher	8	3
Radio	7	4
Zeitschriften	3	2
Zeitungen	2	3

4 Befragt in Gruppenarbeit 50 zufällig ausgewählte Mädchen (Jungen) nach der Anzahl der PCs (CD-Player, DVD-Player, MP3-Player, Spielkonsolen, USB-Sticks) im Haushalt. Stellt das Ergebnis der Befragung in einem geeigneten Diagramm dar.

1 Eine statistische Untersuchung zum „Freizeitverhalten“ in der Klasse 6b ergab das unten abgebildete Ergebnis.
Ist die Behauptung von Sebastian richtig? Begründe.

Fernsehzeiten an einem Wochentag:
16 Mädchen insgesamt 40 h
12 Jungen insgesamt 33 h

2 „Die Jungen in unserer Klasse sind im Durchschnitt genau so groß wie die Mädchen“. behauptet Johanna. Hat Johanna Recht?

Körpergröße der Jungen (cm)							
150	151	153	162	154	177	159	158
164	167	162	151	159			

Körpergröße der Mädchen (cm)							
163	149	144	172	149	157	143	149
172	171	145	170	154	174	158	

Körpergewicht (kg)					
56	47	53	61	44	72

Handelt es sich bei Daten um Zahlen, kannst du das arithmetische Mittel $\overline{x}$ (*lies:* x quer) berechnen.

Arithmetisches Mittel:

$$\overline{x} = \frac{56 + 47 + 53 + 61 + 44 + 72}{6}$$

$$\overline{x} = 55{,}5$$

$$\overline{\mathbf{x}} = \frac{\textbf{Summe aller Daten}}{\textbf{Anzahl der Daten}}$$

3 Tobias hat an zehn Tagen die Zeitdauer aufgeschrieben, die er für seine Hausaufgaben benötigt.
Berechne das arithmetische Mittel.

Dauer der Hausaufgaben (min)									
32	46	50	67	36	40	39	35	60	65

4 Die 14 Mädchen der Klasse 6a lassen sich gemeinsam auf einer Pkw-Waage wiegen. Ihr Gesamtgewicht beträgt 680 kg. Das Gesamtgewicht der 15 Jungen beträgt 684 kg. Berechne für Mädchen und Jungen jeweils das Durchschnittsgewicht. Runde auf eine Nachkommastelle.

5 Marco, Tobias und Stefan wollen gemeinsam ihren Geburtstag feiern. Für die Vorbereitung hat Marco 25 €, Tobias 19 € und Stefan 28 € ausgegeben.
Mache einen Vorschlag, wie sie die Kosten gerecht verteilen können.

6 Die Schülerinnen und Schüler haben eine Umfrage zur Anzahl der Fernseher im Haushalt gemacht. Nun wollen sie berechnen, wie viele Fernseher durchschnittlich pro Haushalt vorhanden sind. Es gibt unterschiedliche Rechenwege.

Anzahl der Fernseher	absolute Häufigkeit
1	18
2	20
3	7
4	5

7 So kannst du mithilfe der absoluten Häufigkeiten berechnen, wie viele Kinder im Durchschnitt in einer der 50 befragten Familien leben:

1. Multipliziere jede Anzahl mit der zugehörigen absoluten Häufigkeit.
2. Addiere die berechneten Produkte.
3. Dividiere die Summe durch die Anzahl der Daten.

Anzahl der Kinder	absolute Häufigkeit	Produkt
1	25	$1 \cdot 25 = 25$
2	19	$2 \cdot 19 = 38$
3	4	$3 \cdot 4 = 12$
4	2	$4 \cdot 2 = 8$
Summe	50	83

$$\overline{x} = \frac{1 \cdot 25 + 2 \cdot 19 + 3 \cdot 4 + 4 \cdot 2}{50} = \frac{83}{50} = 1{,}66$$

Bei einer anderen Umfrage wurden 40 Familien befragt.
In der Statistik wird auch gesagt: Es wurde eine **Stichprobe** vom **Umfang** 40 genommen.
Berechne das arithmetische Mittel.

Anzahl der Kinder	absolute Häufigkeit
1	18
2	10
3	7
4	4
5	1

8 In der Urliste findest du die Daten einer Umfrage zum Thema „Taschengeld pro Monat".

Taschengeld pro Monat (€)
20 24 16 12 16 20 24 25 16 12 10
10 12 16 24 20 12 10 10 12 10 16
10 10 12 16 12 16 20 12 16 12 16
12 12 20 16 10 12 16

Lege eine Häufgkeitstabelle an und berechne das arithmetische Mittel mithilfe der absoluten Häufigkeiten.

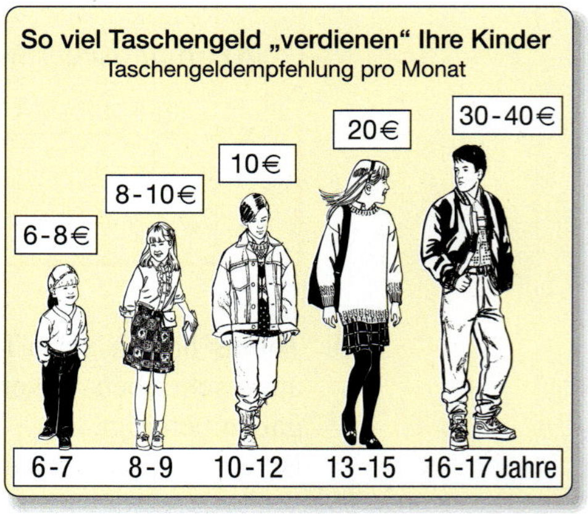

9 Bei einer Verkehrszählung wurde die Anzahl der Personen pro Pkw in einer Urliste erfasst.
Berechne das arithmetische Mittel mithilfe der absoluten Häufigkeiten.

Anzahl der Personen pro Pkw
1 1 2 1 2 2 3 2 1 1 2 2 1 1 1 3
4 1 3 5 3 1 2 1 2 3 2 1 1 1 3 2
4 2 1 1 2 1 1 2 2 2 2 3 1 4 1 3
4 1

1 

Die Schülerinnen und Schüler einer 6. Klasse bauen für ein Schulfest das abgebildete Glücksrad.

a) Was müssen sie beim Einteilen des Glücksrades in die verschiedenfarbigen Felder besonders beachten?

b) Die Schülerinnen und Schüler drehen das Glücksrad 100-mal nacheinander. Die absoluten Häufigkeiten der Ergebnisse halten sie in einer Häufigkeitstabelle fest.

Übertrage die Tabelle in dein Heft und bestimme die relativen Häufigkeiten. Was stellst du fest?

Ergebnis	absolute Häufigkeit	relative Häufigkeit
1	20	
2	18	
3	22	
4	21	
5	19	
Summe	100	

c) Welche relativen Häufigkeiten erwartest du bei 1000 Versuchen?

2 Bei welchem der folgenden Zufallsexperimente ist die Gewinnchance am größten, wenn nur das Ergebnis „1“ einen Gewinn erzielt?

a) Du wirfst einen Spielwürfel.

b) Du wirfst eine Centmünze.

c) Du drehst ein Glücksrad, auf dem die Zahlen von 1 bis 8 stehen.

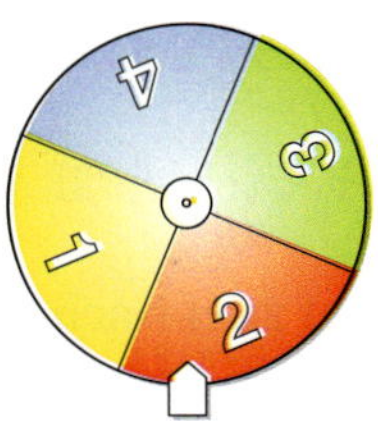

3 Ein Glücksrad ist in vier gleich große Felder mit den Zahlen 1, 2, 3 und 4 eingeteilt.

a) Wie oft wird wahrscheinlich jedes Feld bei insgesamt 100 Versuchen an der Reihe sein?

b) Ist diese Zahl genau vorhersagbar?

c) Welche relative Häufigkeit erwartest du für die Zahl 4 (1, 2, 3) bei 1000 Versuchen?

Bei einem **Zufallsexperiment** wird die erwartete **relative Häufigkeit** eines Ergebnisses die **Wahrscheinlichkeit** des Ergebnisses genannt.
Die Wahrscheinlichkeit lässt sich oft mithilfe eines **Anteils** bestimmen.

Zufallsexperiment:
Ein Würfel wird einmal geworfen.

Mögliche Ergebnisse: 1, 2, 3, 4, 5, 6

Anzahl der Ergebnisse: 6

Wahrscheinlichkeit für jedes Ergebnis: $\frac{1}{6}$

4 Bestimme die Wahrscheinlichkeit für folgende Ergebnisse:
a) Beim Würfeln mit einem Spielwürfel liegt die „3" oben.
b) Nach dem Werfen einer Münze liegt die „Zahl" oben.
c) Nach dem Drehen eines Glücksrades mit den gleich großen Feldern von 1 bis 8 steht der Zeiger auf der „7".

5 Aus der abgebildeten Urne wird mit geschlossenen Augen eine Kugel herausgenommen, die Farbe festgestellt und die Kugel wieder zurückgelegt.
In dem Beispiel wird die Wahrscheinlichkeit für das Ziehen einer gelben Kugel bestimmt.
Gib die Wahrscheinlichkeit für das Ziehen einer roten (weißen, blauen) Kugel an.

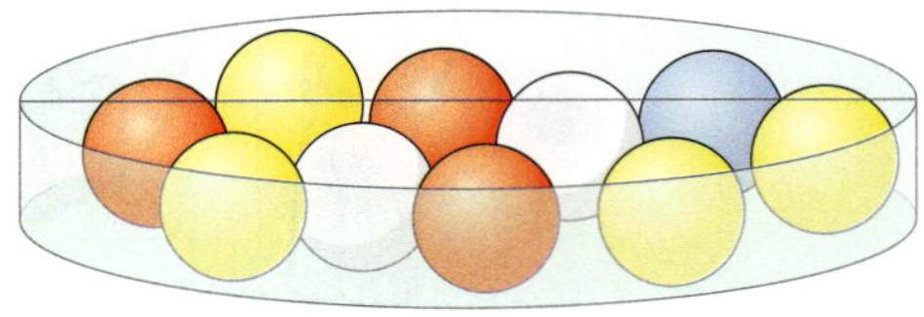

Anteil der gelben Kugeln: 4 von 10 = $\frac{4}{10} = \frac{2}{5}$

Die Wahrscheinlichkeit für das Ziehen einer gelben Kugel beträgt: $\frac{2}{5}$

6 a) Bestimme für jedes Glücksrad den Anteil der blauen Farbe an der Gesamtfläche.
b) Gib jeweils die Wahrscheinlichkeit für das Ergebnis „blaues Feld" an.

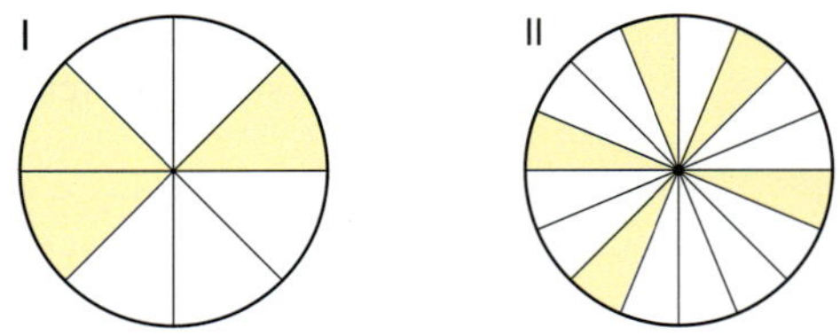

7 Zeichne ein Glücksrad (Radius 4 cm) und teile es in farbige Felder ein. Die farbigen Anteile sollen dabei den angegebenen Wahrscheinlichkeiten entsprechen.
a) orange $\frac{1}{2}$; blau $\frac{1}{3}$; weiß $\frac{1}{6}$
b) grün $\frac{1}{8}$; rot $\frac{1}{2}$; gelb $\frac{1}{8}$; blau $\frac{1}{4}$

8 In einer Lostrommel befinden sich 90 Nieten, neun Gewinnlose und ein Hauptgewinn. Wie groß ist die Wahrscheinlichkeit, dass eine Niete (ein Gewinnlos, der Hauptgewinn) gezogen wird?

9 Von den 14 Jungen der Klasse 6c kommen acht regelmäßig mit dem Fahrrad zu Schule, während nur fünf von 15 Mädchen das Fahrrad benutzen.
a) Wie groß ist die Wahrscheinlichkeit, dass ein zufällig ausgewähltes Mädchen (ein zufällig ausgewählter Junge) der 6c mit dem Fahrrad zur Schule kommt?
Gib die Wahrscheinlichkeit als Bruch und als Dezimalbruch an. Runde auf zwei Nachkommastellen.
b) Wie groß ist die Wahrscheinlichkeit, dass ein zufällig ausgewähltes Mitglied der Klasse für seinen Schulweg ein Fahrrad benutzt?

10 Die Tabelle zeigt dir, wie sich die Blutgruppen auf 50 Schülerinnen und Schüler des 6. Jahrganges verteilen. Aus dieser Gruppe wird eine Person zufällig ausgewählt.
Wie groß ist die Wahrscheinlichkeit, dass diese Person die Blutgruppe A (B, AB, 0) hat? Gib die Wahrscheinlichkeit jeweils als Dezimalbruch an.

Blutgruppe	absolute Häufigkeit
A	21
B	7
AB	3
0	19

11 Kristin und Marcel wollen dreimal hintereinander eine Münze werfen. Sie überlegen, wie groß die Wahrscheinlichkeit dafür ist, dass dreimal hintereinander „Zahl" fällt.
Mithilfe eines **Baumdiagramms** wollen sie alle möglichen Ergebnisse des Zufallsexperiments bestimmen.

a) Übertrage des Baumdiagramm in dein Heft und bestimme alle möglichen Ergebnisse.

b) Kannst du Kristin und Marcel helfen?

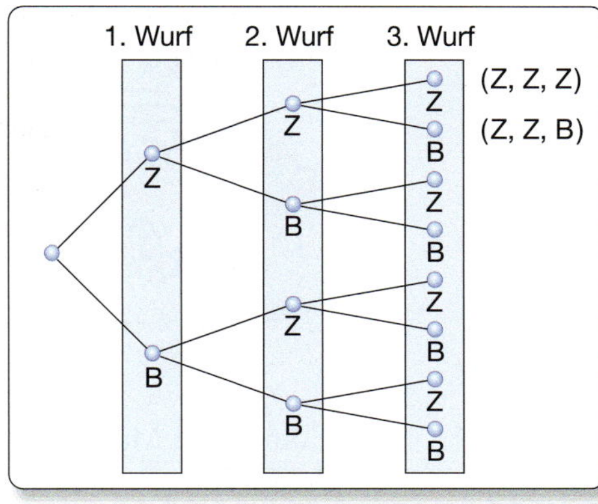

12

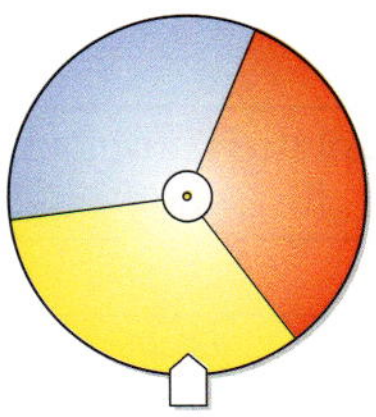

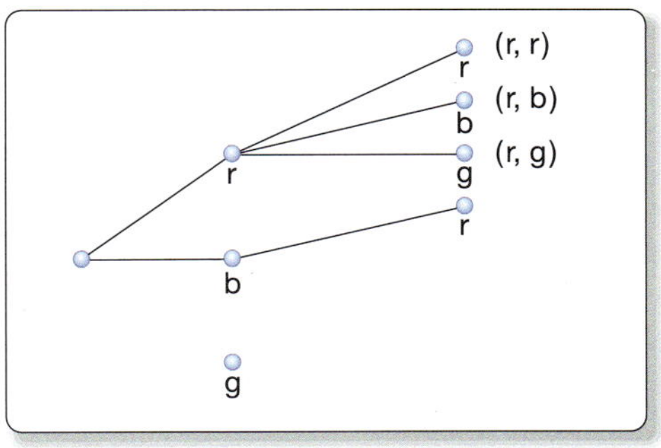

Das abgebildete Glücksrad soll zweimal nacheinander gedreht werden.

a) Übertrage das Baumdiagramm in dein Heft und vervollständige es.

b) Gib alle möglichen Ergebnisse des Zufallsexperiments an.

c) Wie groß ist die Wahrscheinlichkeit dafür, dass zweimal nacheinander „rot" gedreht wird?

13 Aus der abgebildeten Urne soll eine Kugel gezogen, ihre Farbe notiert und dann wieder zurückgelegt werden. Nach einem Mischen der Kugeln soll dann eine weitere Kugel gezogen werden.

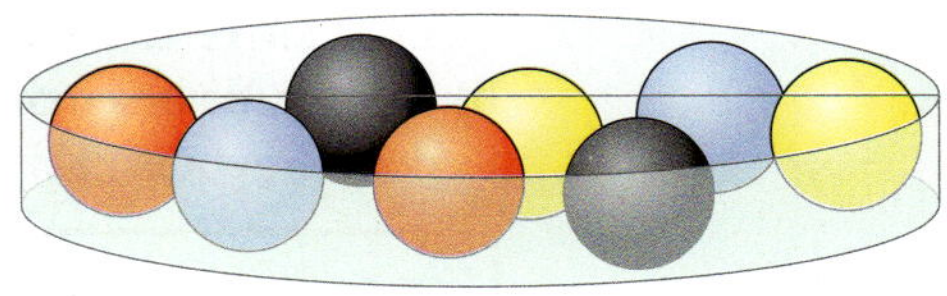

a) Zeichne das zugehörige Baumdiagramm und gib alle möglichen Ergebnisse an.

b) Wie groß ist die Wahrscheinlichkeit dafür, dass beide gezogenen Kugeln gelb sind?

14 Ein Glücksrad mit zehn gleichgroßen Feldern, die die Zifern von 0 bis 9 tragen, wird zweimal gedreht.

a) Überlege, wie ein zugehöriges Baumdiagramm aussehen müsste. Wie viele unterschiedliche Ergebnisse gibt es?

b) Wie groß ist die Wahrscheinlichkeit dafür, dass die Zahl „67" gedreht wird?

15 Bei dem abgebildeten Zahlenschloss kann man auf jedem einzelnen Ring die Ziffern von 0 bis 9 einstellen. Thilo möchte die richtige Kombination einstellen.

a) Wie viele unterschiedliche Ergebnisse gibt es?

b) Wie groß ist die Wahrscheinlichkeit dafür, dass Thilo zufällig sofort die richtige Kombination einstellt?

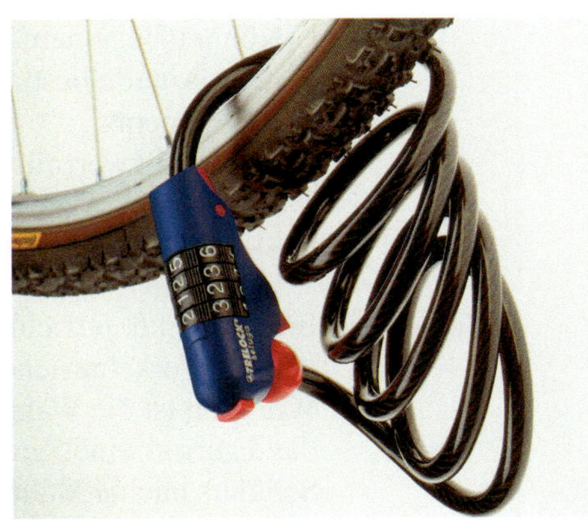

1

Tanja und Marco haben an einer verkehrsreichen Kreuzung bei 1000 Pkws gezählt, wie viele Personen jeweils in einem Fahrzeug sitzen. Das Ergebnis ihrer Untersuchung haben sie in einer Häufigkeitstabelle zusammengefasst.
Schätze die Wahrscheinlichkeit dafür, dass ein mit zwei Personen (mit einer Person, mit drei Personen) besetzter Pkw diese Kreuzung befährt?

2 Peter möchte wissen, wie groß beim Werfen einer Heftzwecke die Wahrscheinlichkeit für das Ergebnis „Kopf" ist.
Er hat dazu mehrmals hintereinander eine Heftzwecke geworfen und die absolute Häufigkeit für das Ergebnis „Kopf" in der Häufigkeitstabelle festgehalten.

a) Berechne zu jeder Gesamtzahl die zugehörige relative Häufigkeit.

b) Welche Wahrscheinlichkeit ordnest du dem Ergebnis „Kopf" zu? Begründe.

Gesamtzahl der Versuche	absolute Häufigkeit für „Kopf"
10	3
50	24
100	41
500	225
1000	435

Zufallsexperiment: Befragung einer zufällig ausgewählten Person nach ihrer Blutgruppe.
Untersuchungsergebnis bei 10000 zufällig ausgewählten Personen

Ergebnis	absolute Häufigkeit
A	4209
B	1280
AB	705
0	3806

Ergebnis: Die Person hat Blutgruppe A.

Wahrscheinlichkeit für das Ergebnis:

$\frac{4209}{10\,000} = 0{,}4209$

Können bei einem Zufallsexperiment die Wahrscheinlichkeiten nicht mithilfe geeigneter Anteile bestimmt werden, betrachtet man bereits erfolgte Durchführungen des Experiments.
Als Schätzwert für die Wahrscheinlichkeit eines Ergebnisses wird die vorher ermittelte relative Häufigkeit des Ergebnisses genommen.

3 Im Technikunterricht wurden Fahrräder auf ihre Verkehrssicherheit hin überprüft. Wie groß ist die Wahrscheinlichkeit, dass das Fahrrad eines zufällig ausgewählten Schülers leichte Mängel (erhebliche Mängel, keine Mängel) aufweist?

Ergebnis	absolute Häufigkeit
keine Mängel	75
leichte Mängel	115
erhebliche Mängel	60

Versuche, bei denen sich die **Ergebnisse** nicht sicher vorhersagen lassen, sondern zufällig zustande kommen, heißen **Zufallsexperimente**.

Ergebnisse von Zufallsexperimenten können in **Urlisten** gesammelt, mit **Strichlisten** geordnet und in einer **Häufigkeitstabelle** dargestellt werden.
Dabei werden die **relativen Häufigkeiten** der einzelnen Ergebnisse berechnet, indem du die **absoluten Häufigkeiten** durch die Gesamtzahl der Versuche dividierst.

Zufallsexperiment: Werfen einer Münze

Urliste

B Z B B Z Z Z B B
B B Z Z B Z B Z Z
Z B Z B Z Z Z B

Strichliste

Bild: |||| |||| ||
Zahl: |||| |||| |||

Häufigkeitstabelle

Ergebnis	absolute Häufigkeit	relative Häufigkeit
Bild	12	$\frac{12}{25} = 0{,}48$
Zahl	13	$\frac{13}{25} = 0{,}52$

Die Häufigkeiten der Ergebnisse können in unterschiedlichen Diagrammformen dargestellt werden.

Säulendiagramm

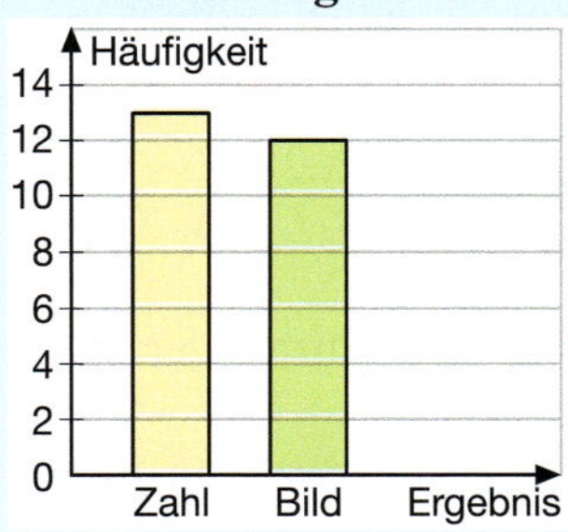

Balkendiagramm

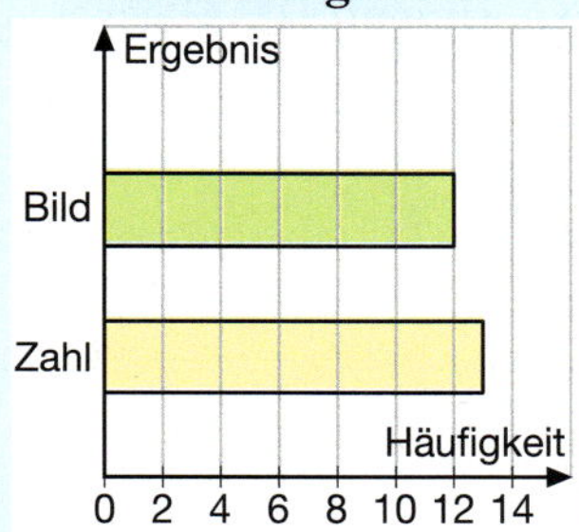

Streifendiagramm

Handelt es sich bei den Daten um Zahlen, kannst du das **arithmetische Mittel $\overline{x}$** berechnen.

Statistische Untersuchung der Körpergröße:

Körpergröße (cm)
148 165 164 158 160

Arithmetisches Mittel $\overline{x}$:

$$\overline{x} = \frac{148 + 165 + 164 + 158 + 160}{5}$$

$$\overline{x} = 159$$

$$\overline{\mathbf{x}} = \frac{\textbf{Summe aller Daten}}{\textbf{Anzahl der Daten}}$$

Bei einem Zufallsexperiment wird die **erwartete relative Häufigkeit** eines Ergebnisses die **Wahrscheinlichkeit** des Ergebnisses genannt.

Die Wahrscheinlichkeit lässt sich oft mithilfe eines **Anteils** bestimmen.

Zufallsexperiment: Ziehen einer Kugel aus der Urne

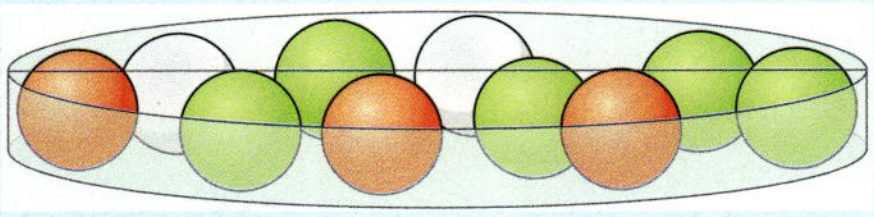

Mögliche Ergebnisse: weiß, rot, grün

Anteil der weißen Kugeln: $\frac{2}{10} = 0{,}2$

Die Wahrscheinlichkeit für das Ziehen einer weißen Kugel beträgt $\frac{2}{10} = 0{,}2$.

Sind alle Ergebnisse gleichwahrscheinlich, musst du nur die Anzahl aller Ergebnisse bestimmen.

Zufallsexperiment: Das Glücksrad wird einmal gedreht.

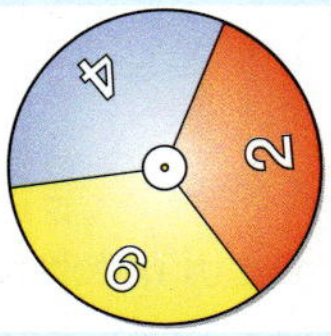

Mögliche Ergebnisse: 2, 4, 6

Anzahl der Ergebnisse: 3

Wahrscheinlichkeit für jedes Ergebnis: $\frac{1}{3}$

Zufallsexperiment: Das Glücksrad wird zweimal gedreht.

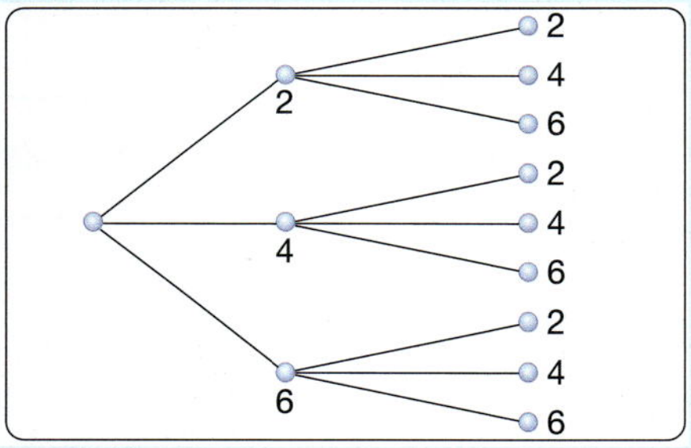

Mögliche Ergebnisse:
(2, 2); (2, 4); (2, 6); (4, 2); (4, 4); (4, 6); (6, 2); (6, 4); (6, 6)

Anzahl der Ergebnisse: 9

Wahrscheinlichkeit für jedes Ergebnis: $\frac{1}{9}$

Können die Wahrscheinlichkeiten nicht mithilfe geeigneter Anteile bestimmt werden, betrachtet man bereits erfolgte Durchführungen des Zufallsexperiments.
Als Schätzwert für die Wahrscheinlichkeit eines Ergebnisses wird dann die vorher ermittelte relative Häufigkeit des Ergebnisses genommen.

Zufallsexperiment: Ein zufällig ausgewählter Pkw wird auf seine Verkehrssicherheit hin überprüft.

Ergebnis bei 1000 überprüften Pkws:

Ergebnis	absolute Häufigkeit
keine Mängel	815
leichte Mängel	154
erhebliche Mängel	31

Ergebnis: Der Pkw hat leichte Mängel.

Wahrscheinlichkeit für das Ergebnis:

$\frac{154}{1000} = 0{,}154$

1 Tilman hat einen Würfel fünfzigmal geworfen und die Ergebnisse seines Zufallsexperiments in einer Urliste aufgeschrieben.

a) Bestimme die absoluten Häufigkeiten mithilfe einer Strichliste.

b) Stelle die absoluten Häufigkeiten in einem Säulendiagramm dar.

c) Berechne die relativen Häufigkeiten und trage sie in eine Häufigkeitstabelle ein.

d) Berechne das arithmetische Mittel der Augenzahlen.

Ergebnisse beim Werfen eines Würfels

5	6	1	2	1	2	1	4	4	5	3	2	1	2	3	4	1
6	5	3	4	3	5	6	6	4	6	2	5	3	4	6	6	3
2	2	3	1	1	3	4	5	4	4	5	5	3	1	2	3	

2

Anzahl der Personen pro Pkw

1	1	2	1	2	3	3	4	3	2	1	2	3	2	1	1	1
1	2	3	5	4	2	3	1	1	2	1	3	2	1	1	2	1
1	2	1	3	1	2	3	4	5	1	4	3	2	1	1	2	

Bei einer Verkehrszählung wurde die Anzahl der Personen pro Pkw in einer Urliste erfasst.

a) Bestimme die absoluten Häufigkeiten mithilfe einer Strichliste.

b) Stelle die absoluten Häufigkeiten in einem Balkendiagramm dar.

c) Berechne die relativen Häufigkeiten und trage sie in eine Häufigkeitstabelle ein.

d) Berechne das arithmetische Mittel mithilfe der absoluten Häufigkeiten.

3

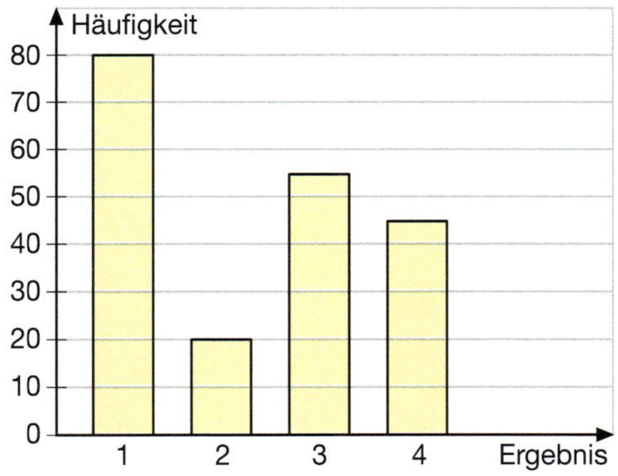

Das abgebildete Glücksrad wurde 200-mal gedreht. Die absoluten Häufigkeiten der Ergebnisse werden in dem Säulendiagramm dargestellt.

a) Berechne die relativen Häufigkeiten und stelle sie in einer Tabelle dar.

b) Welche Ziffer tragen die Felder mit Fragezeichen? Begründe deine Meinung.

4 In der Urliste findest du die Daten einer Umfrage zum Thema „Taschengeld pro Monat“.

a) Lege eine Häufigkeitstabelle an.

b) Berechne das arithmetische Mittel mithilfe der absoluten Häufigkeiten.

Taschengeld pro Monat (€)

20	24	16	12	16	20	24	12	16	12	10
10	12	16	24	20	12	10	10	12	10	16
10	10	12	16	12	16	20	12	16	12	16
12	12	20	16	10	12	16	10	16	12	16
24	12	16	10	16	12					

5 In der Klasse 6b sind 14 Mädchen und 15 Jungen. Für eine Veranstaltung soll aus jeder Klasse ein Vertreter ausgewählt werden. Die Schülerinnen und Schüler der 6b wollen das Los entscheiden lassen.

a) Wie groß ist die Wahrscheinlichkeit, dass das Los auf Stefanie aus der 6b fällt?

b) Wie groß ist die Wahrscheinlichkeit, dass ein Mädchen (Junge) ausgelost wird?

6 Auf der Kirmes gibt es an der Losbude einen Hauptgewinn im Wert von 100 €, zehn Gewinne im Wert von jeweils 15 €, 50 Kleingewinne im Wert von jeweils 3 €, 100 Freilose und 839 Nieten.

a) Wie groß ist die Wahrscheinlichkeit für einen Hauptgewinn (einen Gewinn, einen Kleingewinn, ein Freilos, eine Niete)?

b) Kann der Besitzer der Losbude noch Gewinn machen, wenn jedes Los 1 € kostet?

7 In einer Urne befinden sich zwanzig gleichartige Kugeln. Davon sind sechs rot, sieben weiß, drei schwarz und vier Kugeln blau gefärbt. Eine Kugel wird aus der Urne gezogen. Berechne die Wahrscheinlichkeiten aller möglichen Ergebnisse.

8 Ein Glücksrad soll in gleichgroße Felder eingeteilt werden, die entweder rot oder weiß oder grün sind. Welche Einteilung wählst du, wenn die Wahrscheinlichkeit für ein rotes Feld $\frac{1}{4}$ für ein grünes Feld $\frac{3}{8}$ und ein weißes Feld $\frac{3}{8}$ betragen soll?

9

Der Bevölkerungsaufbau in der Bundesrepublik Deutschland (100 000 zufällig ausgewählte Einwohner)	
Lebensalter	absolute Häufigkeit
unter 20 Jahre	21 309
20 bis 60 Jahre	55 688
60 bis unter 80 Jahre	18 959
80 Jahre und älter	4 044

Von 100 000 zufällig ausgewählten Einwohnern der Bundesrepublik wurde das Lebensalter ermittelt. Das Ergebnis wird in der Häufigkeitstabelle dargestellt.

a) Wie groß ist die Wahrscheinlichkeit dafür, dass ein zufällig ausgewählter Einwohner der Bundesrepublik unter 20 Jahre (20 bis unter 60 Jahre, 60 bis unter 80 Jahre) alt ist?

b) Informiere dich über den aktuellen Bevölkerungsaufbau.

10 Ein Ikosaeder ist ein regelmäßiger Körper, dessen Oberfläche aus zwanzig gleich großen Dreiecksflächen besteht. Diese Dreiecksflächen tragen hier die Zahlen von 1 bis 20. Mit dem Ikosaeder wird einmal gewürfelt. Wie groß ist die Wahrscheinlichkeit, dass die gewürfelte Zahl größer als 15 (kleiner als 7, ungerade, ein Vielfaches von 3) ist?

11 Für ein Zufallsexperiment stehen dir eine Urne und gleichartige rote, blaue, grüne und weiße Kugeln zur Verfügung. Es soll eine Kugel aus der Urne gezogen werden. Die Wahrscheinlichkeit dafür, dass eine rote Kugel gezogen wird, soll 0,1 betragen, die Wahrscheinlichkeit für eine blaue Kugel 0,3, für eine weiße Kugel 0,2 und für eine grüne Kugel 0,4. Wie viele Kugeln von jeder Farbe musst du in die Urne legen, wenn die Urne insgesamt 10 (50, 70) Kugeln enthalten soll?

12 Das abgebildete Kartenspiel besteht aus 32 Karten: Sieben, Acht, Neun, Zehn, Bube, Dame, König, As in den Farben Karo, Herz, Pik und Kreuz. Aus dem vollständigen Kartenspiel soll eine Karte gezogen werden.

a) Wie groß ist die Wahrscheinlichkeit, dass die gezogene Karte eine Herz-Karte (ein Bube, eine rote Karte) ist?

b) Wie groß ist die Wahrscheinlichkeit, dass die gezogene Karte die Karo-Sieben (ein schwarzer König, ein Bild) ist?

13 Die Tabelle zeigt dir, wie sich 20 000 zufällig ausgewählte Fahrzeuge in der Bundesrepublik Deutschland auf die unterschiedlichen Fahrzeugarten verteilen. Kristin und Stefan stehen an einer Straße und beobachten den Verkehr.

a) Wie groß ist die Wahrscheinlichkeit dafür, dass das nächste Fahrzeug ein Pkw (Lkw, Omnibus) ist?

b) Wie groß ist die Wahrscheinlichkeit, dass das nächste Fahrzeug ein motorgetriebenes Zweirad ist?

Fahrzeugart	absolute Häufigkeit
Mofas, Mokicks, Mopeds	625
Krafträder	1311
Pkw	16444
Omnibusse	32
Zugmaschinen	359
Lkw	980
übrige Kraftfahrzeuge	249

14

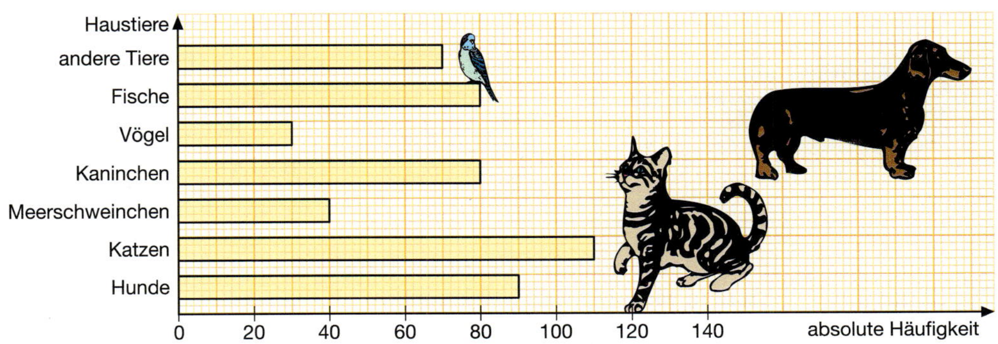

Eine Umfrage unter Haustierbesitzern führte zu dem in dem Balkendiagramm dargestellten Ergebnis.

a) Ein zufällig ausgewählter Haustierbesitzer wird gefragt, was für ein Haustier er hat. Bestimme die Wahrscheinlichkeiten aller möglichen Ergebnisse.

b) Informiere dich über die aktuellen Anteile.

1 Hanse, auch Deutsche Hanse, ist die Bezeichnung für die zwischen Mitte des 12. Jahrhunderts und Mitte des 17. Jahrhunderts bestehenden Vereinigungen deutscher Kaufleute mit dem Ziel, ihre wirtschaftlichen Interessen besonders im Ausland besser vertreten zu können. Aus ihr entstand der Städtebund der Hanse, in dem sich die Hansestädte zusammenschlossen und ihre Interessen gegenüber anderen Nationen sowie dem Kaiser vertraten. In den Zeiten ihrer größten Ausdehnung waren beinahe 200 See- und Binnenstädte Nordeuropas in der Hanse zusammengeschlossen.

Suche weitere Informationen zur Hanse.

Seit dem 12. Jahrhundert wurden Koggen als Handelsschiffe eingesetzt. Dieser neue Schiffstyp war für die Hansekaufleute von großer Bedeutung. In vielen Stadtwappen von Hansestädten sind Koggen zu sehen.

In der Tabelle findest du sechs Hansestädte in Mecklenburg-Vorpommern.

a) Ordne die Städte nach ihrem Alter (nach ihrer Mitgliedschaft in der Hanse).

b) Suche weitere Hansestädte, zu denen von diesen Städten Handelsrouten führen. Welche Handelswaren wurden transportiert?

	erste urkundliche Erwähnung	Mitglied der Hanse seit
Anklam	1243	1283
Demmin	1249	1358
Greifswald	1248	1278
Rostock	1161	1259
Stralsund	1234	1293
Wismar	1229	1259

2

In der Tabelle findest du die Entwicklung der Bevölkerung der Hansestadt Rostock.

a) Stelle die Entwicklung in einem Säulendiagramm dar. Wähle eine geeignete Einteilung.

b) Kannst du die Veränderungen der Bevölkerungszahlen erklären?

Jahr	Bevölkerung	davon	
		männlich	weiblich
1378	10785		
1860	25322	11925	13397
1900	54713	25777	28936
1933	89990	42915	47915
1940	126401		
1945	72787		
1955	150004	71194	78810
1970	198636	94227	104409
1988	253990	123502	130488
2000	200506	98542	101964
2003	198303	97567	100737

3 Kulturreiche Reiseziele in Mecklenburg-Vorpommern

Wismar – Rostock – Stralsund – Greifswald – Demmin – Anklam

6 Hansestädte – 6 gute Gründe, nach Mecklenburg-Vorpommern zu reisen: Backsteingotik, historische Marktplätze, Kirchen und Klöster, Giebelhäuser, Häfen, Stadttore, technische Denkmale.

	Bevölkerung (Stand 2005)
Anklam	15000
Demmin	13000
Greifswald	59800
Rostock	199000
Stralsund	58900
Wismar	45900

Für die alten Hansestädte in Mecklenburg-Vorpommern ist der Tourismus eine wichtige Einnahmequelle geworden. In der Tabelle findest du die heutigen Bevölkerungszahlen der sechs Hansestädte. Stelle sie in einem Balkendiagramm dar.

4 Mithilfe eines Gruppenpuzzles sollen die rechts abgebildeten Themen erarbeitet werden.
Dazu werden zunächst vier Stammgruppen zu den vier Themen gebildet.
Jede Stammgruppe schickt dann jeweils mindestens ein Gruppenmitglied in sechs Expertengruppen, die alle Informationen zu den einzelnen Hansestädten aufbereiten.
Die Experten kehren danach zurück in die Stammgruppen und berichten.

Die Bevölkerungsentwicklung seit den Zeiten der Hanse

Übernachtungsmöglichkeiten (Betten und Zimmer) – Übernachtungskosten

Anreise mit öffentlichen Verkehrsmitteln (Reisedauer – Reisekosten)

Touristische Ziele (Öffnungszeiten, Eintrittskosten)

Beachtet die Hinweise auf der nächsten Seite!

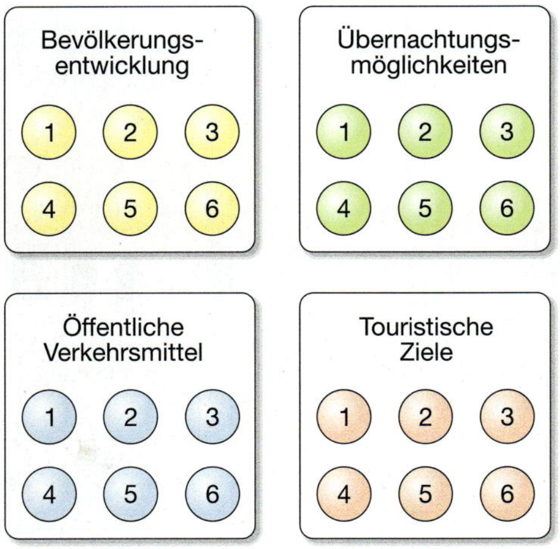

Erste Phase – Stammgruppe

1. Der Arbeitsplatz wird eingerichtet. Alle Arbeitsmaterialien werden zurechtgelegt.
2. Die Gruppenarbeit beginnt mit einer gemeinsamen Besprechung der Aufgabenstellung.
3. Die Gruppe wird aufgeteilt (nach dem Zufallsprinzip oder durch eine vorgegebene Einteilung).
4. Alle Gruppenmitglieder notieren die wichtigen Ergebnisse.

Zweite Phase – Expertengruppe

1. Alle Teilnehmer mit dem gleichen Thema treffen sich in den Expertengruppen.
2. Die Aufgabenstellung wird diskutiert.
3. Der Arbeitsauftrag wird durchgeführt, offene Fragen werden geklärt, die wichtigen Aussagen werden formuliert.
4. Alle Gruppenmitglieder notieren in Stichworten die Ergebnisse für ihre Stammgruppe.

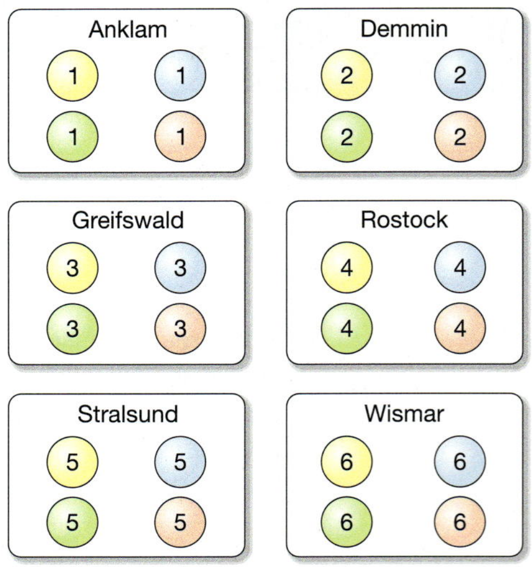

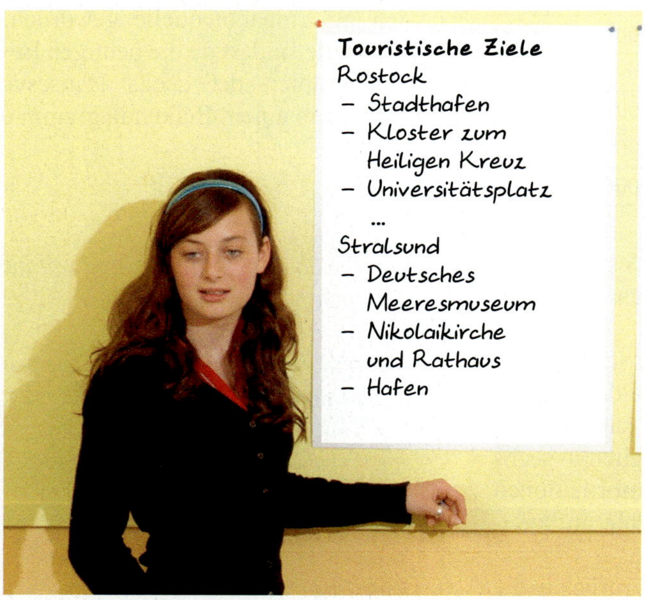

Dritte Phase – Stammgruppe

1. Alle Schüler berichten über den Verlauf und die Ergebnisse aus der zweiten Phase.
2. Die Gruppe berät erneut.
3. Folien, Plakate werden für die Präsentation der Arbeitsergebnisse angefertigt.
4. Die Präsentationsaufgaben werden im Team verteilt.
5. Das Ergebnis der Gruppenarbeit wird in der Klasse vorgestellt.

1 In den Abbildungen erkennst du viele Dreiecke. Versuche dafür eine Erklärung zu finden.

2

Die Querverbindungen des Baugerüstes bilden zusammen mit anderen Teilen Dreiecke.

Warum haben die Bauarbeiter derartige Querverbindungen angebracht?

Überprüft eure Vermutungen, indem ihr aus Trinkhalmen ein Rechteck, ein Quadrat und ein Dreieck baut.
Wie stabil sind die einzelnen Figuren?
Könnt ihr die Stabilität einzelner Figuren verbessern?

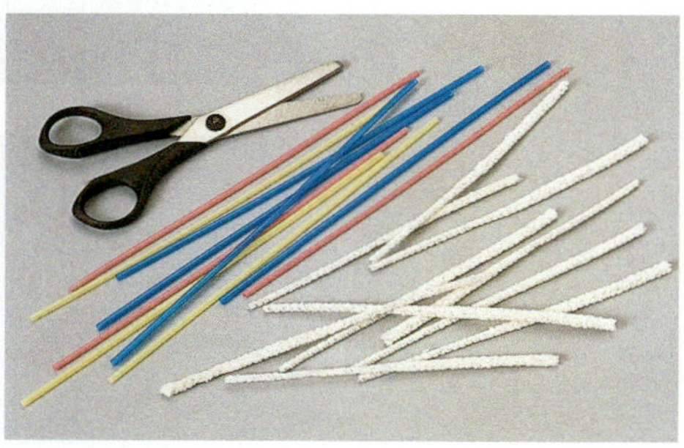

3

Aus den abgebildeten Trinkhalmen will Gülsen ein Dreieck bauen. Einen 18 cm langen Halm hat sie bereits in der Hand. Zwei weitere Halme muss sie noch auswählen. Welche Möglichkeiten hat sie? Begründe deine Antwort.

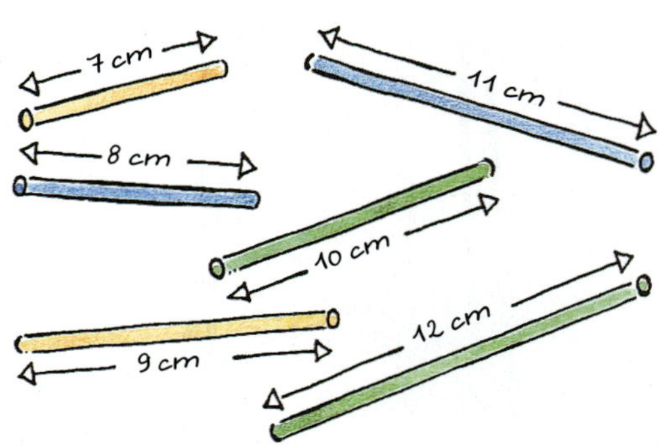

4

David möchte aus Trinkhalmen besondere Dreiecke bauen.
Diese Dreiecke sollen entweder zwei gleich große Winkel oder drei gleich große Winkel haben.
Verteilt in eurer Tischgruppe genügend viele Trinkhalme und versucht ebenfalls, derartige Dreiecke anzufertigen. Denkt vorher über die Länge der einzelnen Dreiecksseiten nach.

5

Einteilung nach den Winkeln

a) Gülsen möchte alle bisher gebastelten Dreiecke ordnen und an die Pinnwand heften. In welches Feld wird sie die restlichen vier Dreiecke einordnen? Begründe deine Antwort.
b) Versuche Davids Frage zu beantworten.

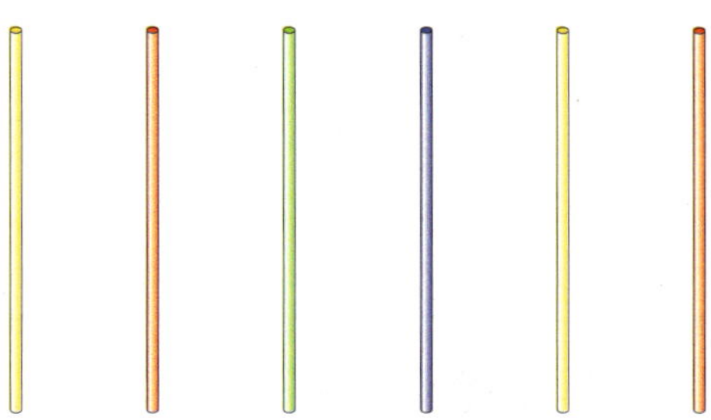

Ordne sechs gleich lange Trinkhalme so an, dass sie insgesamt vier Dreiecke mit jeweils gleich langen Seiten bilden.

6

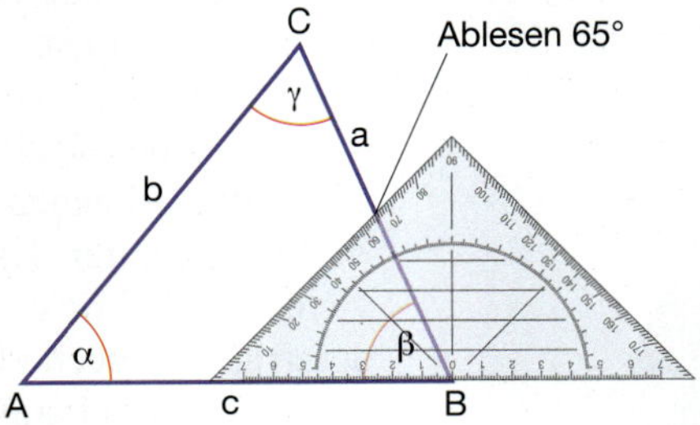

Eckpunkte: A, B, C
Seiten: $\overline{AB} = c$; $\overline{BC} = a$; $\overline{AC} = b$;
Innenwinkel: α; β; γ

a) Miss in den unten abgebildeten Dreiecken jeweils die Seitenlängen und die Winkelgrößen.
Trage deine Ergebnisse im Heft in eine Tabelle ein

Dreieck	Seitenlängen			Winkelgrößen		
	a	b	c	α	β	γ
I	■	■	■	■	■	■
II	■	■	■	■	■	■

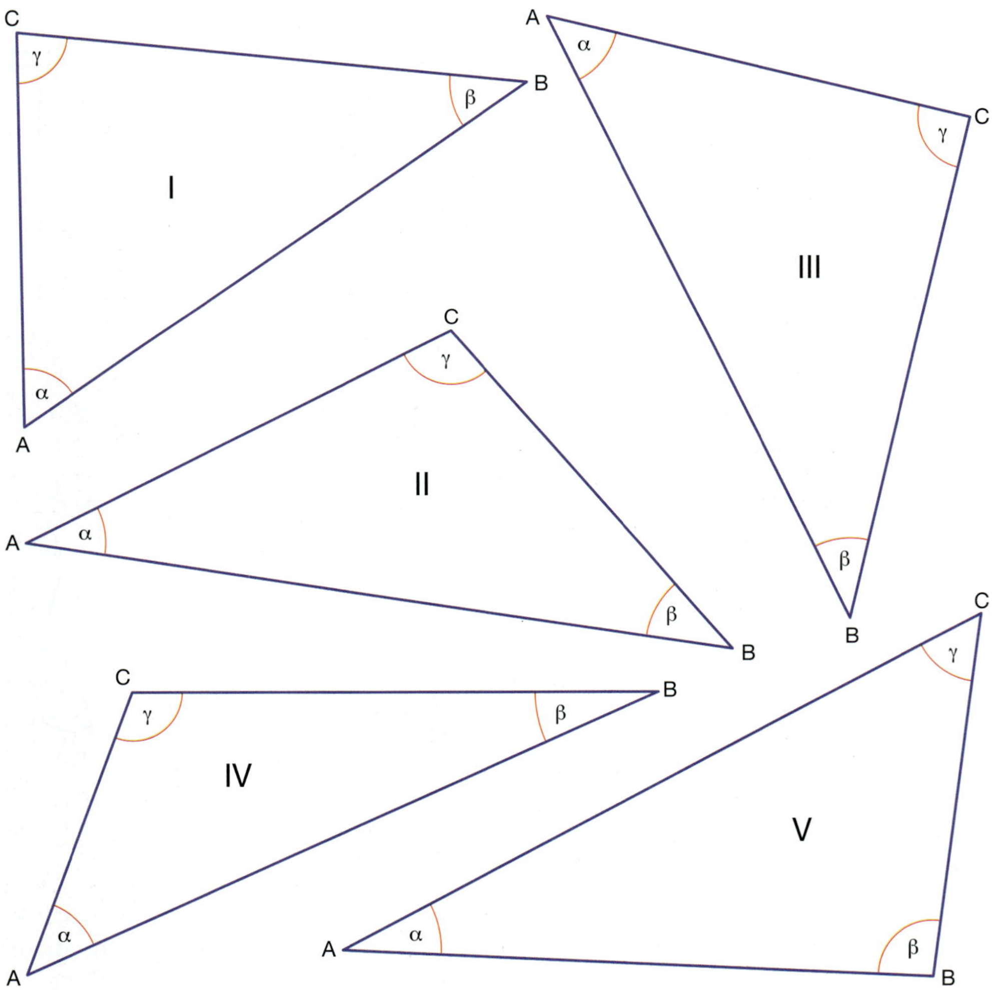

Seiten-Winkel-Beziehung
Innenwinkelsatz

b) Versuche die folgenden Sätze zu vervollständigen:
Zwei Dreiecksseiten sind zusammen stets ■ als die dritte Dreiecksseite.
In einem Dreieck liegt der längeren von zwei Seiten der ■ Winkel gegenüber.
Die Summe der Innenwinkel eines Dreiecks beträgt ■.

7 a) Übertrage die abgebildeten Dreiecke jeweils auf Transparentpapier. Stelle durch Falten fest, wie viele Symmetrieachsen jeweils ein Dreieck hat.
Miss auch die einzelnen Seitenlängen und Winkelgrößen. Was fällt dir auf?

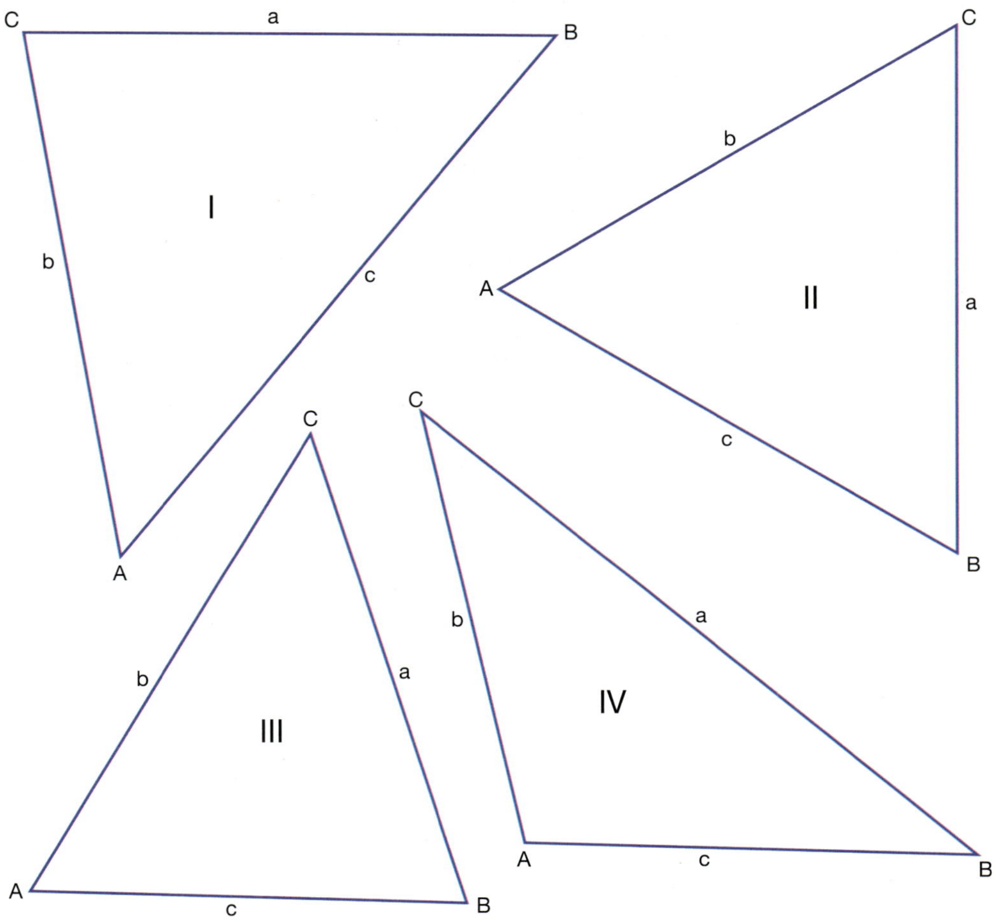

b) Entscheide anhand der Dreiecke, ob die Aussagen von Susanne, Murat, Kristin und Sascha wahr oder falsch sind.

gleichschenkliges Dreieck

gleichseitiges Dreieck

1

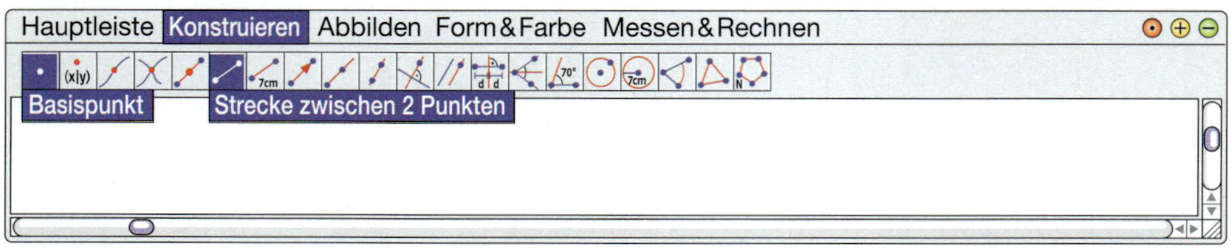

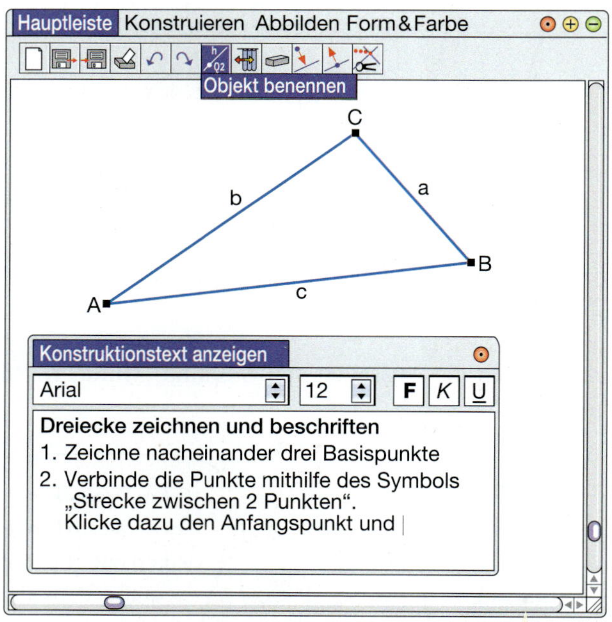

a) Erzeuge und beschrifte auf dem Zeichenblatt deines Geometrieprogramms ein Dreieck ABC.

Führe dazu die folgenden Schritte aus:

1. Zeichne nacheinander drei Basispunkte.
2. Verbinde die Punkte mithilfe des Symbols „Strecke zwischen 2 Punkten“ zu einem Dreieck. Beachte dabei den Hinweis ganz unten in der Statusleiste.
3. Benenne die Eckpunkte A, B und C. Klicke dazu mit der Maus jeweils zweimal auf die eingezeichneten Punkte.
4. Beschrifte entsprechend nach einem Doppelklick die Seiten a, b und c.

b) Welche andere Möglichkeit gibt es, auf dem Zeichenblatt ein Dreieck zu erzeugen?

c) Bewege mithilfe der Maus nacheinander die Eckpunkte. Der Mauszeiger wird dabei zu einer Zange, wenn er sich einem Punkt nähert. Du kannst so verschiedene Dreiecksformen erzeugen.

d) Aktiviere unter „Verschiedenes“ den Menüpunkt „Neue Textbox erstellen“. Gib unter der Überschrift „Dreiecke zeichnen und beschriften“ die zugehörigen Arbeitsschritte ein.

2 Die folgenden Informationen zeigen dir, wie du die Seitenlängen und Winkelgrößen eines Dreiecks mithilfe des Geometrieprogramms messen kannst.

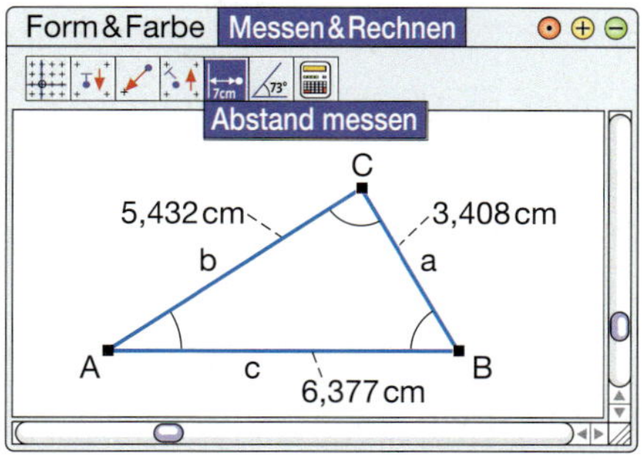

Seitenlängen messen

1. Leiste „Messen & Rechnen" aktivieren.
2. Symbol „Abstand messen" anklicken.
3. Anfangs- und Endpunkte der Strecke eingeben.

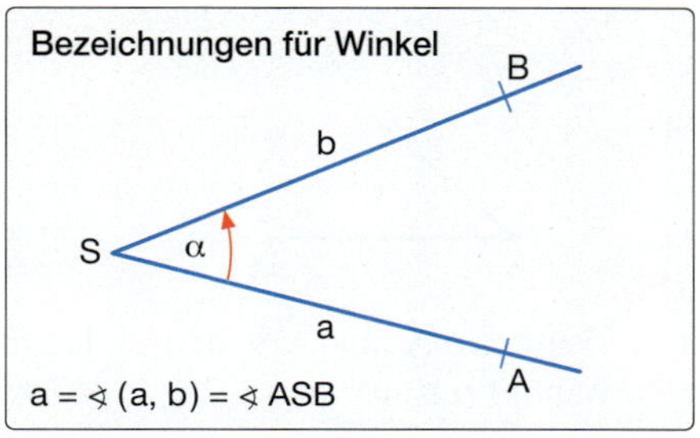

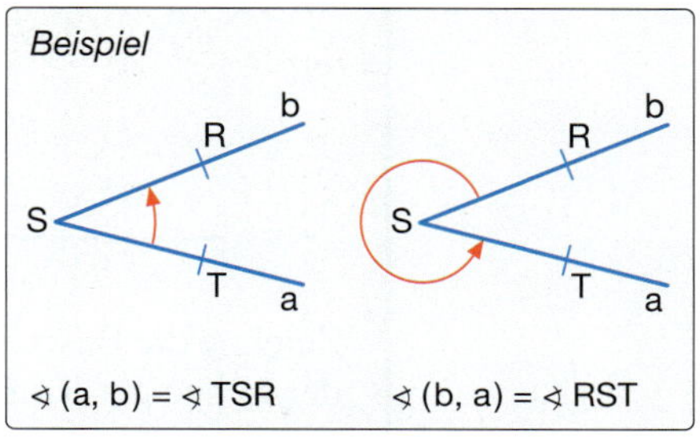

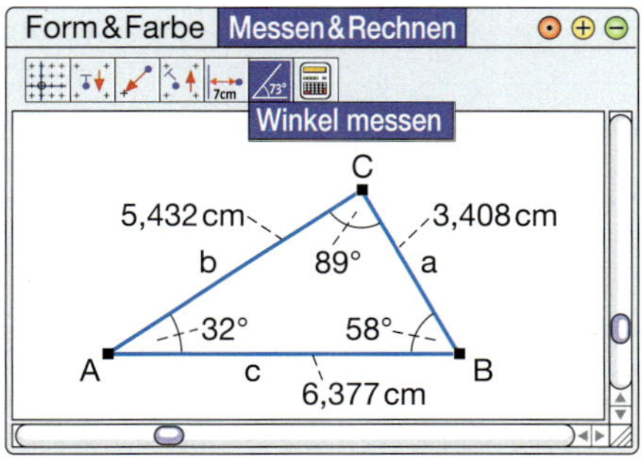

Winkelgrößen messen

1. Leiste „Messen & Rechnen" aktivieren.
2. Symbol „Winkel messen" anklicken.
3. Punkte in der richtigen Reihenfolge angeben.

Stelle fest, ob die notierten Aussagen über Dreiecke zutreffen. Finde gegebenenfalls weitere Aussagen.

Ein Dreieck mit zwei gleich langen Seiten hat immer zwei gleich große Winkel.

In einem Dreieck liegt der längeren von zwei Seiten der größere Winkel gegenüber.

Zwei Dreiecksseiten sind zusammen stets länger als die dritte Seite.

Ein Dreieck mit drei gleich langen Seiten hat drei gleich große Winkel.

So kannst du vorgehen:

1. Dreiecke zeichnen (verschieden lange, zwei gleich lange, drei gleich lange Seiten)
2. Seitenlängen messen
3. Winkelgrößen messen
4. Eckpunkte verschieben – Aussagen überprüfen
5. Ergebnisse (zutreffende Aussagen) in einer Textbox festhalten
6. Weitere Aussagen notieren und überprüfen.

1 So kannst du ein gleichschenkliges Dreieck aus der Länge der Basis und der Größe eines Basiswinkels konstruieren:

Beispiel: c = 5 cm; $\alpha = 40°$

1. Fertige eine Planfigur an, in der du alle gegebenen Stücke farbig markierst.

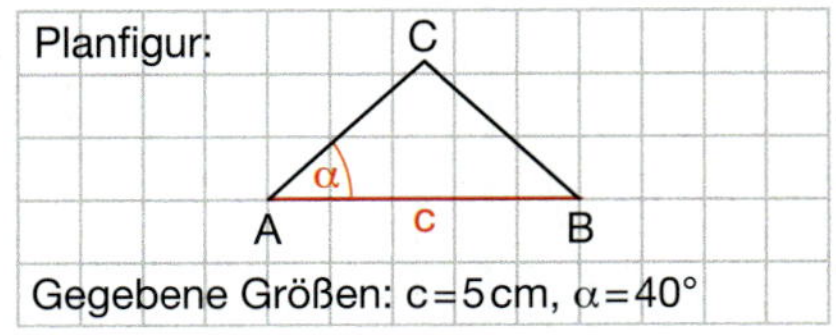

2. Führe die Konstruktion schrittweise aus. Überlege zunächst, mit welchem vorgegebenen Stück du beginnen kannst.

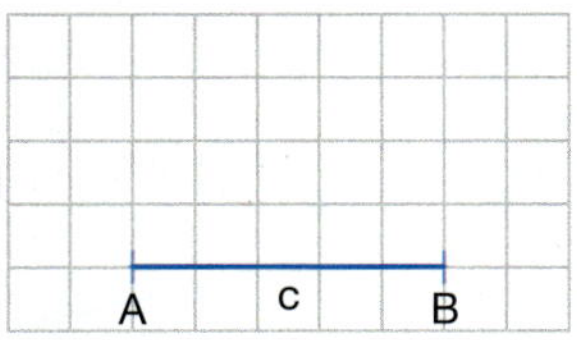

Zeichne die Basis $\overline{AB}$ mit der Länge c = 5 cm.

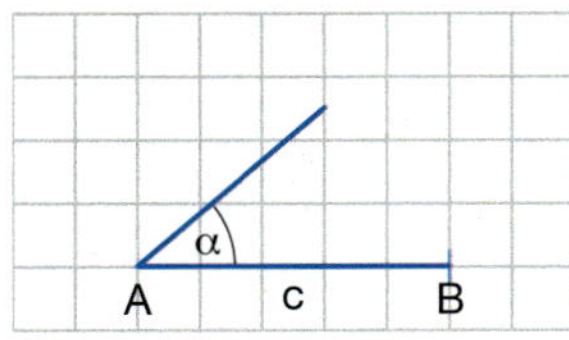

Trage in A an $\overline{AB}$ den Winkel $\alpha = 40°$ an.

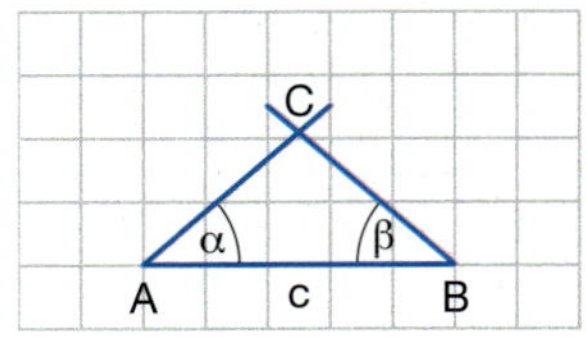

Trage in B an $\overline{AB}$ den Winkel $\beta = 40°$ an.
Die freien Schenkel von α und β schneiden sich in C.

Konstruiere ein gleichschenkliges Dreieck ABC.

	a)	b)	c)	d)	e)	f)	g)	h)	i)
Basis $\overline{AB}$	5 cm	6 cm	7 cm	2 cm	3,5 cm	5,5 cm	4,8 cm	6,4 cm	5,2 cm
Basiswinkel α	30°	55°	20°	70°	45°	60°	43°	61°	37°

2 Konstruiere aus der Schenkellänge und der Größe des Winkels an der Spitze ein gleichschenkliges Dreieck.
Fertige zunächst eine Planfigur an.

	a)	b)	c)	d)
Schenkel-länge	5 cm	7 cm	4 cm	8 cm
Winkel an der Spitze	60°	20°	115°	45°

3 Konstruiere aus der Länge der Basis $\overline{AB}$ und einer Schenkellänge ein gleichschenkliges Dreieck ABC. Die Abbildung zeigt dir, wie du anfangen kannst.

	a)	b)	c)	d)
Basis $\overline{AB}$	5 cm	4 cm	5,8 cm	7,6 cm
Schenkel-länge	3 cm	2,5 cm	4 cm	5 cm

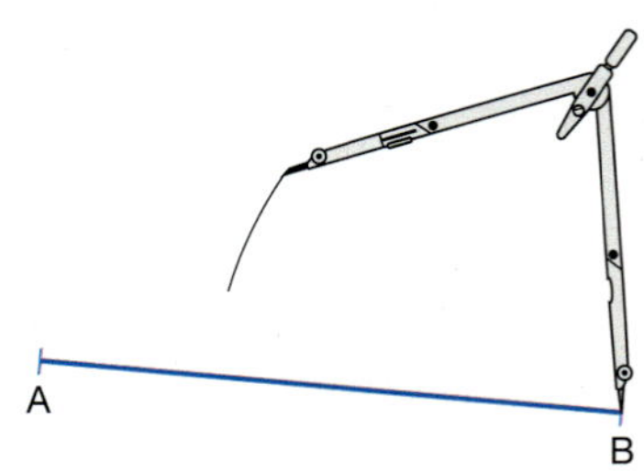

4 Konstruiere ein gleichseitiges Dreieck mit der angegebenen Seitenlänge.
a) 5 cm b) 6 cm c) 5,5 cm d) 7,2 cm e) 3,4 cm f) 4,5 cm

Dreiecke lassen sich nach der Größe ihrer Innenwinkel einteilen:

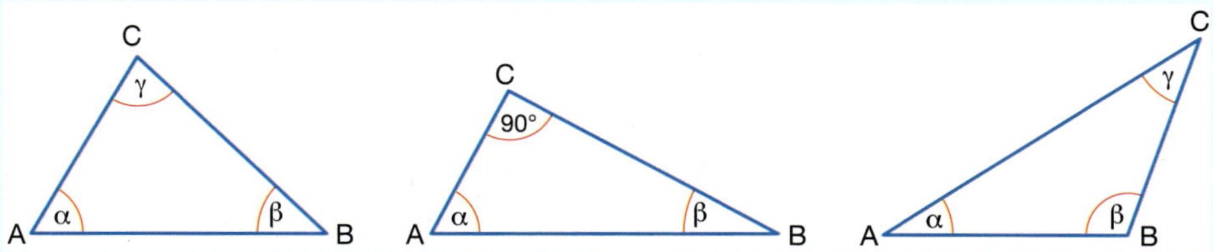

Spitzwinklige Dreiecke: Alle drei Innenwinkel spitze Winkel.

Rechtwinklige Dreiecke: Ein Innenwinkel ist ein rechter Winkel.

Stumpfwinklige Dreiecke: Ein Innenwinkel ist ein sind stumpfer Winkel.

Innenwinkelsatz

Die **Summe** der **Innenwinkel** eines Dreiecks beträgt **180°.**

Dreiecke lassen sich nach den Längen ihrer Seiten einteilen:

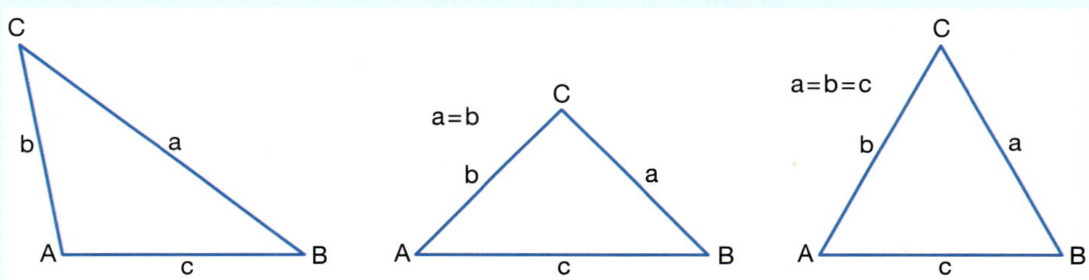

Unregelmäßige Dreiecke: Alle drei Seiten sind verschieden lang.

Gleichschenklige Dreiecke: Zwei Seiten sind gleich lang.

Gleichseitige Dreiecke: Alle drei Seiten sind gleich lang.

Dreiecksungleichung

Zwei Dreiecksseiten sind zusammen stets länger als die dritte Dreiecksseite.

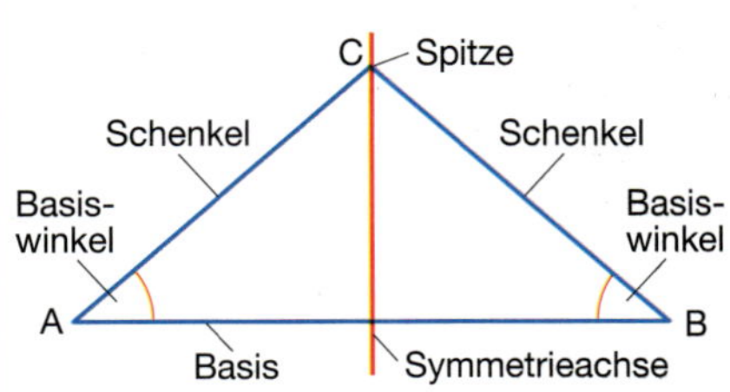

Ein Dreieck mit zwei gleich langen Seiten heißt **gleichschenkliges Dreieck.** Die gleich langen Seiten werden als Schenkel, die dritte Seite als Basis bezeichnet.
Die Basiswinkel sind gleich groß.

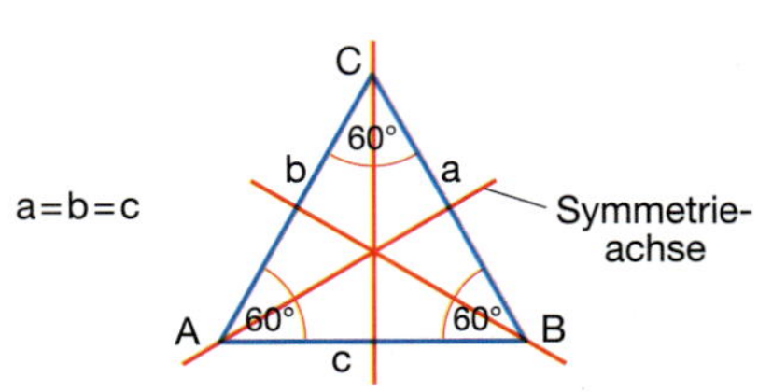

Ein Dreieck mit drei gleich langen Seiten heißt **gleichseitiges Dreieck.**

Jeder Winkel im gleichseitigen Dreieck hat eine Größe von 60°.

1 Miss die Größe der einzelnen Innenwinkel. Überprüfe deine Messergebnisse durch eine Rechnung.

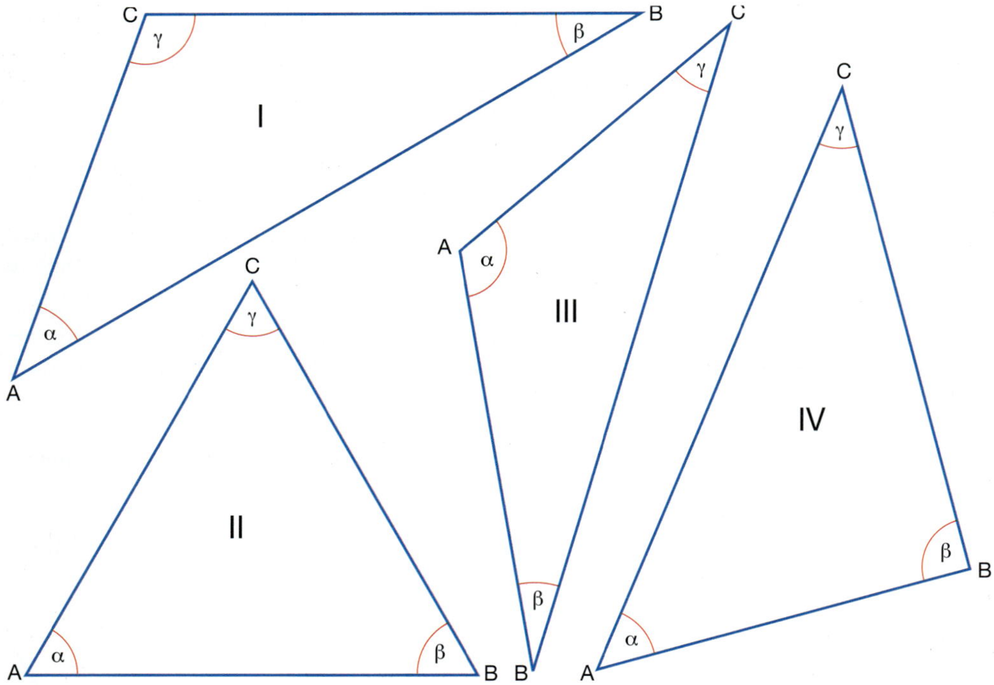

2 

Im Technikunterricht soll aus dem 70 cm langen Holzstück und zwei weiteren Holzleisten ein Dreieck angefertigt werden.

Welche der abgebildeten Holzstücke können dafür ausgewählt werden?

Lässt sich aus den Holzleisten mit den folgenden Längen ein Dreieck bauen?

a) a = 70 cm; b = 30 cm; c = 90 cm
b) a = 60 cm; b = 20 cm; c = 80 cm
c) a = 82 dm; b = 27 dm; c = 56 dm
d) a = 1,2 dm; b = 4,6 dm; c = 3,8 dm

3 Daniel hat von verschiedenen Dreiecken die Seitenlängen und die Winkelgrößen gemessen. Hat er seine Messergebnisse an der richtigen Stelle in die Tabelle eingetragen? Begründe deine Antwort.

	Seitenlängen			Winkelgrößen		
	a	b	c	α	β	γ
a)	2,0 cm	4,9 cm	4,8 cm	24°	80°	76°
b)	7,3 cm	9,8 cm	7,3 cm	48°	84°	48°
c)	0,5 dm	0,69 dm	1,0 dm	27°	114°	39°

	Seitenlängen			Winkelgrößen		
	a	b	c	α	β	γ
d)	9,1 cm	2,7 cm	8,7 cm	73°	17°	90°
e)	5,8 cm	3,2 cm	3,4 cm	122°	28°	30°
f)	26,0 cm	11,5 cm	23,4 cm	26°	90°	64°

4 Berechne die Größe der fehlenden Winkel und bestimme in dem Viereck ABCD die Summe der vier Innenwinkel.

Winkelsumme im Viereck

Begründe, warum in einem **Viereck** die **Winkelsumme 360°** beträgt.

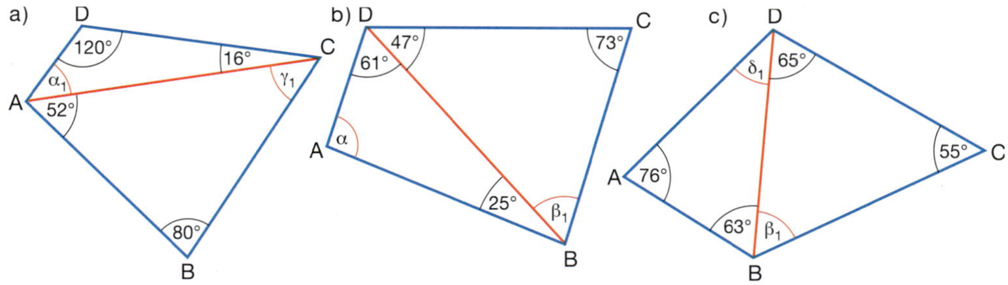

5 Bestimme in dem Viereck ABCD jeweils die Größe der rot markierten Winkel.

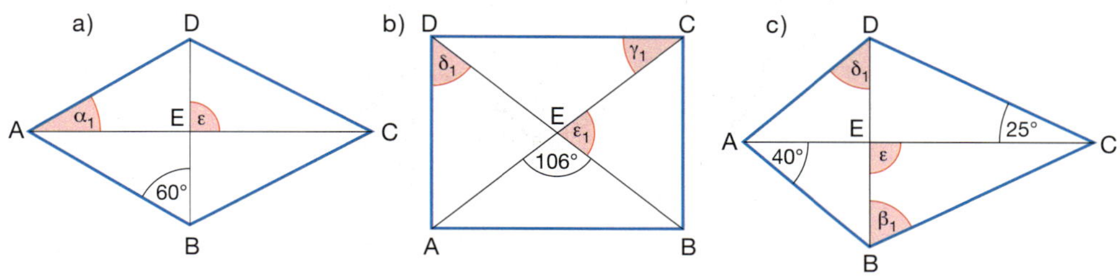

6 Zeichne ein regelmäßiges Sechseck in einen Kreis (r = 3 cm). Verbinde jeden Eckpunkt des Sechsecks mit dem Mittelpunkt des Kreises, so dass du sechs Dreiecke erhältst.
Wie groß sind die einzelnen Innenwinkel eines Dreiecks? Begründe deine Antwort.

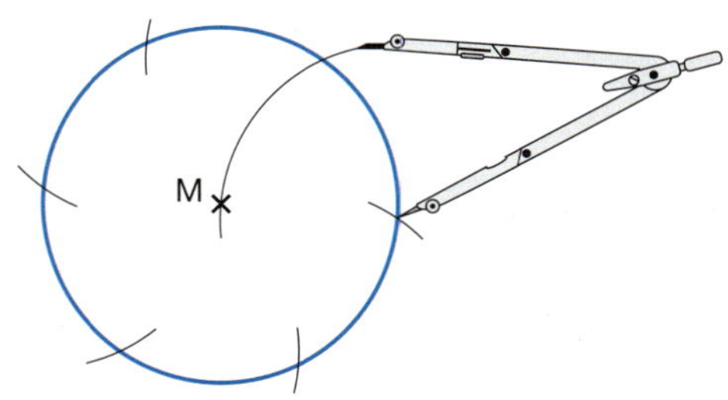

7 In einer Lehrwerkstatt werden zum Schweißen und Schneiden von Eisen und Stahl die Gase Acetylen und Sauerstoff benutzt.
Die beiden Gase werden in einem Schweiß- oder Schneidbrenner verbrannt. Es entsteht eine sehr heiße Flamme. Die Temperatur dieser Flamme beträgt etwa 3000 °C.

a) Ein 5 m und ein 7 m langes Rohr werden mit einem dritten Rohr zu einem Dreieck verschweißt. Gib von allen möglichen Längen für das dritte Rohr nur den kleinsten und den größten ganzzahligen Wert in Metern an.

b) Ein 20 m langer Eisenträger soll in drei Stücke zerschnitten werden. Nenne drei mögliche Längen (ganzzahlige Werte in Metern), aus denen sich ein unregelmäßiges Dreieck zusammenfügen lässt.
Gib ebenfalls alle möglichen Längen für ein gleichschenkliges Dreieck an.

8

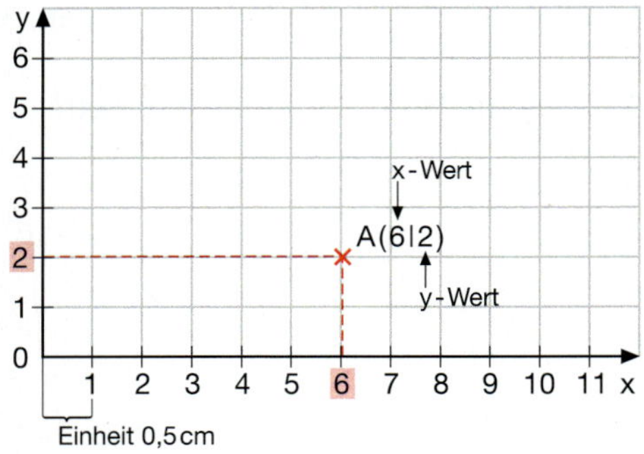

Zeichne die Dreiecke mit den angegebenen Eckpunkten in ein Koordinatensystem (Einheit 0,5 cm).

Dreieck	Koordinaten der Eckpunkte
I	A(6|2), B(8|7), C(1|12)
II	A(13|10), B(22|19), C(13|19)
III	A(3|12), B(11|13), C(7|20)
IV	A(12|3), B(22|3), C(23|11)

Flächeninhalt rechtwinkliger Dreiecke

9

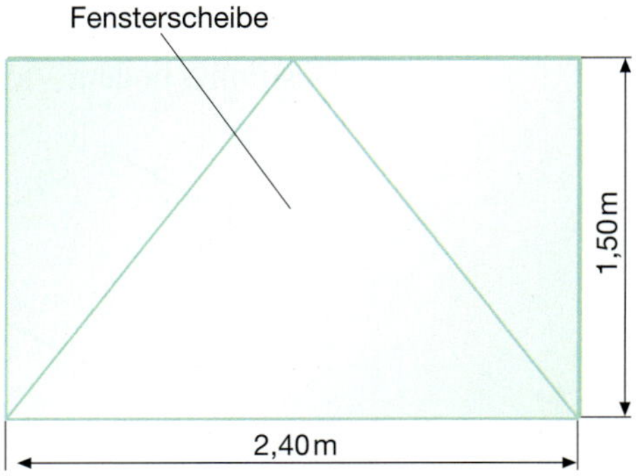

a) Für ein Giebelfenster muss der Glaser eine dreieckige Scheibe aus Isolierglas anfertigen.
Dazu schneidet er zunächst eine rechteckige Scheibe zu. Anschließend zeichnet er das Dreieck auf die Glasscheibe.
Berechne den Flächeninhalt der dreieckigen Fensterscheibe. Beschreibe deinen Lösungsweg.

b) Übertrage das abgebildete rechtwinklige Dreieck in dein Heft.
Bestimme den Flächeninhalt des Dreiecks. Ergänze dazu das Dreieck zunächst zu einem Rechteck.

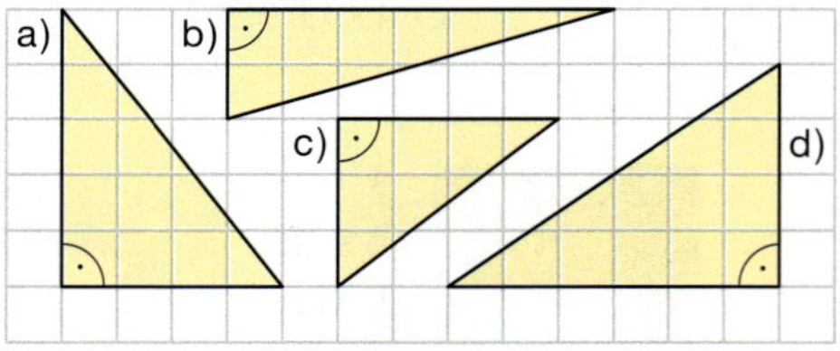

10 Bestimme den Flächeninhalt des abgebildeten Dreiecks. Entnimm die dafür notwendigen Längen der Zeichnung.

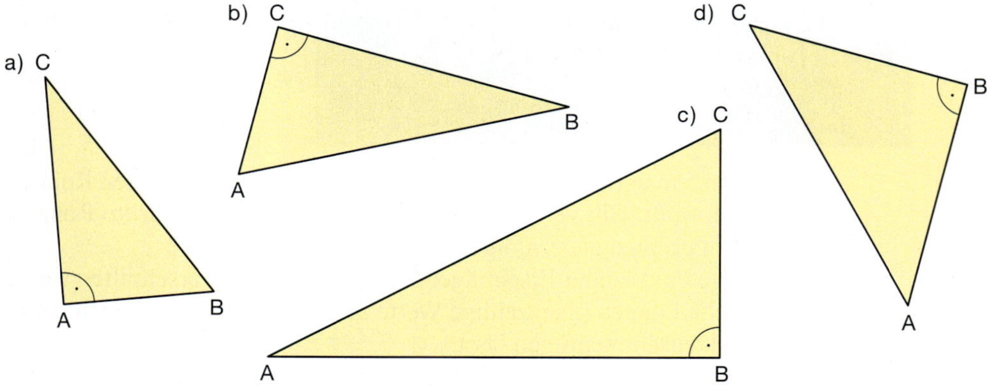

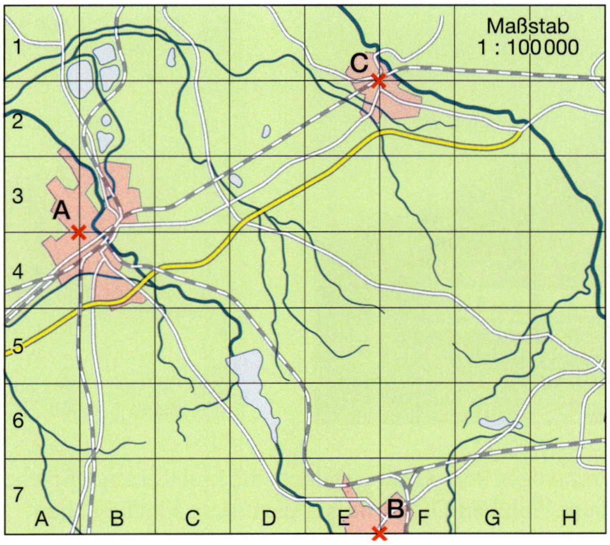

1 Eine Windkraftanlage soll von den abgebildeten Punkten A, B und C gleich weit entfernt errichtet werden. In welchem Gitterquadrat sollte der zukünftige Standort der Anlage liegen?

In der Abbildung sind die Punkte A, B und C zu einem Dreieck verbunden.

a) Erläutere, warum der Schnittpunkt M der beiden eingezeichneten Mittelsenkrechten den gesuchten Standort markiert.

b) Verläuft die Mittelsenkrechte der Strecke $\overline{BC}$ auch durch den Punkt M? Begründe deine Antwort.

c) Übertrage zunächst das Dreieck ABC maßstabsgetreu in dein Heft und konstruiere anschließend seine Mittelsenkrechten.
Überprüfe, ob ihr Schnittpunkt der Mittelpunkt des Kreises ist, der durch die Eckpunkte des Dreiecks verläuft.

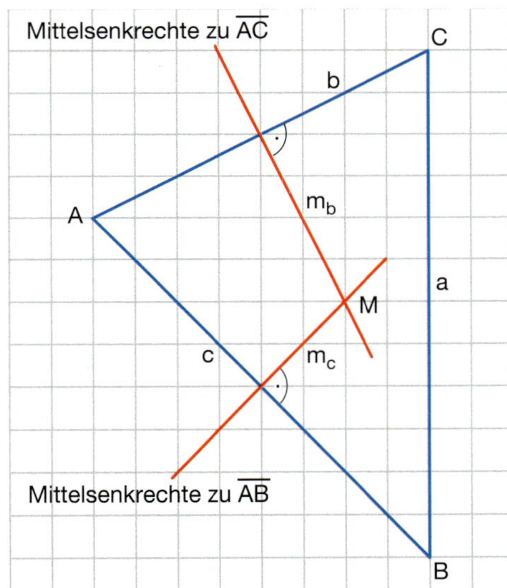

2 Zeichne ein spitzwinkliges (stumpfwinkliges, rechtwinkliges) Dreieck ABC. Konstruiere den Kreis (Umkreis), der durch die Eckpunkte des Dreiecks verläuft. Beschreibe die Lage des Mittelpunktes.

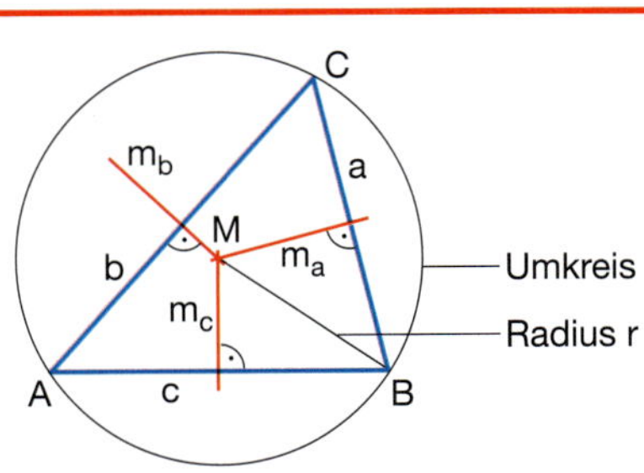

Die drei **Mittelsenkrechten** eines Dreiecks schneiden sich in einem Punkt.

Dieser Schnittpunkt ist der Mittelpunkt des **Umkreises.**

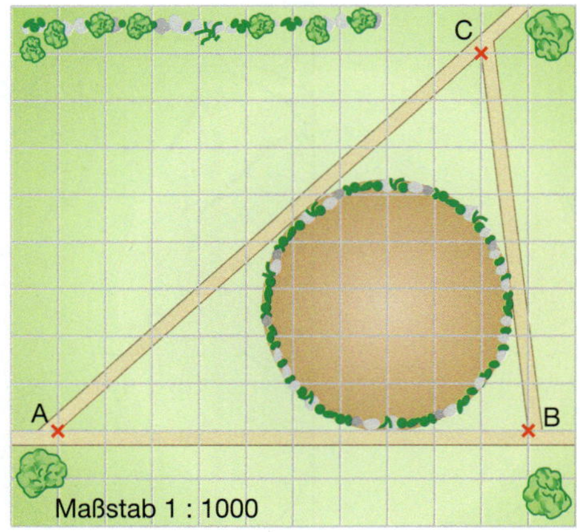

1 Zwischen den Parkwegen soll wie abgebildet eine kreisförmige Fläche für einen Grillplatz gepflastert werden. Welchen Durchmesser darf diese Fläche haben?

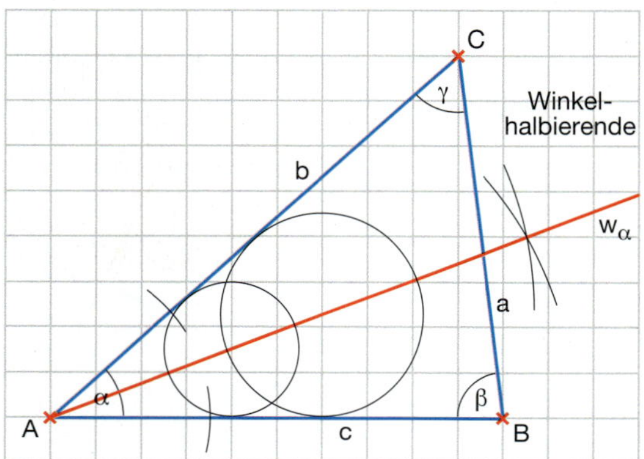

a) Übertrage zunächst das Dreieck ABC maßstabgetreu in dein Heft.
Bestimme anschließend den Mittelpunkt des Kreises, der die Dreiecksseiten von innen berührt (Inkreis).
Beschreibe, wie du dabei vorgehst.

b) Berechne mithilfe des Maßstabs den Durchmesser der Kreisfläche im Park.

2 Zeichne das Dreieck ABC mit den angegebenen Eckpunkten in ein Koordinatensystem (Einheit 1 cm). Konstruiere die Winkelhalbierenden und zeichne den Inkreis. Miss den Radius des Inkreises möglichst genau.

a) A(1|0); B(8|1,5); C(3|7)

b) A(1|1,5); B(8|0,5); C(9|9,5)

3 Beschreibe die Abbildung.

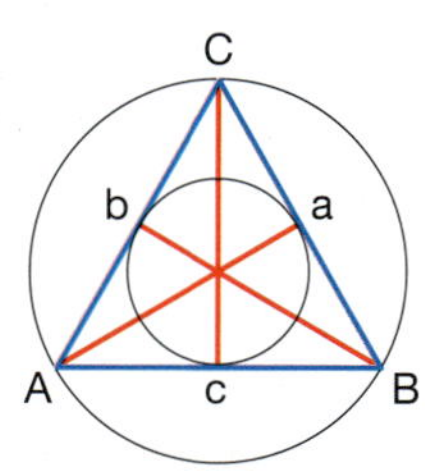

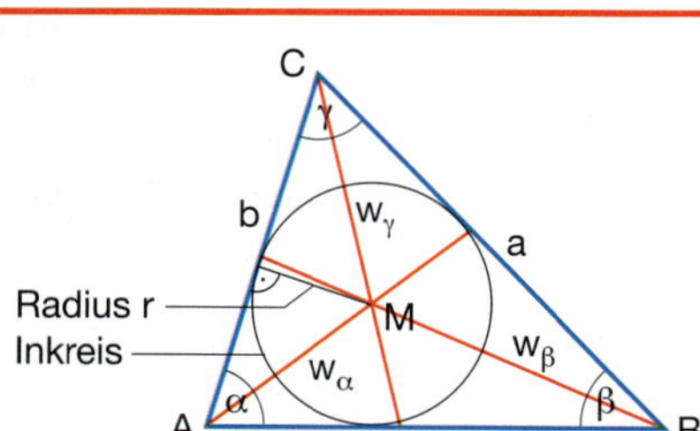

Die drei **Winkelhalbierenden** eines Dreiecks schneiden sich in einem Punkt.
Dieser Schnittpunkt hat von jeder Seite des Dreiecks denselben Abstand. Er ist der Mittelpunkt des **Inkreises.**

Aus einem Physikbuch:

Wird ein Körper unter seinem Schwerpunkt gestützt, kippt er nicht.

1

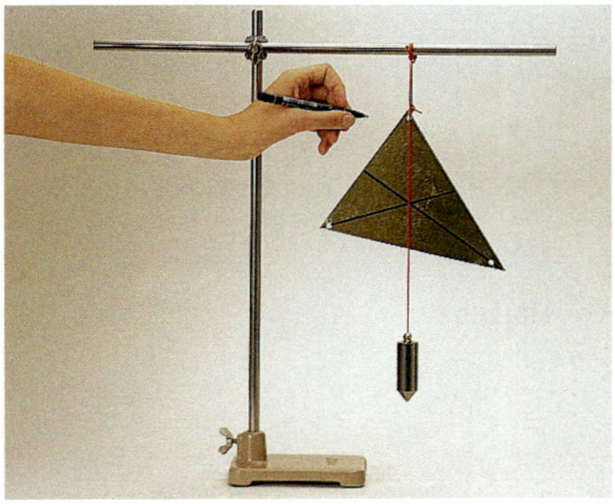

a) Auf dem Foto siehst du, wie in einer Physikstunde der Schwerpunkt einer dreieckigen Blechplatte ermittelt wird. Beschreibe den Versuch. Betrachte auch die bereits eingezeichneten „Lotlinien". Was fällt dir auf?

b) Zeichnet zunächst ein nicht zu kleines Dreieck aus Pappe sorgfältig aus.
Versucht anschließend in eurer Tischgruppe, den Schwerpunkt des Dreiecks zu ermitteln.
Beschreibt, wie ihr dabei vorgeht.

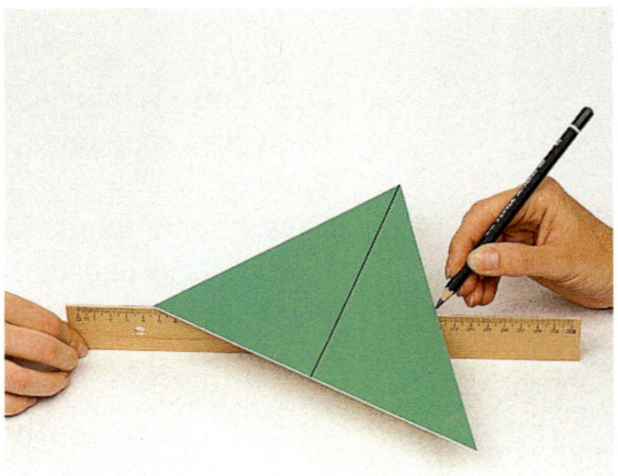

2 a) Zeichne ein beliebiges spitzwinkliges Dreieck ABC.

b) Halbiere die Seite c und verbinde ihren Mittelpunkt M_c mit dem gegenüberliegenden Eckpunkt C.
Die Strecke CM_c heißt **Seitenhalbierende von c.** Bezeichne sie mit $\mathbf{s_c}$.

c) Trage entsprechend $\mathbf{s_a}$ und $\mathbf{s_b}$ ein. Was stellst du fest?

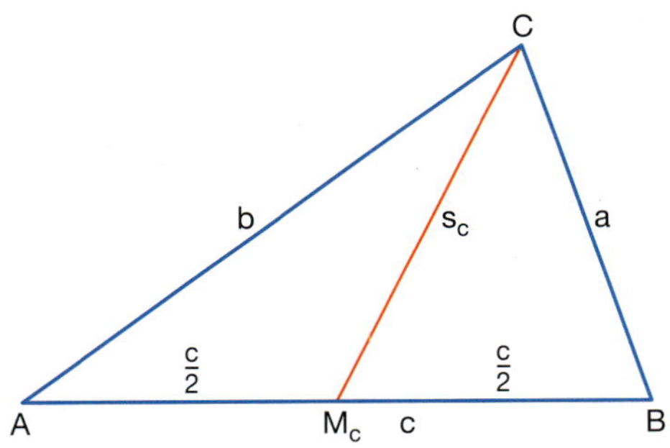

3 Zeichne ein stumpfwinkliges, ein rechtwinkliges und ein gleichschenkliges Dreieck in dein Heft. Trage in jedes Dreieck die Seitenhalbierenden ein.

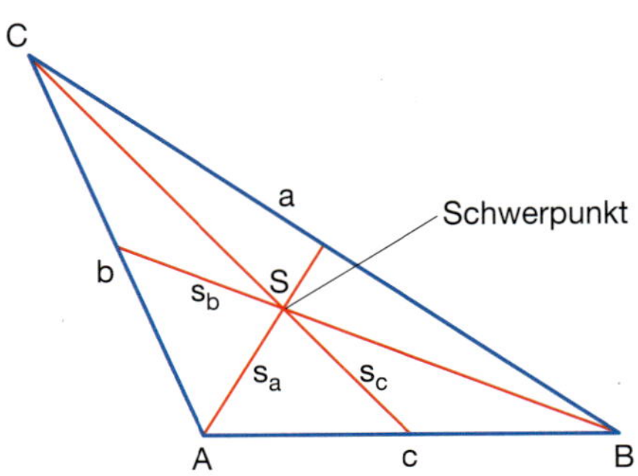

Die drei **Seitenhalbierenden** eines Dreiecks schneiden sich in einem Punkt, dem **Schwerpunkt S** des Dreiecks.

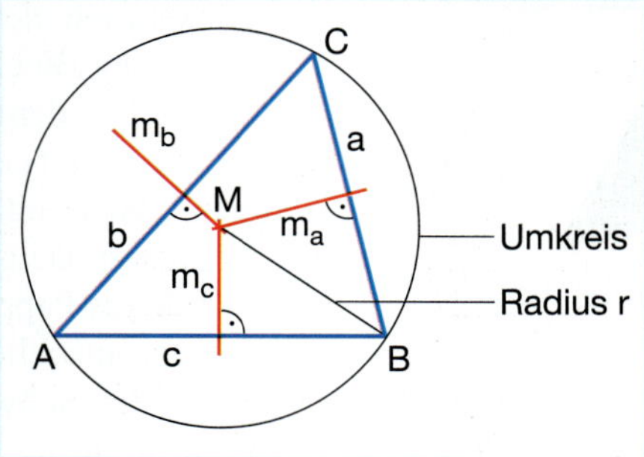

Die drei Mittelsenkrechten eines Dreiecks schneiden sich in einem Punkt. Dieser Schnittpunkt ist der Mittelpunkt des **Umkreises.**

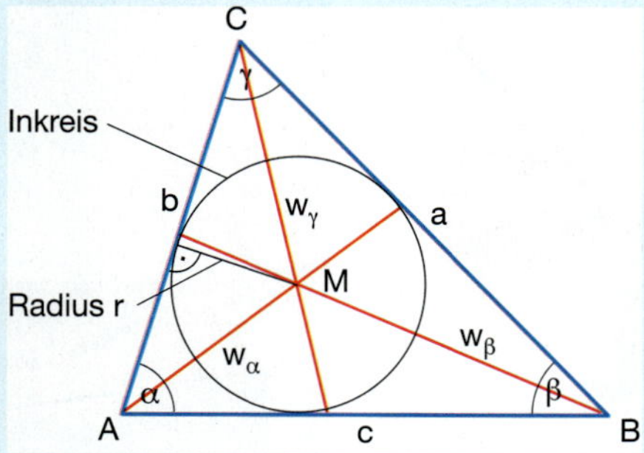

Die drei Winkelhalbierenden eines Dreiecks schneiden sich in einem Punkt.
Dieser Schnittpunkt hat von jeder Seite des Dreiecks denselben Abstand. Er ist der Mittelpunkt des **Inkreises.**

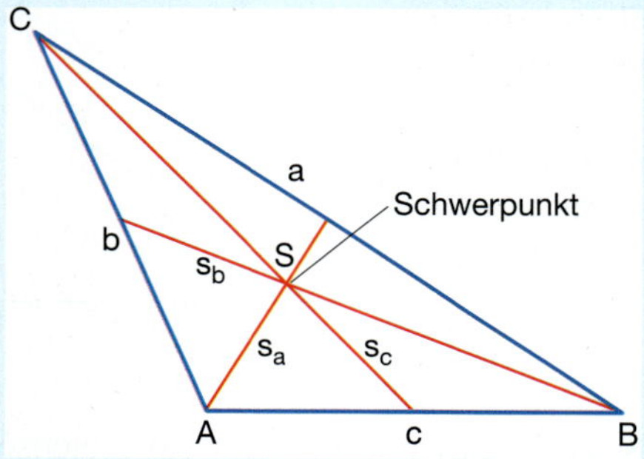

Die drei Seitenhalbierenden eines Dreiecks schneiden sich in einem Punkt, dem **Schwerpunkt** des Dreiecks.

1

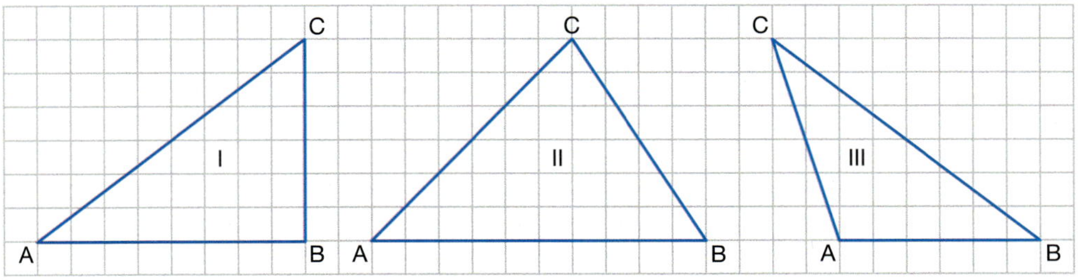

a) Übertrage die abgebildeten Dreiecke in dein Heft. Zeichne anschließend jeweils die Mittelsenkrechten und den Umkreis des Dreiecks.

b) Beschreibe die Lage der einzelnen Mittelpunkte. Was fällt dir auf? Zeichne weitere Dreiecke in dein Heft und überprüfe deine Vermutungen.

2 Zeichne das Dreieck ABC in ein Koordinatensystem (Einheit 0,5 cm). Zeichne die Mittelsenkrechten und den Umkreis des Dreiecks. Gib die Koordinaten seines Mittelpunktes an.

a) A(4|1), B(14|11), C(10|19)

b) A(3|2), B(15|2), C(9|20)

c) A(1|9), B(17|1), C(17|17)

d) A(1|11), B(17|3), C(13|15)

3 Eine Windkraftanlage soll von den abgebildeten Orten A, B und C gleich weit entfernt errichtet werden.

a) Übertrage die Abbildung in dein Heft und bestimme zeichnerisch den zukünftigen Standort der Windkraftanlage.

b) Wie viele Meter ist die Anlage jeweils von den Punkten A, B und C entfernt? Beachte den Maßstab.

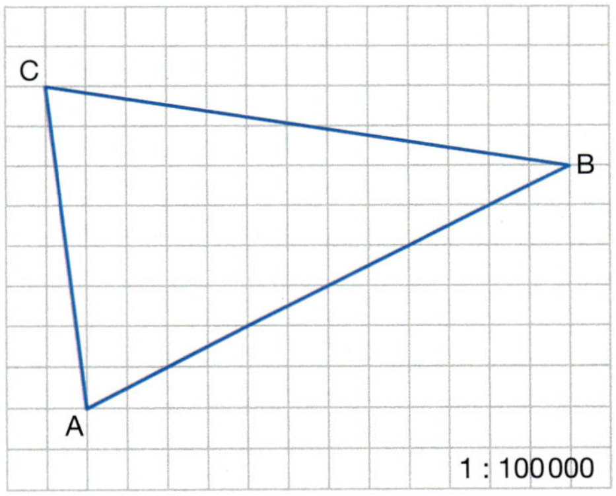

4

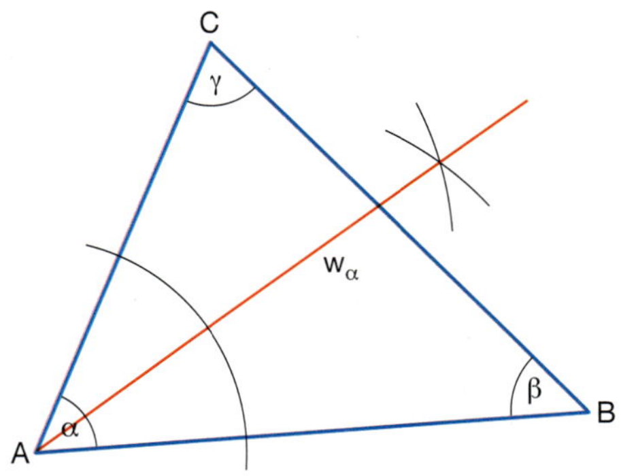

Zeichne das Dreieck ABC mit den angegebenen Eckpunkten in ein Koordinatensystem (Einheit 0,5 cm).
Konstruiere die Winkelhalbierende und zeichne den Inkreis des Dreiecks. Gib die Koordinaten des Kreismittelpunktes an.

a) A(2|2), B(22|2), C(2|17)

b) A(1|1), B(16|1), C(16|21)

5 Zeichne das Dreieck ABC mit den angegebenen Eckpunkten in ein Koordinatensystem (Einheit 0,5 cm). Trage die Seitenhalbierenden ein. Gib die Koordinaten des Schwerpunktes S an.

a) A(1|2), B(17|2), C(9|14)

b) A(2|2), B(14|2), C(2|14)

c) A(2|2), B(14|8), C(2|20)

d) A(3|5), B(11|1), C(1|17)

1

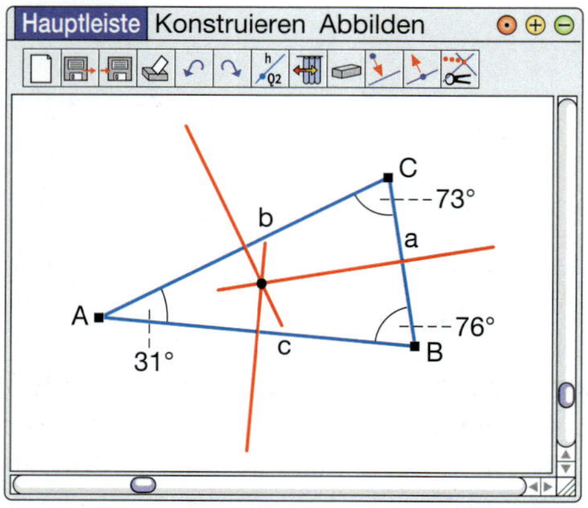

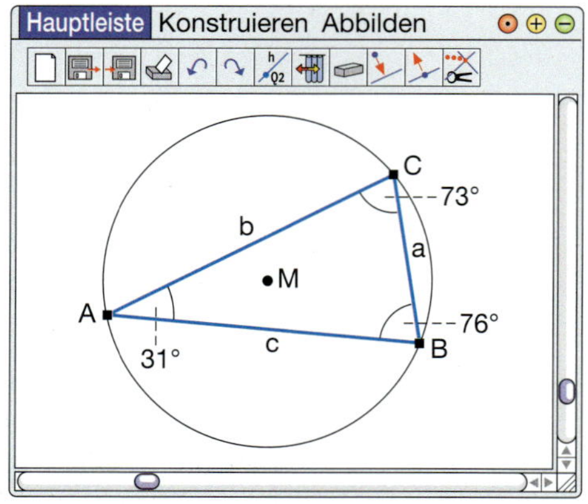

Erzeuge auf dem Zeichenblatt deines Geometrieprogramms zunächst ein Dreieck ABC. Miss auch die Größe der Innenwinkel.
Erstelle anschließend den Umkreis des Dreiecks.
Mithilfe des Befehls „Objekt verbergen/anzeigen" kannst du zum Beispiel die eingezeichneten Mittelsenkrechten verbergen.
Verändere im Zugmodus die Form des Dreiecks. Beachte dabei die Lage des Kreismittelpunktes. Was stellst du fest?

Umkreis eines Dreiecks zeichnen:

1. Mittelsenkrechten der Dreiecksseiten erzeugen.
2. Schnittpunkt der Mittelsenkrechten markieren (Symbol „Schnitt zweier Linien").
3. Kreis durch Mittelpunkt und einen Eckpunkt des Dreiecks zeichnen (Symbol „Kreis um Mittelpunkt durch Kreispunkt").

Den Ursprung des Koordinaten-systems kann ich mit der Maus verschieben.

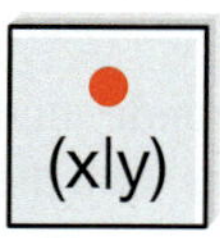

2 Aktiviere unter der Leiste „Messen & Rechnen" das Symbol „Koordinatensystem verändern".
Zeichne den Umkreis des Dreiecks ABC mit den angegebenen Eckpunkten in das Koordinatensystem. Gib die Koordinaten seines Mittelpunktes an.

a) A(0|2); B(18|8); C(8|18)
b) A(3|0); B(17|2); C(15|16)
c) A(0|16); B(8|0); C(16|16)
d) A(2|10); B(12|0); C(6|18)

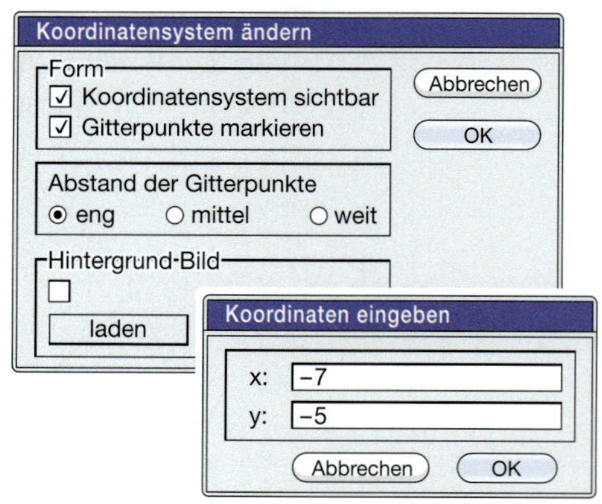

3

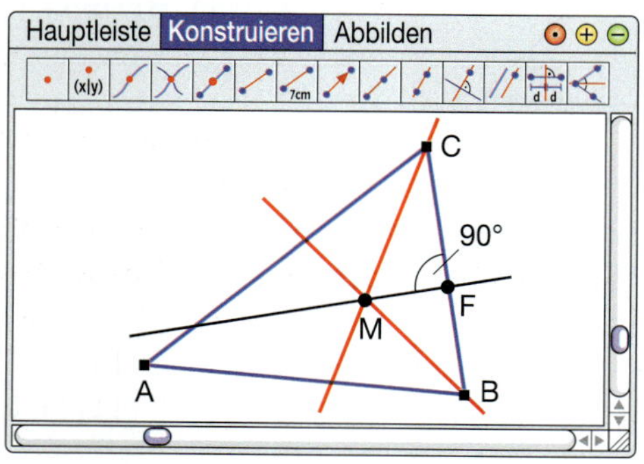

Jasin will den Inkreis eines Dreiecks zeichnen. Notiere, welche Konstruktionsschritte er bereits ausgeführt hat. Gib auch an, welche Schritte noch fehlen.
Zeichne den Inkreis eines Dreiecks ABC mit den angegebenen Eckpunkten in das Koordinatensystem deines Programms.

a) A(0|0); B(20|0); C(0|15)
b) A(1|1); B(16|1); C(16|21)

1

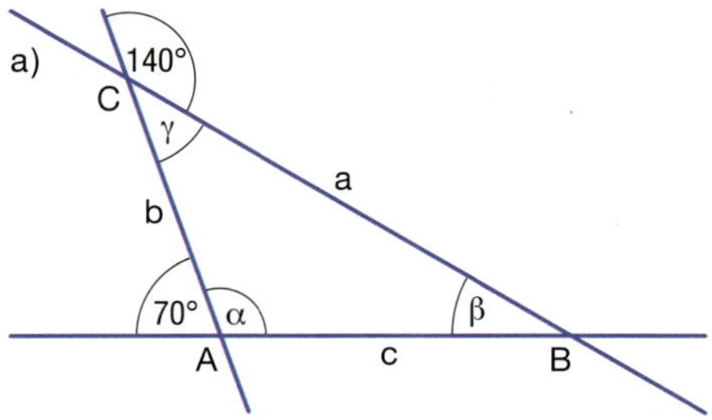

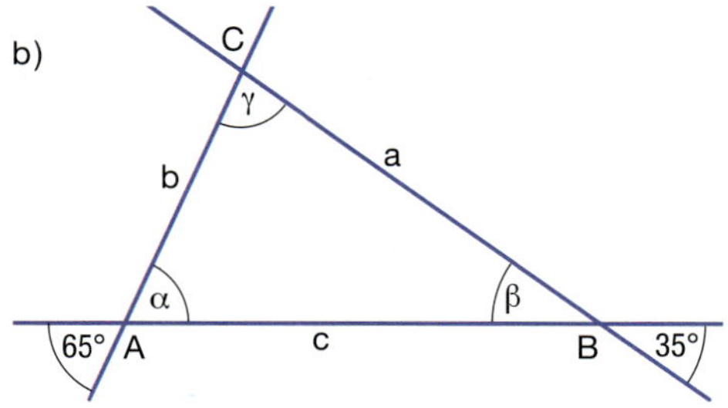

In den abgebildeten Dreiecken wurden die einzelnen Seiten jeweils über die Eckpunkte hinaus verlängert. Es entsteht eine Figur, in der sich drei Geraden in den Punkten A, B und C schneiden.
Bestimme anhand der Zeichnung die Größe der Innenwinkel α, β und γ. Begründe deine Lösung.

2 a) Übertrage die Figur in dein Heft. Markiere Paare gleich großer Winkel mit gleichfarbigen Kreisbögen.
b) Welche Winkelpaare haben jeweils zusammen eine Größe von 180°?

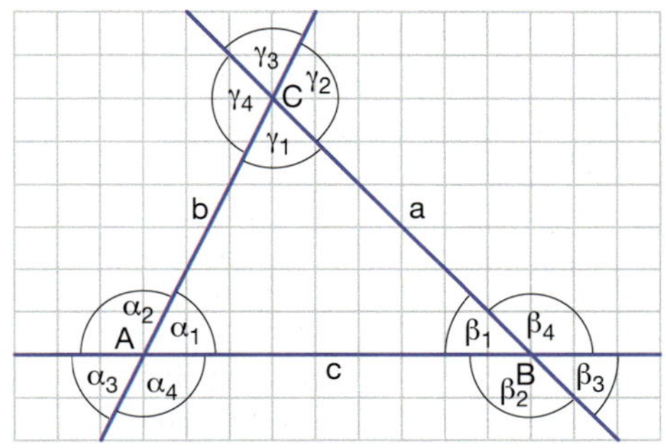

3 Die Gerade g durch den Punkt C verläuft parallel zu der Geraden AB. Diese beiden Parallelen werden von den Geraden AC und BC geschnitten.
Erläutere, wie du die Größe der einzelnen Innenwinkel des Dreiecks ABC ermitteln kannst.

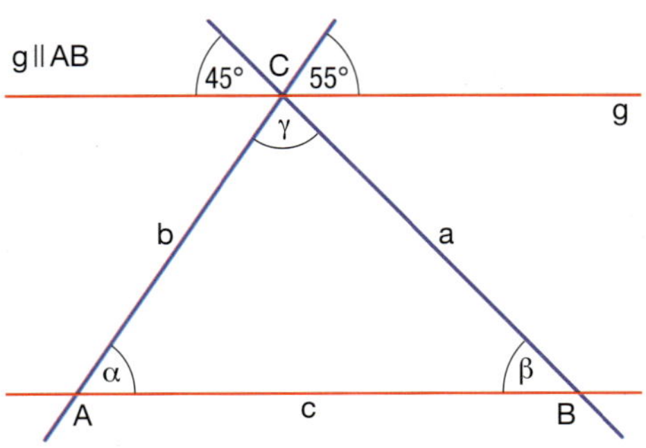

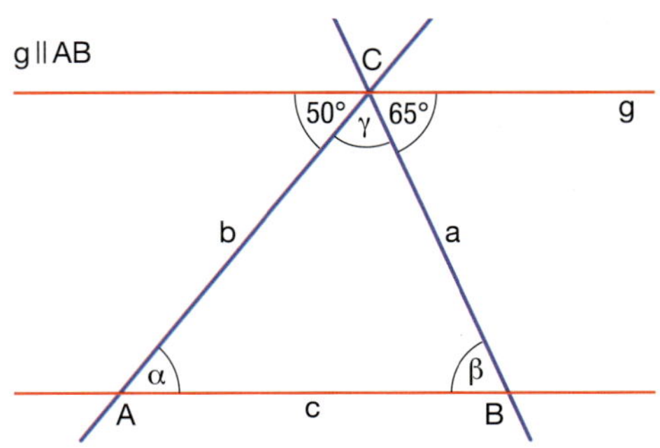

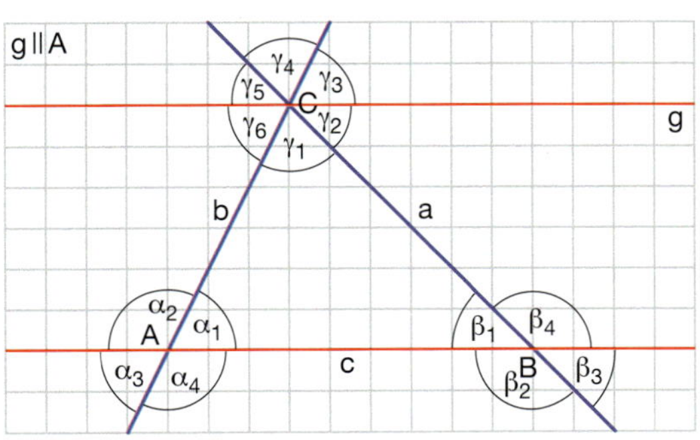

4 a) Übertrage die Figur in dein Heft. Markiere gleich große Winkel mit gleichfarbigen Kreisbögen.
b) Der Winkel α_2 soll 140° groß sein; die Winkelgröße von γ_4 beträgt 110°.
Bestimme mithilfe der Abbildung die fehlenden Winkelgrößen.

An zwei sich schneidenden Geraden gilt: Gegenüber liegende Winkel heißen **Scheitelwinkel;** sie sind gleich groß.

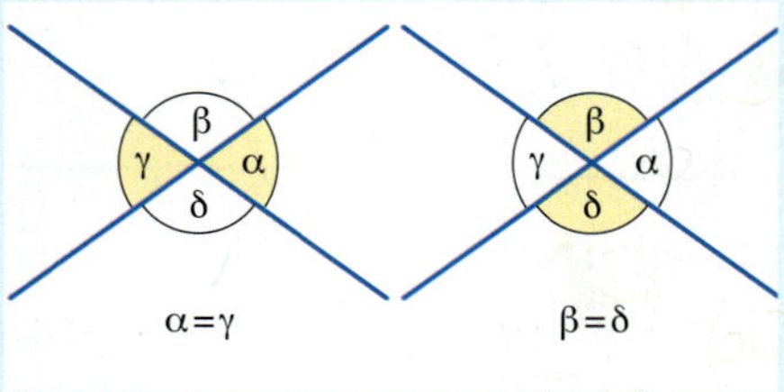

Die Winkel α und γ sowie β und δ sind Scheitelwinkel.

An zwei sich schneidenden Geraden gilt: Nebeneinander liegende Winkel heißen **Nebenwinkel;** sie haben zusammen eine Größe von 180°.

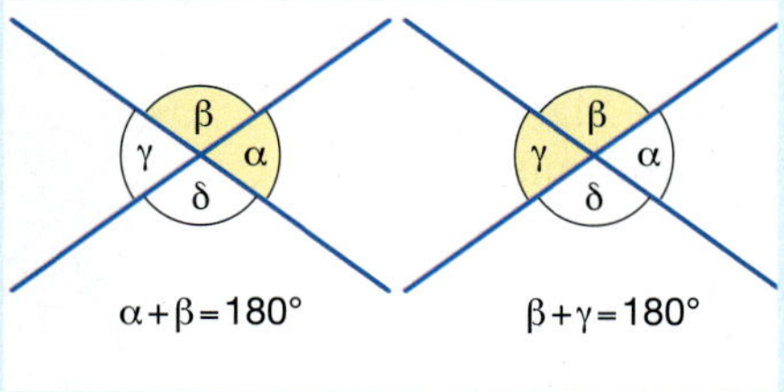

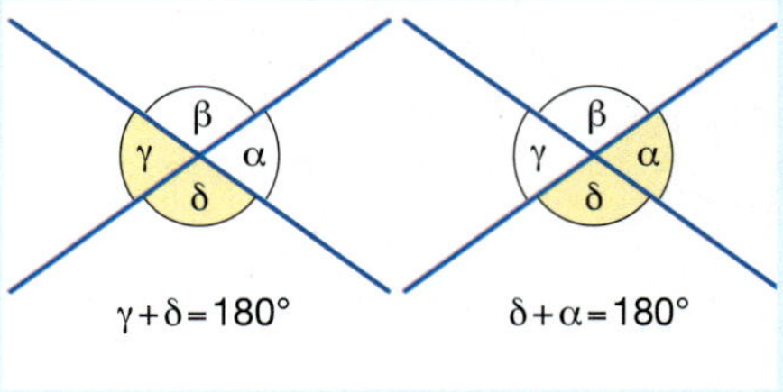

Die Winkel α und β, β und γ, γ und δ sowie δ und α sind Nebenwinkel.

Werden parallele Geraden von einer weiteren Geraden geschnitten, so entstehen **Stufenwinkel** und **Wechselwinkel.**

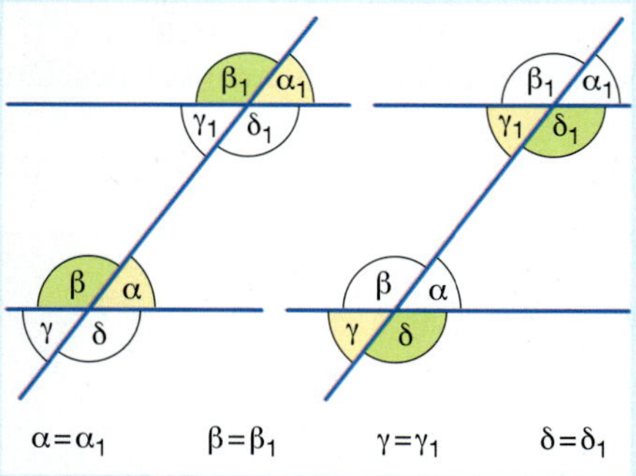

Die Winkel α und α_1, β und β_1, γ und γ_1 sowie δ und δ_1 sind Stufenwinkel.

Stufenwinkel an parallelen Geraden sind gleich groß.

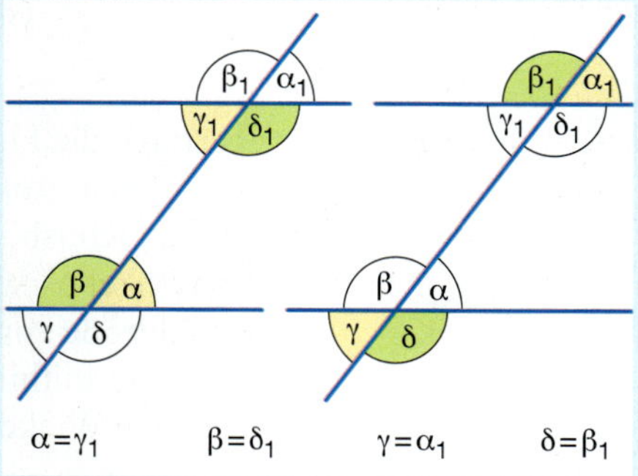

Die Winkel α und γ_1, β und δ_1, γ und α_1 sowie δ und β_1 sind Wechselwinkel.

Wechselwinkel an parallelen Geraden sind gleich groß.

1 

Bestimme die fehlenden Winkelgrößen am Schnittpunkt der Geraden.

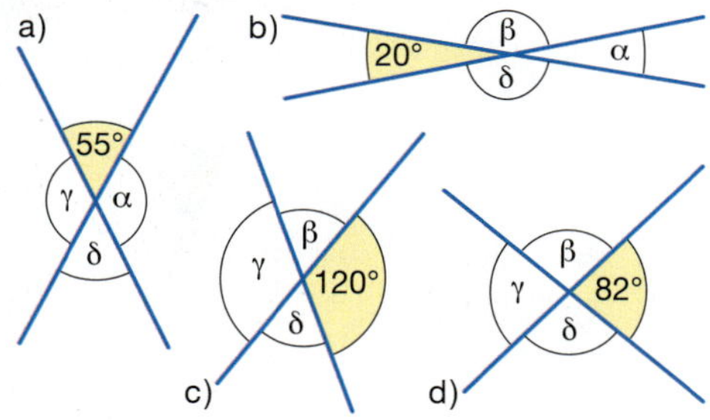

2 Bestimme die fehlenden Winkelgrößen.

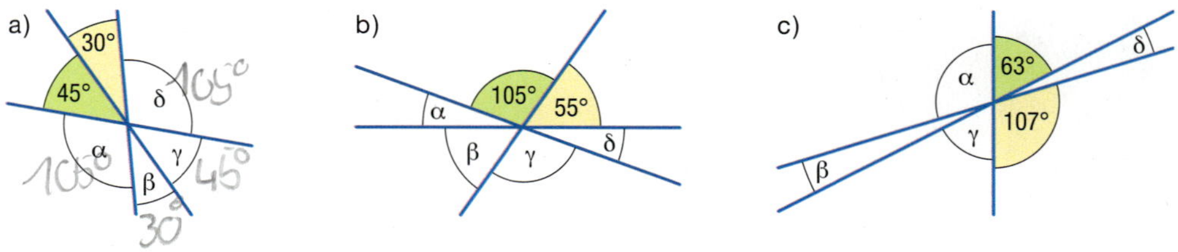

3 Begründe, warum die abgebildeten Geraden g und h zueinander parallel sind.

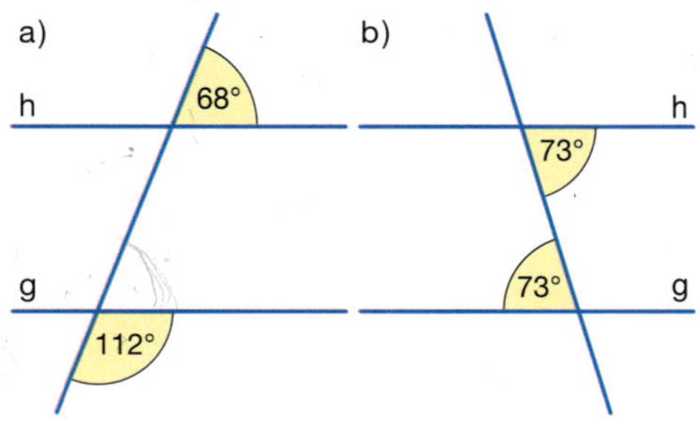

4 Gib in dem Viereck ABCD die Größe der fehlenden Winkel an. Die Strecken $\overline{AB}$ und $\overline{CD}$ sind zueinander parallel.

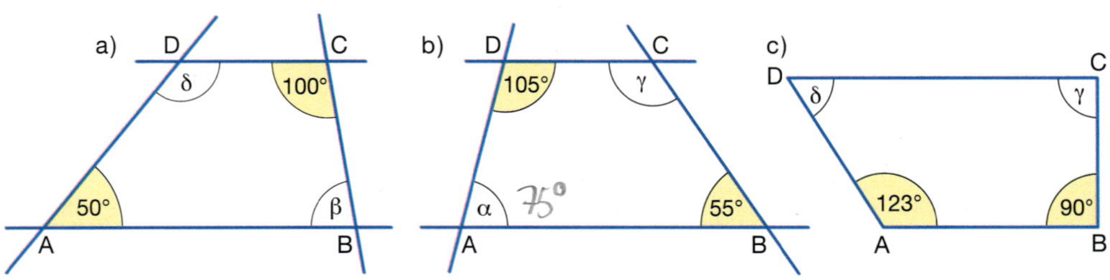

5 Bestimme die Größe der einzelnen Winkel.

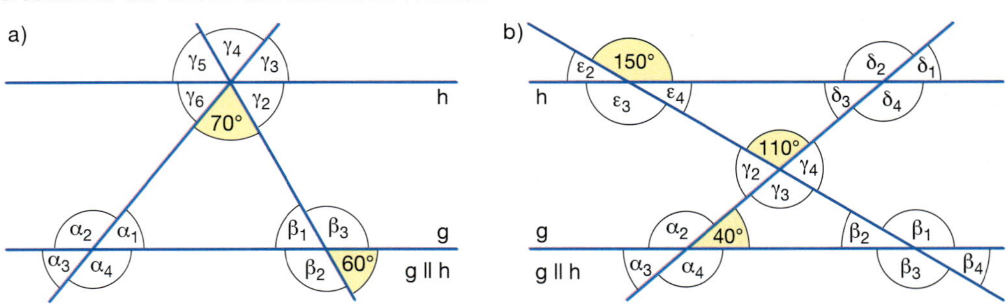

1

Tanja will die Frage beantworten. Sie schneidet deshalb aus Papier ein Dreieck mit sehr unterschiedlichen Seitenlängen aus.
Anschließend schneidet sie alle Ecken des Dreiecks ab und legt sie wie abgebildet zusammen.

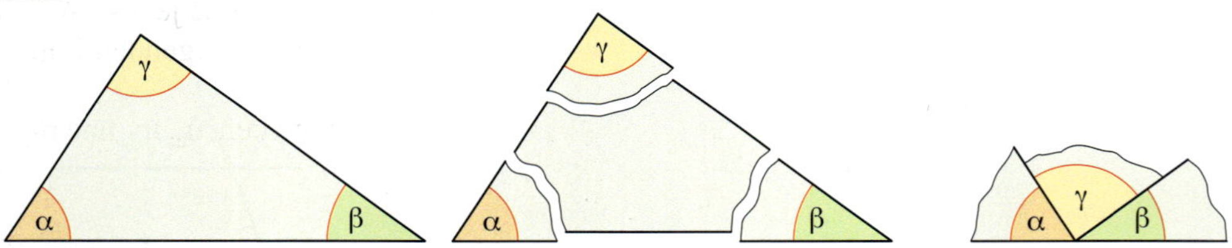

Hat sie die Frage beantwortet? Was meinst du?

2

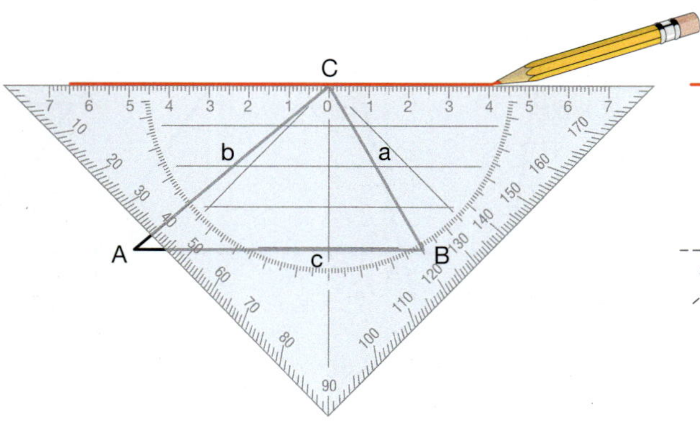

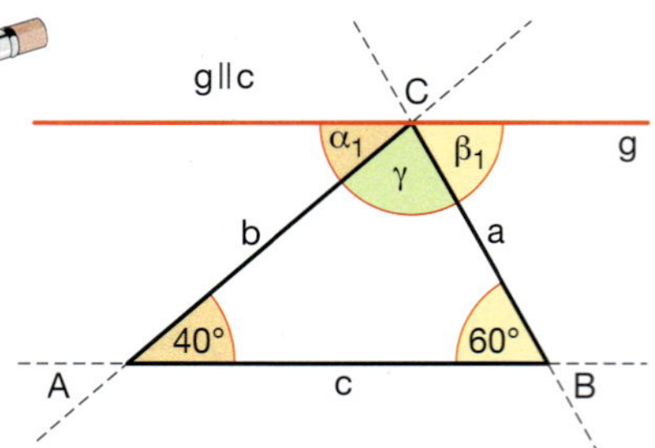

Durch den Eckpunkt C des abgebildeten Dreiecks ABC wird eine Parallele g zur Seite c gezogen.
In der Zeichnung erkennst du, dass die beiden Parallelen g und c von den Dreiecksseiten a beziehungsweise b geschnitten werden.

a) Gib, ohne zu messen, die Größe von α_1 und β_1 an. Begründe deine Ergebnise.
b) Zeige anhand der Abbildung, dass gilt: Die Summe der Innenwinkel in einem Dreieck beträgt 180°.

3 a) In dem abgebildeten Dreieck ABC wurde jede Seite über den Eckpunkt hinaus verlängert.
Wie viele neue Winkel entstanden dadurch an jedem Eckpunkt?

Außenwinkelsatz

b) Zwei der neuen Winkel liegen jeweils **neben dem Innenwinkel.** Sie werden **Außenwinkel** genannt.
Begründe, warum die an einem Eckpunkt liegenden Außenwinkel gleich groß sind.

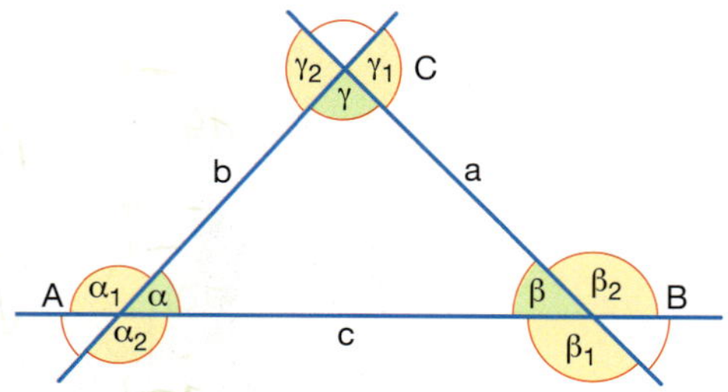

Außenwinkel: α_1, α_2
β_1, β_2
γ_1, γ_2

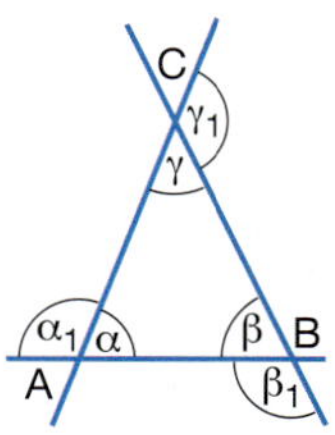

c)

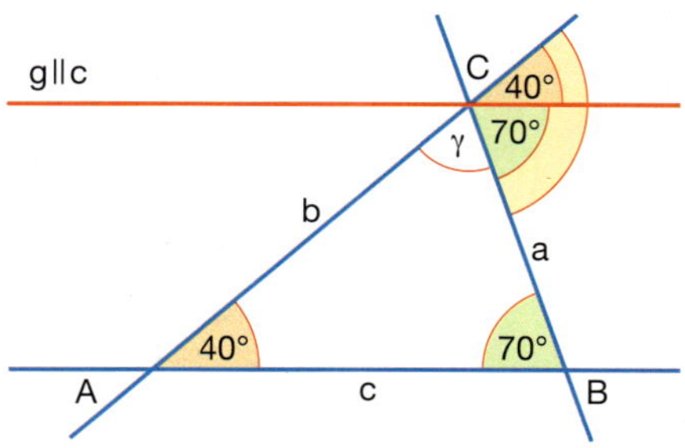

Warum sind in dem abgebildeten Dreieck ABC die mit derselben Farbe gekennzeichneten Winkel gleich groß? Begründe deine Antwort.

$\alpha_1 = \beta + \gamma$
$\beta_1 = \alpha + \gamma$
$\gamma_1 = \alpha + \beta$

d) Erläutere anhand der Abbildung, dass gilt: Die Größe jedes Außenwinkels eines Dreiecks ist gleich der Summe der beiden ihm nicht anliegenden Innenwinkel.

4 a) So kannst du zeigen, dass sich die Mittelsenkrechten m_a, m_b und m_c eines Dreiecks ABC im Mittelpunkt M des Umkreises schneiden:

Umkreis

1. m_a und m_b schneiden sich in M.

$$\overline{BM} = \overline{CM}$$
$$\overline{AM} = \overline{CM}$$

Daraus folgt: $\overline{BM} = \overline{AM}$

Also geht m_c auch durch M.

2. Die Eckpunkte A, B und C liegen also auf demselben Kreis um M mit

$$r = \overline{AM} = \overline{BM} = \overline{CM}$$

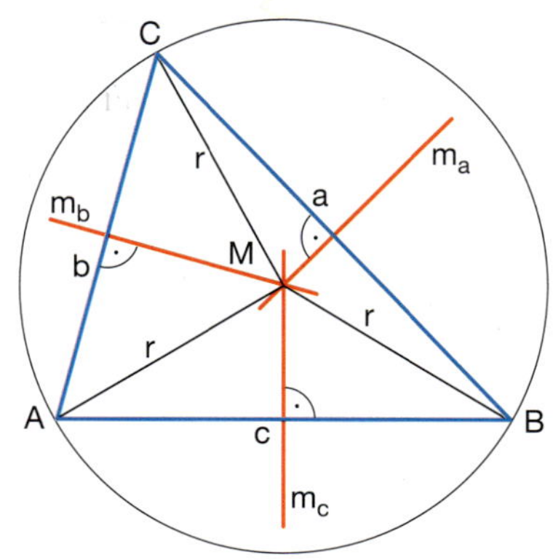

Erläutere die einzelnen Schritte des Beweises.

Inkreis

b) Zeige ebenso, dass die Winkelhalbierenden w_α, w_β und w_γ eines Dreiecks ABC sich im Mittelpunkt O des Inkreises schneiden.

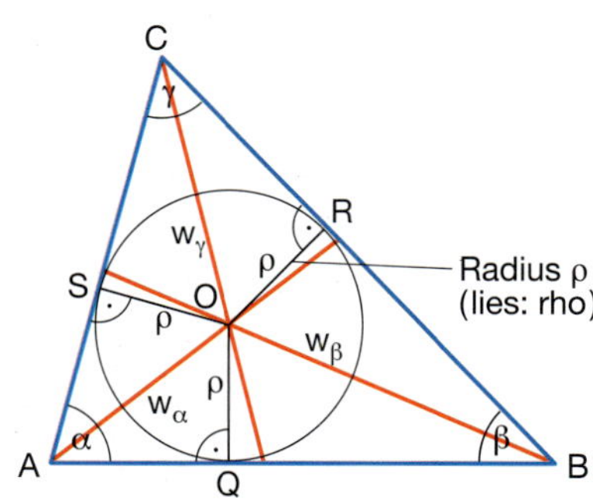

1

Welche Karte gehört auf den freien Platz?

2

Wie lassen sich ihre Schulden am einfachsten begleichen?

3

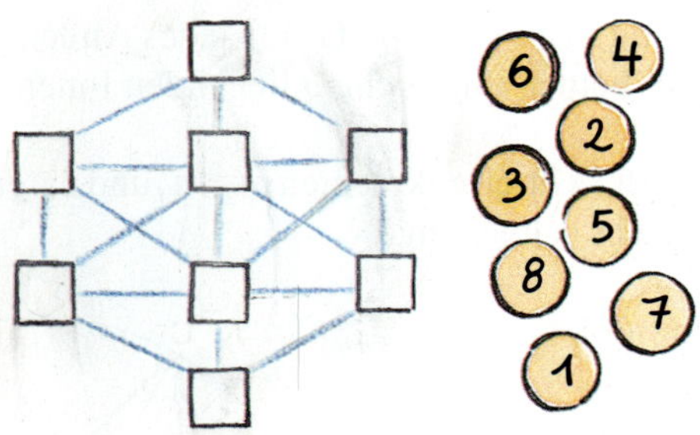

Verteile alle acht runden Kärtchen auf die quadratischen Felder der Figur.
Auf den Feldern, die miteinander durch eine Linie verbunden sind, dürfen keine zwei aufeinanderfolgenden Zahlen liegen.

4 Ordne die sieben Zahlenplättchen so an, dass die Summe in jeder der fünf Zahlenreihen 12 beträgt.

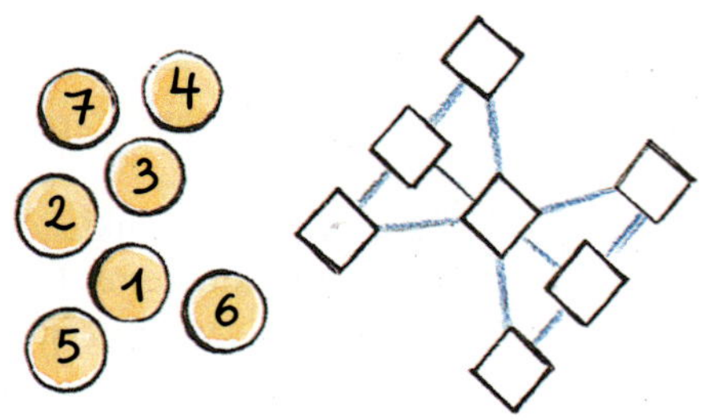

5

Jedes Buch auf dem Regal ist insgesamt 40 mm dick. Ein Deckel eines Buches ist 3 mm stark.
Die hungrige Raupe frisst einen geraden Weg von der ersten Seite des ersten Bandes bis zur letzten Seite des vierten Bandes.
Wie lang ist dieser Weg?

1 Zum Schuljahresbeginn müssen neue Hefte, Stifte, Mappen und andere Unterrichtsmaterialien eingekauft werden.
Arne kauft fünf Hefte, zwei Mappen und zwei Bleistifte. Alexandra kauft sechs Hefte, drei Mappen, einen Füllfederhalter und fünf Tintenpatronen. Melanie kauft drei Hefte, einen Füllfederhalter und einen Kasten Wachsmalstifte. Dennis kauft vier Hefte, zwei Bleistifte, fünf Mappen und 100 Blatt liniertes Papier.
Stelle jeweils eine Rechnung auf und berechne den Gesamtpreis.

2 Vlatka hat für Mathis, Renata, Alexander und sich Unterrichtsmaterialien eingekauft. Sie hat für jedes Kind einen Rechenausdruck **(Term)** zur Berechnung des Endpreises aufgeschrieben.

Mathis:	4,60 € + 1,45 € + 3 · 0,80 € + 2 · 0,35 €
Renata:	4,60 € + 1,45 € + 4 · 0,80 € + 2 · 0,35 €
Alexander:	4,60 € + 1,45 € + 2 · 0,80 € + 2 · 0,35 €
Vlatka:	4,60 € + 1,45 € + 6 · 0,80 € + 2 · 0,35 €

a) Gib an, was Vlatka für Mathis, Renata, Alexander und sich eingekauft hat.
b) Berechne, wie viel Euro jedes Kind bezahlen muss.
c) Wie ändern sich die einzelnen Terme, wenn der Preis für einen Kasten Wachsmalstifte nur 3,90 € beträgt? Berechne für jedes Kind den neuen Endpreis.

3 Für den Kunstunterricht sollen ein Zeichenblock und Farbstifte gekauft werden.
a) Anna kauft einen Block und sieben Farbstifte, Daniel einen Block und fünf Farbstifte, Isabel einen Block und zehn Farbstifte, Viktor einen Block und acht Farbstifte.
Gib für jedes Kind einen Term zur Berechnung des Endpreises an. Berechne jeweils den Endpreis.
b) Beschreibe in Worten, wie du alle Endpreise berechnen kannst.
c) Berechne den Endpreis für einen Block und 9 (12, 15, 20) Farbstifte.
d) Wie ändern sich die Terme, wenn der Zeichenblock 1,90 € und ein Farbstift 0,60 € kostet?

4 Marcel, Tina und Mareike wollen für ihren Wandertag einkaufen. Jedes Kind kauft eine Flasche Multivitaminsaft und ein Päckchen Kaugummi. Marcel kauft noch vier Müsliriegel, Tina kauft einen Müsliriegel und Mareike drei. Sie bezahlen jeweils mit einem 10-€-Schein.

a) Berechne, wie viel Geld jedes Kind zurückbekommt. Gib zunächst für jedes Kind einen Term zur Berechnung des Rückgeldes an.

b) Mithilfe des Terms **5,00 € – 1,08 € – 0,30 € – □ · 0,40 €** kannst du das Rückgeld auch bei zwei (fünf, sechs, sieben) gekauften Müsliriegeln berechnen. Setze dazu anstelle des Platzhalters die Anzahl der Müsliriegel ein und berechne.

c) Wie viele Müsliriegel können bei einem solchen Einkauf höchstens gekauft werden?

d) Gib einen anderen Term an, mit dessen Hilfe du das Rückgeld berechnen kannst.

5 Die Klasse 6a hat für ihren Wandertag einen Bus gemietet. Die Kosten dafür betragen 300 €. Der Eintritt in ein Museum kostet pro Schüler 1,80 €, die Besichtigung eines Wasserschlosses 1,10 € (Begleitpersonen zahlen keinen Eintritt). Die Schülerinnen und Schüler haben einen Term zur Berechnung der Gesamtkosten aufgestellt. Er enthält einen Platzhalter **(eine Variable)** für die Anzahl der Schülerinnen und Schüler.

a) Berechne mithilfe des Terms die Gesamtkosten für 26 (27, 28, 29) Schüler.

b) Gib einen anderen Term zur Berechnung der Gesamtkosten an.

> **Term** zur Berechnung der Gesamtkosten:
>
> **300 € + □ · (1,80 € + 1,10 €)**
>
> **300 € + x · (1,80 € + 1,10 €)**
>
> Anstelle von □ als Platzhalter **kannst** du auch die **Variablen x, y, z** benutzen.

6

Die Klassenlehrerin möchte für alle 28 Kinder der Klasse Eis kaufen.
Sie hat noch 160 € übrig, um den Museumsbesuch (1,80 €), die Schlossbesichtigung (1,10 €) und das Eis zu bezahlen. Der Term
28 · (1,80 € + 1,10 € + x · 0,50 €)
gibt die Kosten für alle Kinder an.

a) Wie viele Eiskugeln können höchstens für jedes Kind gekauft werden?

b) Gib einen anderen Term zur Berechnung der Kosten an.

7 Einige Schülerinnen und Schüler der Klasse 6a möchten gemeinsam ins Kino gehen.

a) Wie viel Euro kostet der Kinobesuch am Montag für fünf (sechs, acht, zehn) Schülerinnen und Schüler?

b) Gib einen Term zur Berechnung der Gesamtkosten an. Benutze x als Variable für die Anzahl der Schülerinnen und Schüler.

c) Wie ändert sich der Term, wenn die Kinder an einem anderen Wochentag das Kino besuchen?

8 Im Mathematikunterricht wurde das Thema „Wasserverbrauch" behandelt. Die Schülerinnen und Schüler haben erfahren, dass der monatliche Grundpreis 5,50 € beträgt. Dazu kommt für jeden Kubikmeter Frischwasser einschließlich der Schmutzwasserkosten ein Preis von 3,59 €.

a) Berechne die Gesamtkosten bei einem Verbrauch von 3 (4, 5, 6) Kubikmeter Frischwasser im Monat.

b) Gib einen Term zur Berechnung der monatlichen Gesamtkosten an. Benutze x als Variable für die Anzahl der Kubikmeter.

9 Die Schülerinnen und Schüler der 6a möchten ihren Klassenraum verschönern. Sie haben 78 € eingesammelt, um dafür Wechselrahmen für ihre im Kunstunterricht gemalten Bilder zu kaufen. Gib einen Term für das Geld an, das nach dem Kauf übrig bleibt, wenn sie

a) nur größere Wechselrahmen

b) nur kleinere Wechselrahmen kaufen. Benutze x als Variable für die Anzahl der Rahmen.

c) Wie viele größere (kleinere) Rahmen können höchstens gekauft werden?

10 Für den Mathematikunterricht wollen die 28 Schülerinnen und Schüler der 6b ihre Zirkel und Geodreiecke gemeinsam bestellen. Drei unterschiedliche Zirkel stehen zur Auswahl.

a) Gib einen Term zur Berechnung des Gesamtpreises an. Benutze x als Variable für den Preis des Zirkels.

b) Berechne mithilfe des Terms die drei möglichen Gesamtpreise.

c) Gib, falls möglich, einen weiteren Term zur Berechnung des Gesamtpreises an.

1 a) Diejenige Rakete fliegt am höchsten, bei der du durch Einsetzen der Zahl 5 für die Variable x den größten Wert errechnest. Finde diese Rakete.
b) Welche Rakete ist das, wenn du für x immer die Zahl 12 einsetzt?

Variable

□; **x**; **y**; … bezeichnet man als **Platzhalter** oder **Variable.**

Terme

Rechenausdrücke der Art **x + 3; 17 + x; x + (9 − 7)**; … bezeichnet man als **Terme.** Aber auch Variable und Zahlen kann man als Terme auffassen z. B. **x; 12;** …
Setzt man in einen Term, der eine Variable enthält, für die Variable eine Zahl ein, so kann man den Termwert berechnen.

Durch Einsetzen z. B. von der Zahl 4 in den Term y + 2 erhält man den Termwert 4 + 2 = 6

2 Schreibe die Tabelle ab und fülle aus.

x	x + 76	x − 34	200 − x	x + x	58 + (x + 37)	300 − (x − 10)
55	55 + 76 = 131					
71						
123						

3 Erstelle einen passenden Term und berechne dessen Wert.
a) Addiere zur Summe aus 1 578 und 2 380 die Zahl 456.
b) Subtrahiere von der Differenz der Zahlen 1 809 und 198 die Zahl 458.
c) Subtrahiere von 5 698 die Summe der Zahlen 234 und 4 573.
d) Addiere zum Nachfolger von 1 234 den Vorgänger von 2 345.
e) Subtrahiere von der Summe aus 2 345 und 234 die Differenz der Zahlen 176 und 45.

4 Berechne den Wert folgender Summenterme.
a) Die zweite Zahl heißt 460. Die erste ist um 217 größer.
b) Die erste Zahl heißt 1 200, die zweite ist um 900 größer als die erste, die dritte ist um 1 700 größer als die zweite.
c) Die erste Zahl heißt 3 406, die zweite ist um 1 600 kleiner als die erste, die dritte ist um 848 größer als die zweite und die vierte Zahl ist die Summe aus der ersten und zweiten Zahl.

5 Schreibe zu folgenden Termen einen Text.

1. Beispiel: 20 + (50 − 10)

Addiere zur Zahl 20 die Differenz der Zahlen 50 und 10.

2. Beispiel: (60 + 25) − 12

Subtrahiere von der Summe der Zahlen 60 und 25 die Zahl 12.

a) 40 + (60 − 20)
b) (50 + 30) − 25
c) 98 − (62 − 15)
d) (88 + 20) + (45 − 30)
e) (101 − 71) + (35 + 58)
f) 79 − 47 − (15 + 17)

6 Rechne den Term aus. Du erhältst den **Wert** des Terms.

a) $8{,}50 \cdot 3 + 9{,}50 \cdot 2$
b) $6{,}50 \cdot 4 + 7{,}50 \cdot 3$
c) $11{,}40 \cdot 3 + 0{,}50 \cdot 6$
d) $4 \cdot 2{,}50 - 6 \cdot 1{,}50$
e) $19{,}30 - 7 \cdot 1{,}80$
f) $2 \cdot 12{,}70 - 3 \cdot 7{,}80$
g) $3 \cdot 2{,}60 + 4 \cdot 3{,}70 - 5 \cdot 5{,}60$
h) $7 \cdot 1{,}80 - 6 \cdot 2 + 9 \cdot 11{,}05$
i) $12 \cdot 3{,}80 - 5 \cdot 3{,}10 - 7 \cdot 4{,}20$

7 Berechne jeweils den Wert des Terms. Vergleiche die Ergebnisse miteinander.

a) $4 + 5 \cdot 6{,}2$
$4 \cdot 6{,}2 + 5 \cdot 6{,}2$
$(4 + 5) \cdot 6{,}2$

b) $6 \cdot (4{,}9 - 0{,}7)$
$6 \cdot 4{,}9 - 0{,}7$
$6 \cdot 4{,}9 - 6 \cdot 0{,}7$

c) $12{,}8 - 9{,}6 : 4$
$(12{,}8 - 9{,}6) : 4$
$12{,}8 : 4 - 9{,}6 : 4$

d) $56{,}7 : 9 - 2$
$56{,}7 : (9 - 2)$
$56{,}7 : 7 - 56{,}7 : 9$

8 Setze für die Variable x die Zahlen 1, 2, 3, 4, …, 10 ein und berechne jeweils den Wert des Terms. Lege wie im Beispiel eine Tabelle an.

a) $3 \cdot x + 4{,}50$
b) $11 \cdot x - 9{,}60$
c) $23{,}50 - 1{,}10 \cdot x$
d) $12 \cdot (3 \cdot x + 2{,}40)$
e) $29{,}10 - (3 \cdot x - 1{,}80)$
f) $4 \cdot x - (2 \cdot x + 1{,}90)$

Variable x	Term $7 \cdot x - 6{,}90$	Termwert
1	$7 \cdot 1 - 6{,}90$	0,10
2	$7 \cdot 2 - 6{,}90$	7,10
3	$7 \cdot 3 - 6{,}90$	14,10
4	$7 \cdot 4 - 6{,}90$	21,10
⋮	⋮	⋮

9

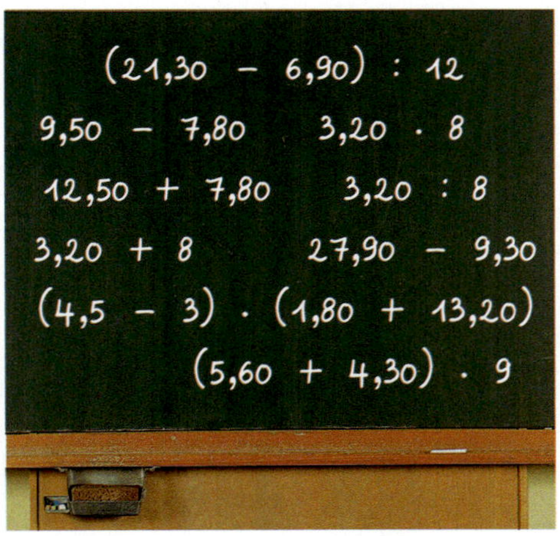

Ordne jedem Text einen Term zu. Berechne den Wert des Terms.

a) Die Summe der Zahlen 12,50 und 7,80.
b) Die Differenz der Zahlen 9,50 und 7,80.
c) Der Quotient aus 3,20 und 8.
d) Das Produkt aus 3,20 und 8.
e) Addiere zu 3,20 die Zahl 8.
f) Subtrahiere von 27,90 die Zahl 9,30.
g) Multipliziere die Summe der Zahlen 5,60 und 4,30 mit 9.
h) Dividiere die Differenz der Zahlen 21,30 und 6,90 durch 12.
i) Multipliziere die Differenz der Zahlen 4,5 und 3 mit der Summe der Zahlen 1,80 und 13,20.

10 Schreibe als Term wie im Beispiel. Die unbekannte Zahl wird in der Regel mit x bezeichnet.
Setze für x die Zahl 12,80 (13,60; 19,20) ein und berechne den Wert des Terms.

a) Das Siebenfache einer Zahl.
b) Die Differenz aus 47 und einer Zahl.
c) Die Differenz aus 100 und dem Dreifachen einer Zahl.
d) Der Quotient aus einer Zahl und 8.

Text	Term
Die Summe aus einer Zahl und 2.	$x + 2$
Das Produkt aus einer Zahl und 5.	$x \cdot 5$
Die Differenz aus einer Zahl und 3.	$x - 3$
Der Quotient aus einer Zahl und 6.	$x : 6$

11 Forme den Term in einen Text um.

a) $23{,}80 - 13{,}90$
b) $47{,}80 - x$
c) $13 \cdot x$
d) $56{,}80 : 8$
e) $26 - (11{,}60 + 3{,}50)$
f) $(x + 3{,}70) \cdot 4$
g) $x : 4 - 3{,}40$
h) $7 \cdot x + 2{,}5$

1

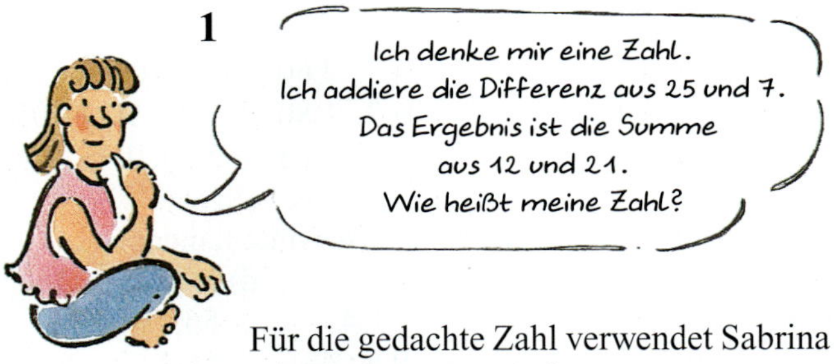

Sabrina schreibt das Zahlenrätsel so:

gedachte Zahl: x
25 – 7 addieren: $x + (25 - 7)$
ergibt: 12 + 21: $x + (25 - 7) = 12 + 21$

Für die gedachte Zahl verwendet Sabrina die Variable x. Sie könnte aber auch Buchstaben wie y oder z verwenden.

Gleichung

Verbindet man zwei Terme durch das Zeichen =, so erhält man eine **Gleichung**, z. B. $\mathbf{x + (25 - 7) = 12 + 21; \quad x = 12; \ldots}$.

Deine Aufgabe besteht nun darin, die Zahl zu finden, die sich hinter der Variablen in der Gleichung „versteckt". Diese Zahl kommt meistens aus der Menge der natürlichen Zahlen $\mathbb{N}$. Es kann aber auch eine andere Zahlenmenge vorgeschrieben werden, aus der die gesuchte Zahl stammen soll.

Grundbereich

Lösungsmenge

Die Menge aller Zahlen, die man für die Variable einsetzen kann, bezeichnet man als **Grundbereich** $\mathbb{G}$.
Alle Zahlen aus $\mathbb{G}$, die beim Einsetzen in die Gleichung zu einer wahren Aussage führen, fasst man zur **Lösungsmenge** $\mathbb{L}$ der Gleichung zusammen.

Beispiel: Suche die Lösung zu Sabrinas Gleichung

$x + (25 - 7) = 12 + 21; \qquad \mathbb{G} = \mathbb{N}$

Vereinfachen: $x + 18 = 33$

Einsetzen von Zahlen aus $\mathbb{G} = \mathbb{N}$ oder Umkehrung der Rechenschritte

Einsetzen von Zahlen aus $\mathbb{G} = \mathbb{N}$	Umkehrung der Rechenschritte
$6 + 18 = 33$ f	$x = 33 - 18$
$10 + 18 = 33$ f	$x = 15$
$15 + 18 = 33$ w	Probe: $15 + (25 - 7) = 12 + 21$
$16 + 18 = 33$ f	$15 + 18 = 33$ w

Lösungsmenge: $\mathbb{L} = \{15\}$

Nur für die Zahl 15 ergibt sich eine wahre Aussage. Deshalb besteht die Lösungsmenge nur aus einem Element, nämlich der Zahl 15. Die Lösungsmenge $\mathbb{L}$ ist Teilmenge des Grundbereichs $\mathbb{G} = \mathbb{N}$, wie im Mengendiagramm zu sehen ist.

Teilmenge

Man schreibt: $\mathbb{L} \subseteq \mathbb{N}$ (lies: „$\mathbb{L}$ ist **Teilmenge** von $\mathbb{N}$").

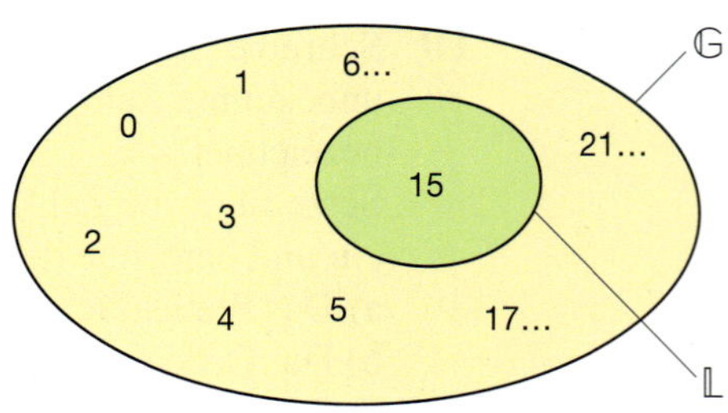

2 Bestimme die Lösung der Gleichungen in $\mathbb{G} = \mathbb{N}$.

a) $x - 35 = 45$
$x + 35 = 45$
$x \cdot 35 = 70$

b) $x \cdot 5 = 105$
$x : 5 = 10$
$67 + x = 9^2$

c) $x + 67 = 107$
$45 + x = 9 \cdot 5$
$4^2 \cdot x = 16$

d) $x \cdot (3^2 + 1) = 90$
$x : 5 = (75 - 5^2) \cdot 2$
$x : 11 = 18 : 2$

3 Was gehört zusammen?`Bestimme die Lösung in $\mathbb{G} = \mathbb{N}_0$.

a	$x + 39 = 6 \cdot 13$	b	$x \cdot 39 = 6 \cdot 13$	c	$x - 39 = 9 : 3$	d	$x : 39 = 9 : 3$

A Subtrahiere von einer Zahl 39. Es ergibt sich der dritte Teil von 9.

B Addiere 39 zu einer Zahl. Es ergibt sich das Produkt aus 6 und 13.

C Multipliziere eine Zahl mit 39. Du erhältst das Produkt aus 6 und 13.

D Dividiere eine Zahl durch 39 und du erhältst den dritten Teil von 9.

4 In welche Behälter fallen die Kugeln in der Sortiermaschine? Welche Kugeln bleiben übrig?

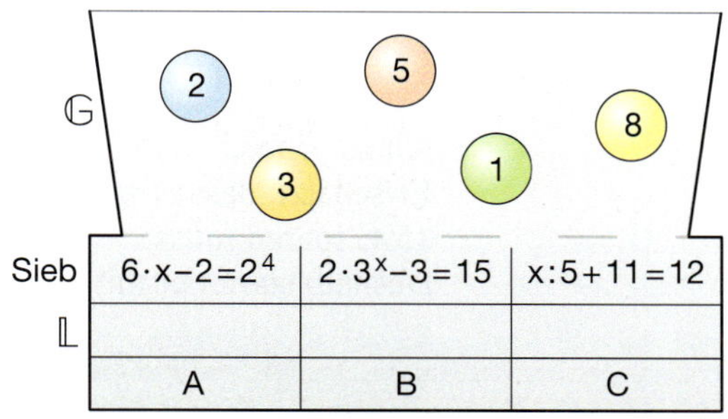

5 Herr Holzmeier baut einen 1,80 m hohen Sichtschutzzaun an der Front zur Straße. An der Innenseite pflanzt er später einmal Kletterpflanzen. Wie viele 18 cm breite Bretter braucht er pro Zaunfeld? Sohn Hans, der seinem Vater hilft, versucht das Problem mit einer Gleichung zu lösen.

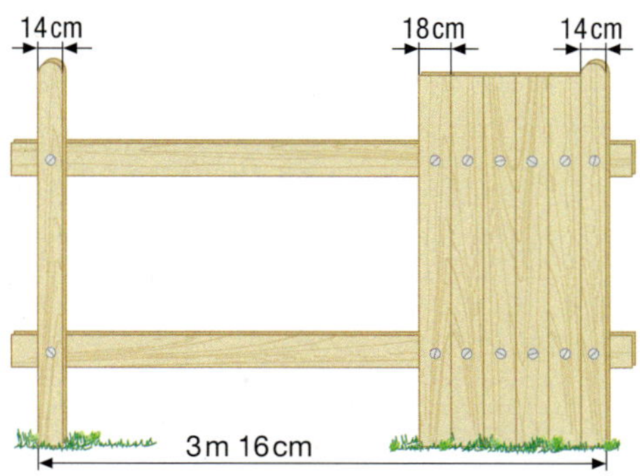

Er schreibt:

Anzahl der Bretter: x

Breite von x Brettern: $x \cdot 18\text{ cm}$

ergibt Breite des Zaunfeldes: $x \cdot 18\text{ cm} = 316\text{ cm} - 2 \cdot 14\text{ cm}$

Führe die Rechnung zu Ende.

6 Ein neu gebautes Autobahnteilstück ist 1 km 150 m lang. Im ersten Monat wurde eine Länge von 250 m fertig, im zweiten Monat die doppelte Länge und im dritten Monat die restliche Länge. Erstelle eine passende Gleichung und löse sie.

7 Frau Reininger kauft eine Waschmaschine für 548 €. 300 € bezahlt sie sofort. Den Rest muss sie in 8 gleichen Monatsraten bezahlen.
Erstelle eine passende Gleichung, mit der die Höhe der Monatsrate ermittelt werden kann. Löse die Gleichung.

1 Klaus möchte sich im nächsten Winter ein neues Surfboard kaufen. Er weiß, dass er für ein gutes Surfboard mehr als 400 € hinlegen muss. 272 € hat Klaus bereits gespart. Maximal kann er im Monat 20 € zurücklegen.
Wie viel **ganze Euro** muss Klaus im Monat mindestens sparen, wenn er das Geld für das Surfboard nach acht Monaten zur Verfügung haben will?

Klaus stellt folgende Rechnung auf:

mindestens zu sparender Betrag:	400 € − 272 € = 128 €
Sparrate pro Monat:	x €
Betrag in 8 Monaten:	8 · x €
macht mehr als 128 €:	8 · x € > 128 €

Klaus probiert durch Einsetzen zu lösen. Er schätzt, dass er pro Monat mindestens 15 € sparen muss.
Deshalb startet er mit x = 15.

$8 \cdot 15 > 128$
$120 > 128$ f

$8 \cdot 16 > 128$
$128 > 128$ f

$8 \cdot 17 > 128$ w
$136 > 128$ w

$8 \cdot 18 > 128$ w

$\mathbb{L} = \{17; 18; 19; 20\}$

Antwort: Klaus muss mindestens 17 € pro Monat sparen.

Seine ältere Schwester Vroni löst die Aufgabe mit der Umkehrrechnung.

$8 \cdot x > 128$
$x > 128 : 8$
$x > 16$

$\mathbb{L} = \{17; 18; 19; 20\}$

Vroni erklärt Klaus die Rechnung:

Für das Surfboard musst du in 8 Monaten mehr als 128 € sparen. Somit musst du in einem Monat mehr als 16 € beiseite legen.

Ungleichung

Verbindet man zwei Terme durch eines der Zeichen < oder >, so erhält man eine **Ungleichung**. Beispiel: $8 \cdot x > 128$; ▢ > 12; $6 \cdot y < 18$.

Lösungsmenge

Alle Zahlen aus dem Grundbereich $\mathbb{G}$, die beim Einsetzen in die Ungleichung zu einer wahren Aussage führen, sind **Lösung** der Ungleichung. Die Menge dieser Zahlen bildet die **Lösungsmenge** $\mathbb{L}$, wobei $\mathbb{L} \subseteq \mathbb{G}$.

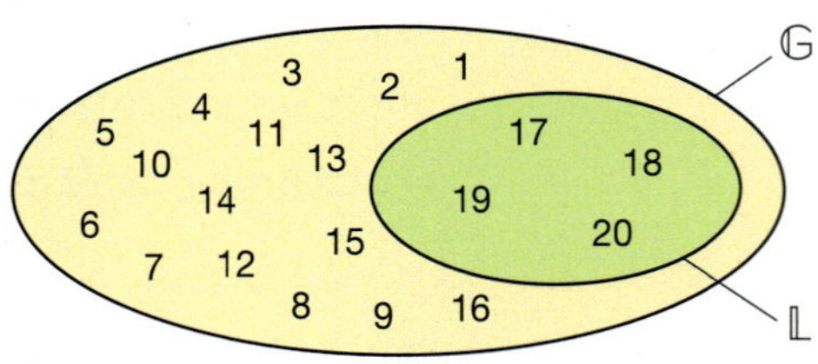

Darstellung der Lösungsmenge $\mathbb{L}$ auf dem Zahlenstrahl

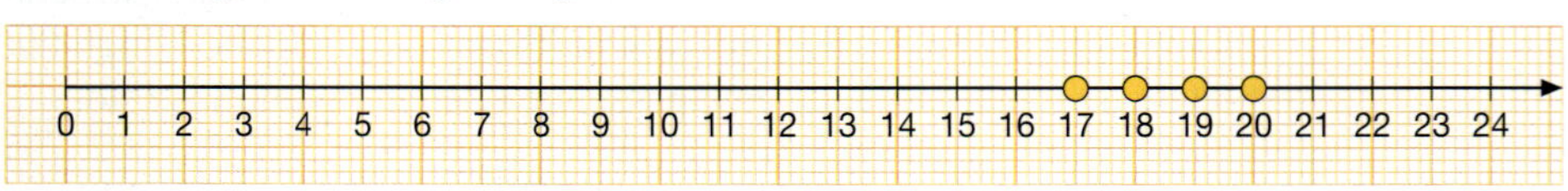

2 Bestimme die Lösungsmenge

Ungleichung	Grundbereich $\mathbb{G}$
a) $x + 17 < 23$	$\mathbb{N}$
b) $x - 12 > 3$	$\{15; 16; \dots 20\}$
c) $23 - x < 6 \cdot 3$	$\mathbb{N}$
d) $504 : x > 169$	$\{1; 2; 3\}$

Ungleichung	Grundbereich $\mathbb{G}$
e) $13 \cdot x > 104 : 8 + 26$	$\mathbb{N}$
f) $x : 5 < 5 \cdot 25 + 25$	$\{150; 175; 200; \dots\}$
g) $x \cdot 3 > (197 - 177) \cdot 7$	$\{7; 8; \dots 11\}$
h) $x \cdot (27 : 9) > 33$	$\{3; 6; 9; \dots 30\}$

3 Erstelle eine passende Ungleichung und löse sie. ($G = \mathbb{N}$).

Hinweis: x ist **mindestens** 7 — Das heißt: x ist gleich 7 oder x ist größer als 7
Man schreibt: $x \geqq 7$
x ist **höchstens** 7 — Das heißt: x ist gleich 7 oder x ist kleiner als 7
Man schreibt: $x \leqq 7$

a) Wenn man zu einer Zahl 12 addiert, so ist das Ergebnis mindestens 112 .
b) Wenn man von einer Zahl 18 subtrahiert, so ist das Ergebnis höchstens 9.
c) Subtrahiere von einer Zahl die Zahl 87. Das Ergebnis ist mindestens 23.
d) Dividiere 64 durch eine Zahl. Das Ergebnis ist höchstens 4.

4 Die Lösung der Ungleichung ist auf dem Zahlenstrahl dargestellt. Gib die passende Ungleichung an. ($G = \{1, 2, 3, 4, 5, 6, 7, 8$).

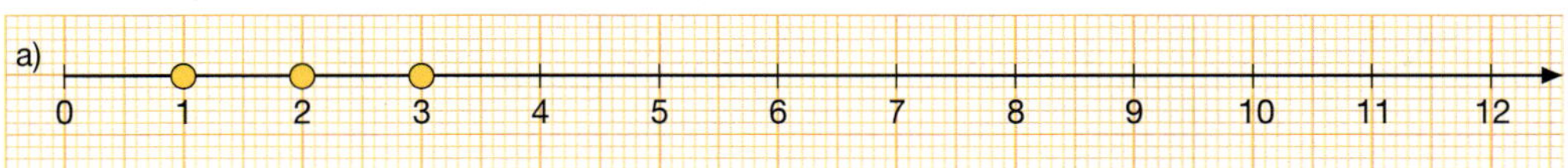

A $21 - x > 17$ B $6 \cdot x > 24 - (13 - 39 : 3)$ C $x + 13 - 2 > 15$

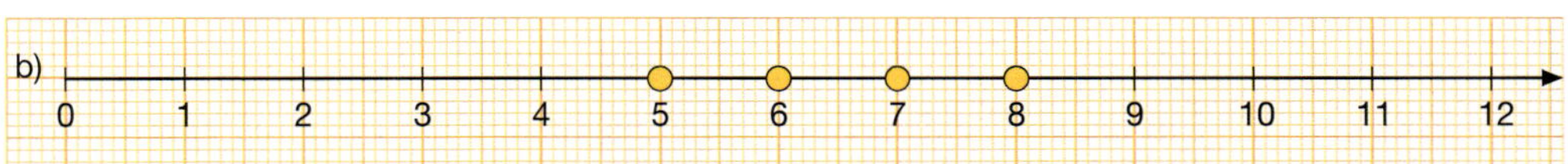

A $28 - x < 23$ B $3 \cdot x > 23 - (112 + 9) : 11$ C $(75 - 23) : 4 > 14 - x$

5 Finde und löse passende Ungleichungen.

a) Bei der Tour de France ist bei einer Etappe ein Zielanstieg mindestens so lang, wie der vierte Teil der Gesamtetappe, die 176 km beträgt.
b) Bei einer Etappe fahren 138 Fahrer im Hauptfeld. Fünf Fahrer geben auf. Zusammen mit den Fahrern in der Spitzengruppe erreichen nun höchstens 156 Fahrer das Etappenziel.
c) Das Hauptfeld schafft in einer halben Stunde 24 km. Wie viel Kilometer muss ein Ausreißer in einer halben Stunde fahren, damit er nach $2\frac{1}{2}$ Stunden mehr als 10 km Vorsprung hat?

1

Carsten möchte ein großes Aquarium in seine Schrankwand einbauen. Dabei soll der vorhandene Raum möglichst gut ausgenutzt werden. In der Skizze hat er die Schrankmaße in Zentimeter eingetragen.
Das Aquarium will er aus einzelnen Glasplatten mithilfe von Silikon zusammensetzen. Wie viele Glasplatten muss Carsten kaufen, wenn das Aquarium oben offen bleiben soll?

2

Bezeichnung	Länge x Breite	
Frontwand	70 cm x 50 cm	
	x	
	x	
	x	
	x	
	x	

Um die Größe der Platten zu berechnen, macht Carsten eine weitere Skizze und legt anschließend eine Materialliste an.
Ergänze die Tabelle im Heft. Beachte die Glasstärke von 1 cm.

3

Welche Informationen kann Carsten der Preisliste entnehmen?

4 Beim Berechnen des Glasbedarfs hat Carsten mit der Frontscheibe begonnen.

$A = 70\ cm \cdot 50\ cm$

$A = 3500\ cm^2$

Bezeichnung	Länge x Breite	Flächeninhalt
Frontwand	70 cm x 50 cm	3500 cm^2
	x	
	x	
	x	
	x	

a) Berechne die Flächeninhalte der restlichen Glasplatten und trage die Ergebnisse in deine Tabelle ein.

b) Ermittle die Kosten, die Carsten für das Glas entstehen. Runde das Ergebnis auf Cent.

5 Carsten hat das Aquarium gebaut und will es mit Wasser füllen. Nachdem er vier Liter Wasser eingefüllt hat, stellt er fest, dass die Höhe des Wasserspiegels im Aquarium ungefähr 1 cm beträgt.

a) Wie viel Liter Wasser kann er in das Aquarium einfüllen?

b) Carsten will das Aquarium nicht vollständig füllen. Oben sollen 5 cm frei bleiben, um einen Deckel mit Beleuchtung einzubauen.

c) Wie oft muss Carsten Wasser holen, wenn er einen 10-Liter-Eimer benutzt?

1

Vor dem Gartenhaus soll ein 4 m langer und 3 m breiter Grillplatz angelegt werden.

Beschreibe, wie Saskia und Jan den Flächeninhalt dieses Rechtecks bestimmen.

Saskias Rechnung:

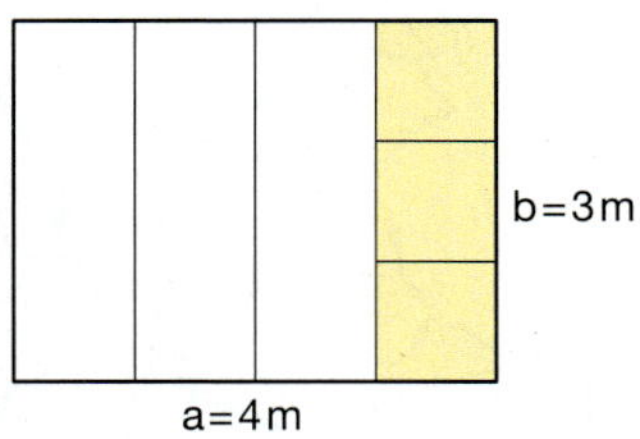

Anzahl der Streifen	·	Flächeninhalt eines Streifens	=	Flächeninhalt
4	·	$3 m^2$	=	$12 m^2$

Jans Rechnung:

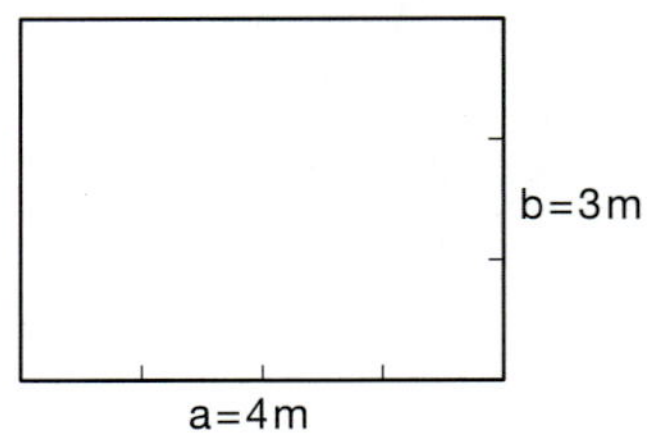

Länge a	·	Breite b	=	Flächeninhalt
4 m	·	3 m	=	$12 m^2$

Flächeninhalt eines Rechtecks
mit den Seitenlängen a und b

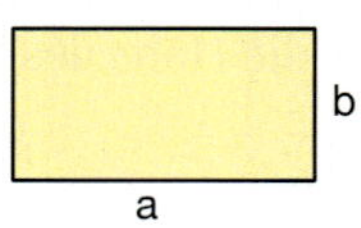

$A = a \cdot b$

Flächeninhalt eines Quadrats
mit der Seitenlänge a

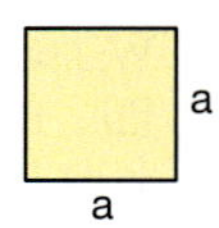

$A = a \cdot a$
$A = a^2$

2 Zeichne ein Rechteck mit den angegebenen Seitenlängen a und b in dein Heft. Berechne seinen Flächeninhalt.

	a)	b)	c)	d)	e)
a	2 cm	3 cm	8 cm	4,4 cm	6,2 cm
b	4 cm	5 cm	2 cm	2,5 cm	3,5 cm

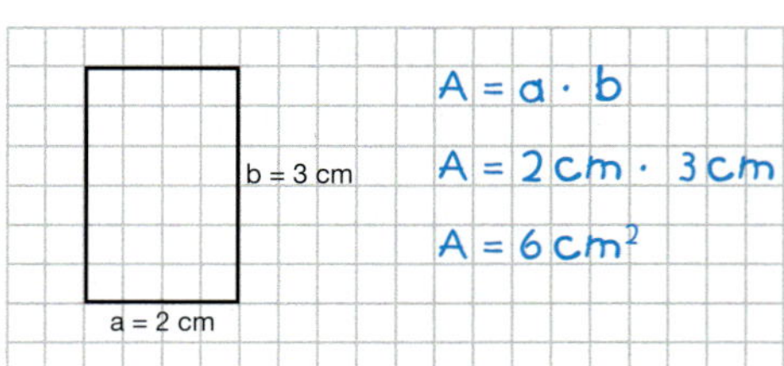

3 Ein Rechteck hat eine Länge von 6 dm und eine Breite von 4 dm.
a) Welchen Flächeninhalt hat das Rechteck?
b) Suche drei weitere Rechtecke mit dem gleichen Flächeninhalt. Gib deren Länge und Breite an.

4 Berechne den Flächeninhalt des Rechtecks mit den angegebenen Seitenlängen a und b.
Gib deine Lösung auch in der nächstgrößeren Flächeneinheit an.

	a)	b)	c)	d)
a	70 cm	550 cm	25 dm	360 m
b	40 cm	120 mm	84 dm	480 m

Flächeneinheiten

1 m² = 100 dm²
1 dm² = 100 cm²
1 cm² = 100 mm²

1 km² = 100 ha (Hektar)
1 ha = 100 a (Ar)
1 a = 100 m²

5 Bestimme den Flächeninhalt der abgebildeten Rechtecke. Gib den Flächeninhalt auch in Ar (a) und in Hektar (ha) an.

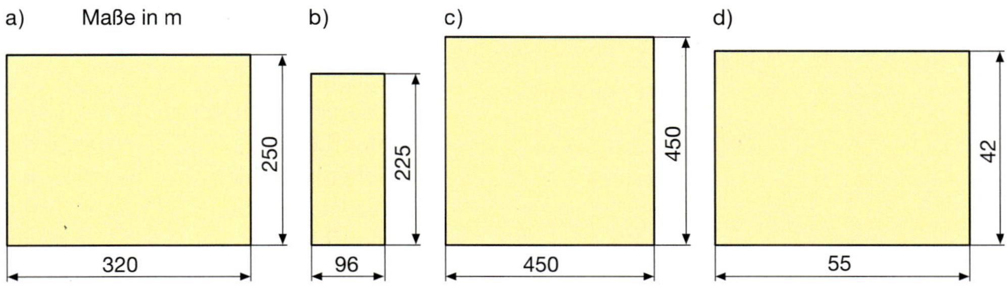

6 Familie Stanke besitzt ein 48 m langes und ein 36 m breites rechteckiges Grundstück. Im Tausch soll sie von ihrer Gemeindeverwaltung ein quadratisches Grundstück mit der Seitenlänge von 42 m erhalten. Welches Grundstück ist größer?

7 Ein quadratisches Rosenbeet mit der Seitenlänge 6 m wird gedüngt. Auf einen Quadratmeter werden 120 g Dünger gestreut. Wie viel Kilogramm Rosendünger müssen für das Beet eingekauft werden?

8 a) Bestimme anhand der Abbildung die Größe der befestigten und bebauten Flächen.
b) Wie groß ist die restliche Fläche?

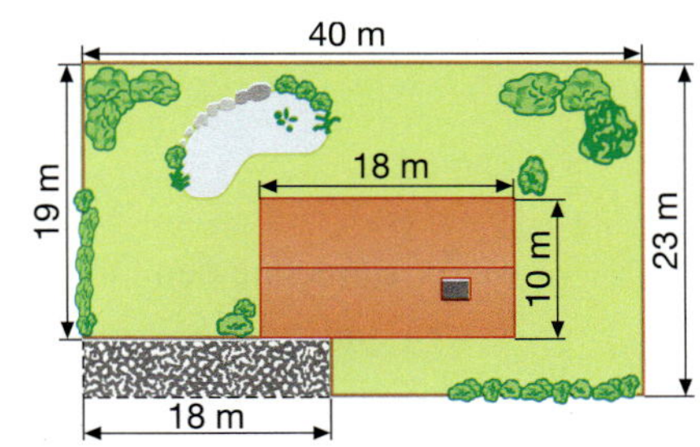

9 Berechne den Flächeninhalt der abgebildeten Figuren.

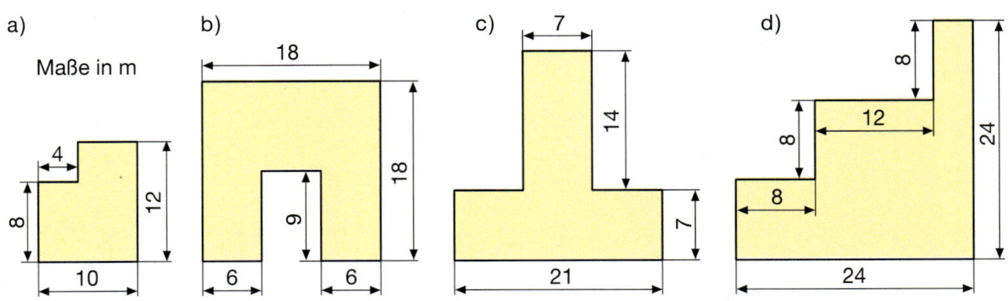

L von Nr. 6 bis 9: 4,320; 668; 1764; 104; 245; 352; 1728; 252; 270

1 Tanja will eine quaderförmige Spielzeugkiste aus Holz bauen. Die gegenüberliegenden Flächen möchte sie mit der gleichen Farbe anstreichen.
Alle Begrenzungsflächen des Quaders bilden zusammen die **Oberfläche** dieses Quaders. Tanja hat deshalb ein verkleinertes Netz des Quaders gezeichnet.
Erläutere, wie sie anschließend den Oberflächeninhalt A_O des Quaders berechnet hat.

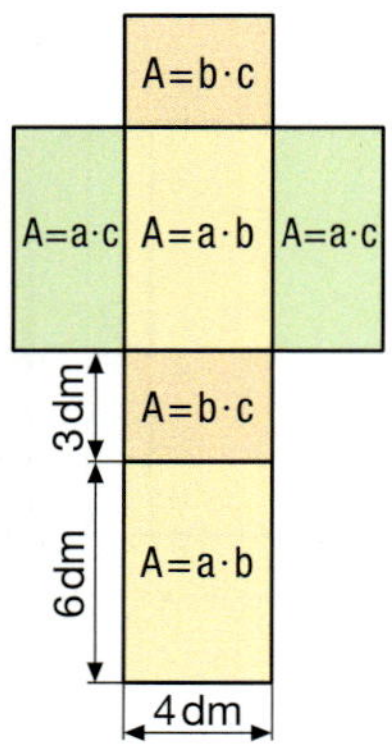

1. Flächeninhalt der	$A = 2 \cdot a \cdot b$
Grund- und Deckfläche	$A = 2 \cdot 6\ dm \cdot 4\ dm$
	$A = 48\ dm^2$
2. Flächeninhalt der	$A = 2 \cdot a \cdot c$
vorderen und hinteren	$A = 2 \cdot 6\ dm \cdot 3\ dm$
Seitenfläche	$A = 36\ dm^2$
3. Flächeninhalt der	$A = 2 \cdot b \cdot c$
linken und rechten	$A = 2 \cdot 4\ dm \cdot 3\ dm$
Seitenfläche	$A = 24\ dm^2$
4. Oberflächeninhalt	$A_O = 48\ dm^2 + 36\ dm^2 + 24\ m^2$
des Quaders	$A_O = 108\ dm^2$

2 Christina will jede Schachtel mit Buntpapier bekleben. Wie viel Quadratzentimeter benötigt sie?

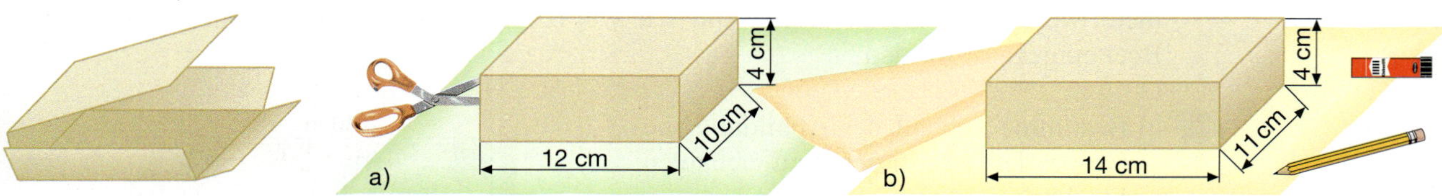

3 Berechne den Oberflächeninhalt folgender Quader.

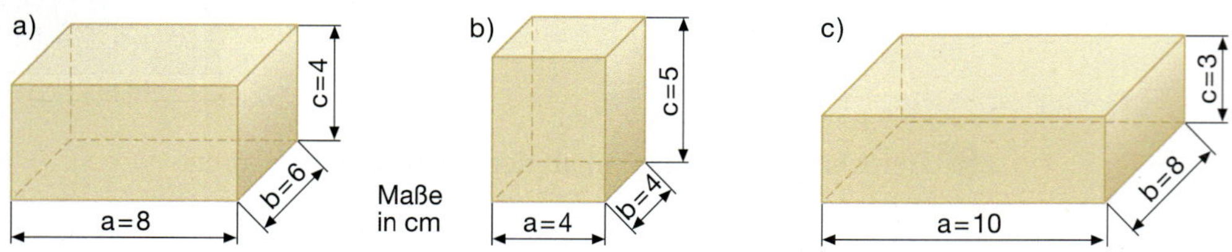

4 Berechne den Oberflächeninhalt folgender Würfel.

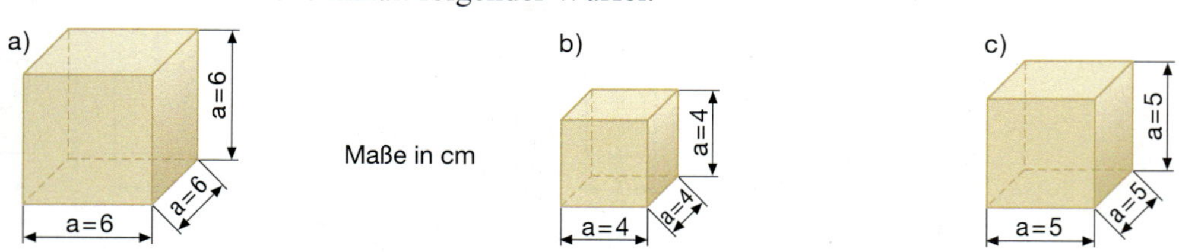

5 Meike und Thomas berechnen den Oberflächeninhalt des abgebildeten Quaders. Vergleiche ihre Lösungswege miteinander.

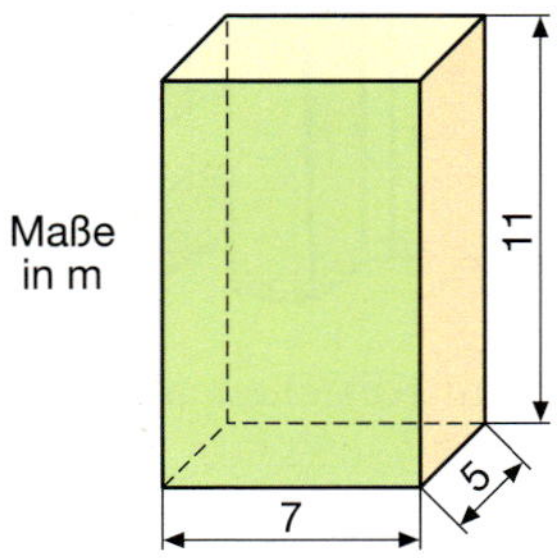

Meike

$A_O = 2 \cdot 7\,m \cdot 5\,m + 2 \cdot 7\,m \cdot 11\,m + 2 \cdot 5\,m \cdot 11\,m$

$A_O = 2 \cdot 35\,m^2 + 2 \cdot 77\,m^2 + 2 \cdot 55\,m^2$

$A_O = 70\,m^2 + 154\,m^2 + 110\,m^2$

$A_O = 334\,m^2$

Thomas

$A_O = 2 \cdot (7\,m \cdot 5\,m + 7\,m \cdot 11\,m + 5\,m \cdot 11\,m)$

$A_O = 2 \cdot (35\,m^2 + 77\,m^2 + 55\,m^2)$

$A_O = 2 \cdot 167\,m^2$

$A_O = 334\,m^2$

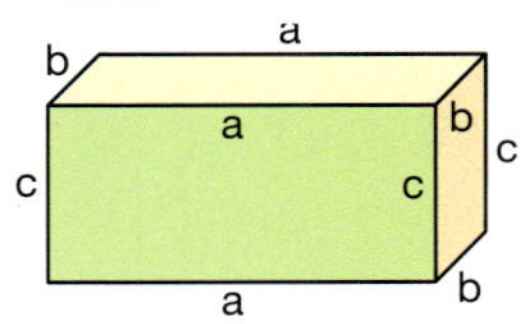

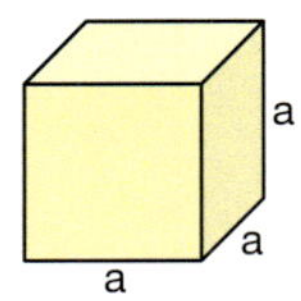

Oberflächen-inhalt

Oberflächeninhalt eines Quaders mit den Kantenlängen a, b und c

$A_O = 2 \cdot a \cdot b + 2 \cdot b \cdot c + 2 \cdot a \cdot c$

oder $A_O = 2 \cdot (a \cdot b + b \cdot c + a \cdot c)$

Oberflächeninhalt eines Würfels mit der Kantenlänge a

$A_O = 6 \cdot a \cdot a$

$A_O = 6 \cdot a^2$

6 Berechne den Oberflächeninhalt folgender Quader. Achte auf die Einheiten.

a)	b)	c)	d)	e)
a = 2 cm	a = 4 dm	a = 20 cm	a = 8 dm	a = 2,5 cm
b = 8 cm	b = 6 dm	b = 6 dm	b = 2 dm	b = 40 mm
c = 6 cm	c = 9 cm	c = 90 cm	c = 40 cm	c = 2,2 cm

7 Berechne den Oberflächeninhalt eines Würfels mit der Kantenlänge 8 cm (0,7 m; 1,2 m).

8 In einer Ziegelei werden die Steine zu Quadern aufgeschichtet und anschließend in eine Folie eingeschweißt. Ein Stapel ist 1 m lang, 90 cm breit und 1,40 m hoch. Berechne, wie viel Quadratmeter Folie benötigt wird.

1 Nele und Marleen suchen einen neuen Behälter für ihre Spielsteine. Sie haben eine Schachtel gefunden und probieren, ob alle Steine hineinpassen.

a) Übertrage den Grundriss der Schachtel auf Kästchenpapier und versuche alle 12 Steine farbig einzuzeichnen.
b) Gib an, ob alle Steine in die Schachtel passen oder ob welche übrig bleiben.

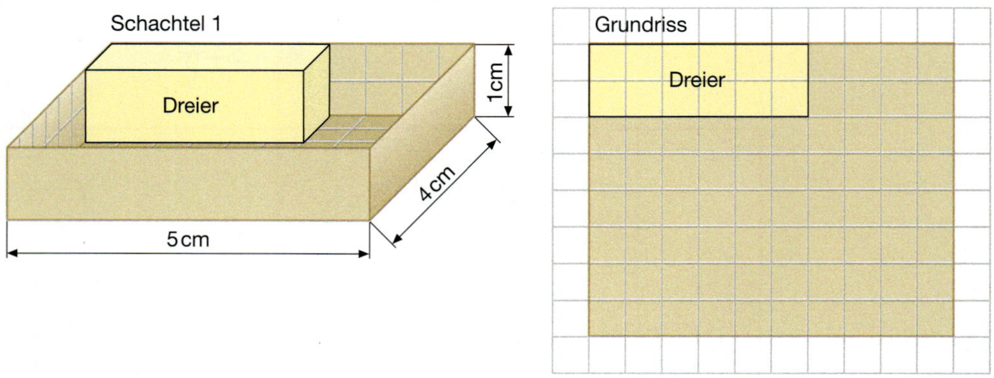

2 Nele überlegt, welche Maße eine Schachtel haben muss, damit alle Spielsteine hineinpassen. Sie hat zwei andere Pappschachteln gefunden.

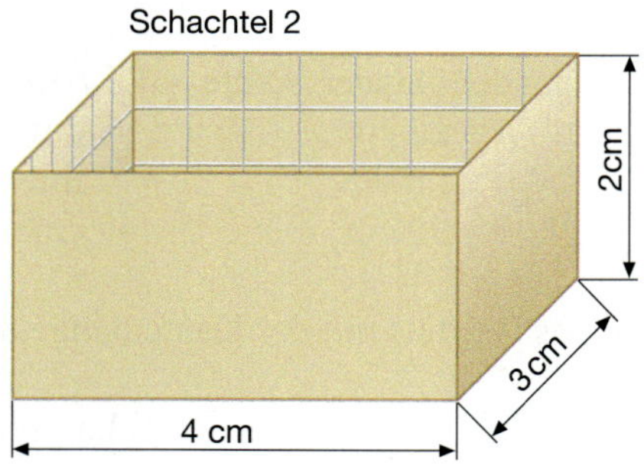

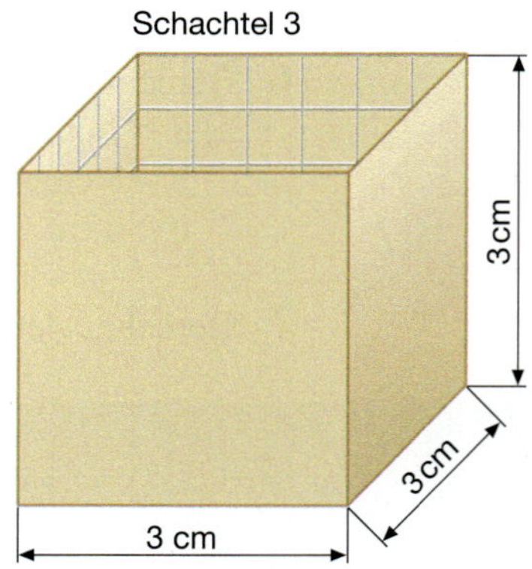

a) Überlege, welche Steine du auf den Boden von Schachtel 2 legen kannst.
Entwirf dazu einen Grundriss der Schachtel auf Kästchenpapier und zeichne die Spielsteine farbig ein. Kannst du die restlichen Steine in der „zweiten Etage" unterbringen?
b) Passen alle Steine in Schachtel 3? Gib an, wie du die Steine auf die einzelnen Ebenen der Schachtel verteilst.
c) In welche Schachtel passen die meisten „Einer"? Welche Schachtel hat das größte Volumen?

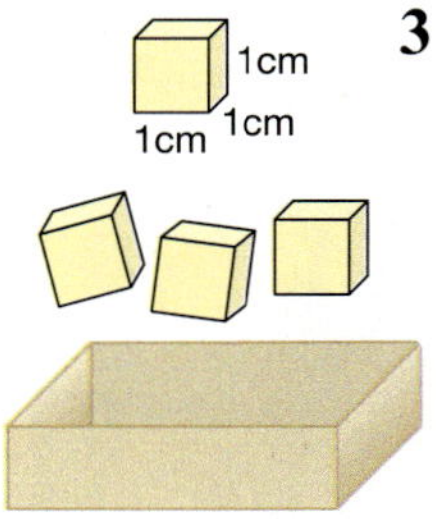

3

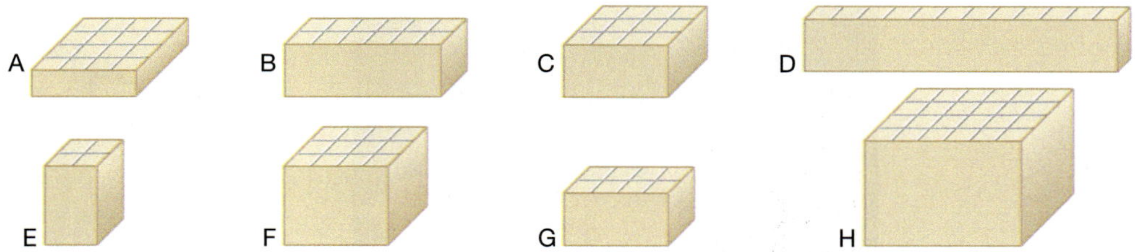

a) Wie viele Würfel passen in jede Schachtel?
   Welche Schachtel besitzt das größte und welche das kleinste Volumen?
b) Das Volumen von A ist genau so groß wie das von ….
c) Das Volumen von B ist doppelt so groß wie das von ….
d) Das Volumen von H ist … mal so groß wie das von C und … mal so groß wie das von A.
e) Das Volumen von H ist … mal so groß wie das von E und … mal so groß wie das von D.

Volumen (Rauminhalt)

Das Volumen eines Körpers wird mit Würfeln ausgemessen.
Für Volumen sagt man auch Rauminhalt.

Körper A Körper B

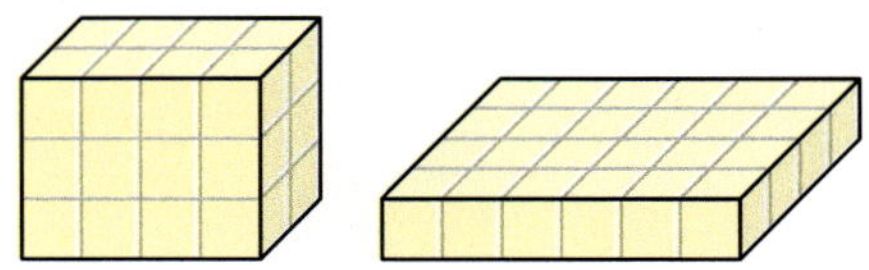

Das Volumen des Körpers A ist ebenso groß wie das Volumen des Körpers B.

4 a) Aus wie vielen Würfeln bestehen die einzelnen Körper?
b) Es sollen Quader entstehen. Wie viele Würfel müssen dazugelegt werden?

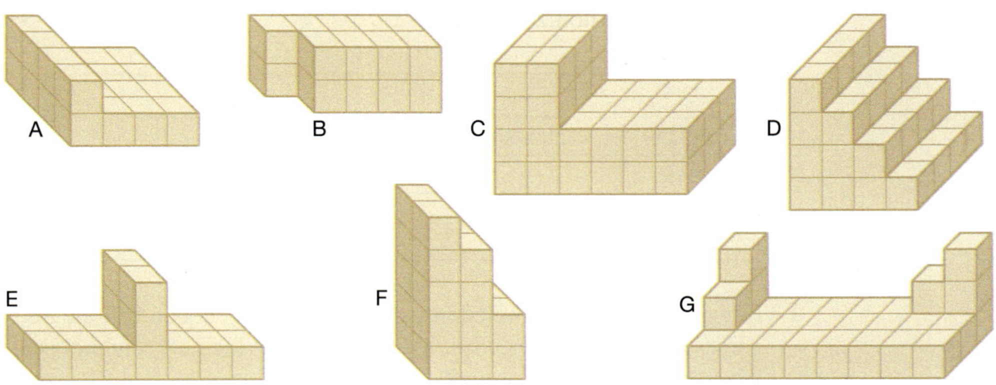

5 In welche Kiste kannst du am meisten Sand einfüllen?

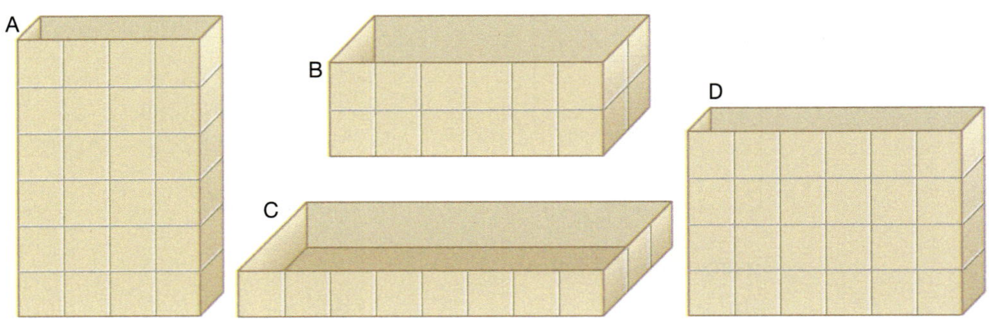

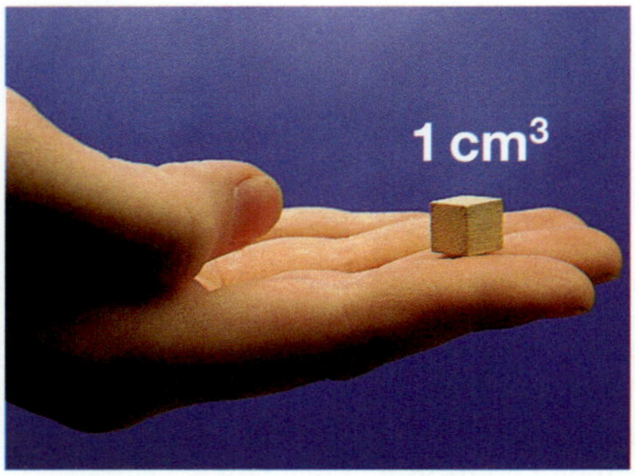

Ein Würfel mit der Kantenlänge 1 cm hat das Volumen 1 cm³.
Lies: „ein Kubikzentimeter“.

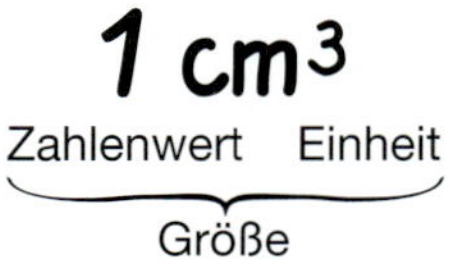

Würfel mit der Kantenlänge	1 mm	1 cm	1 dm	1 m
Volumen	1 mm³	1 cm³	1 dm³	1 m³
Name	Kubik-millimeter	Kubik-zentimeter	Kubik-dezimeter	Kubik-meter

1 In welchen Volumeneinheiten werden die angegebenen Räume und Körper sinnvoll ausgemessen: Streichholz, Spielwürfel, Schrankfach, Streichholzschachtel, Schuhkarton, Klassenraum, Lkw-Ladung?

2

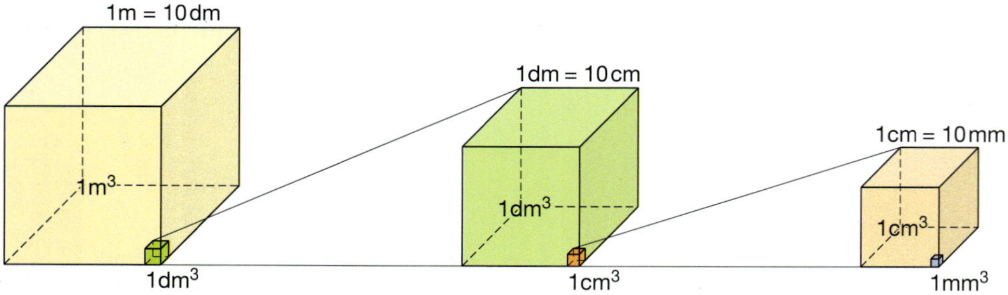

Ersetze die Platzhalter.

1 m³ = ▪ dm³ 1 dm³ = ▪ cm³ 1 cm³ = ▪ mm³

$1\ m^3 = 1000\ dm^3$
$1\ dm^3 = 1000\ cm^3$
$1\ cm^3 = 1000\ mm^3$

3 Verwandle in die nächstkleinere Einheit.

a) $27\ m^3$	b) $21\ dm^3$	c) $415\ m^3$	d) $3{,}246\ dm^3$	e) $0{,}900\ m^3$
$14\ m^3$	$118\ cm^3$	$77\ cm^3$	$5{,}517\ m^3$	$1{,}080\ cm^3$
$8\ cm^3$	$7\ m^3$	$111\ dm^3$	$14{,}722\ cm^3$	$0{,}003\ dm^3$

4 Schreibe in der nächstgrößeren Einheit.

a) $67\,000\ cm^3$	b) $300\,000\ cm^3$	c) $3200\ cm^3$	d) $7000\ dm^3$	e) $3344\ dm^3$
$74\,000\ mm^3$	$49\,000\ mm^3$	$1540\ dm^3$	$8100\ cm^3$	$80\ mm^3$
$10\,000\ dm^3$	$420\,000\ dm^3$	$820\ mm^3$	$260\ mm^3$	$7\ cm^3$

5 Wandle in die Einheit um, die in Klammern steht.

a) $1{,}732\ m^3\ (dm^3)$	b) $47\ dm^3\ (cm^3)$	c) $345\ cm^3\ (dm^3)$	d) $66\,000\ cm^3\ (dm^3)$	e) $6\ m^3\ (cm^3)$
$0{,}860\ m^3\ (dm^3)$	$5\ cm^3\ (mm^3)$	$11\ mm^3\ (cm^3)$	$1{,}270\ cm^3\ (mm^3)$	$3\ dm\ (mm^3)$
$0{,}002\ dm^3\ (cm^3)$	$129\ dm^3\ (cm^3)$	$4\ dm^3\ (m^3)$	$24{,}360\ m^3\ (dm^3)$	$4{,}340\ m^3\ (cm^3)$

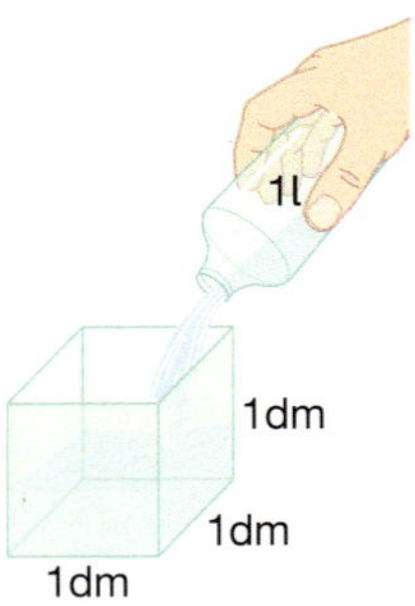

Das Volumen von Körpern, die Flüssigkeiten enthalten (z. B. Flaschen, Fässer, Ampullen), wird oft in Litern (*l*) und in Millilitern ausgedrückt. Bei größeren Volumen verwendet man auch Hektoliter (hl).

$1\ l = 1\ dm^3$	$1\ l = 1000$ ml *(Milliliter)*
$1\ hl = 100\ l$ *Hektoliter*	$1\ ml = 1\ cm^3$

6 Wandle um in Liter.

a) 2 hl	b) $19\ dm^3$	c) 8,21 hl	d) 0,71 hl	e) 66 000 ml	f) $40\,000\ cm^3$
11 hl	$222\ dm^3$	0,09 hl	1,46 hl	340 000 ml	$216\,000\ cm^3$

7 Wandle in die angegebene Einheit um.

a) $7\ l\ (dm^3)$	b) $4\ l$ (ml)	c) $7\ cm^3$ (ml)	d) $3\ hl\ (l)$	e) $2{,}46\ hl\ (l)$
$26\ l\ (dm^3)$	$13\ l$ (ml)	$48\ cm^3$ (ml)	$45\ hl\ (dm^3)$	$0{,}18\ hl\ (l)$

8 Ordne die Volumeneinheiten richtig.

1

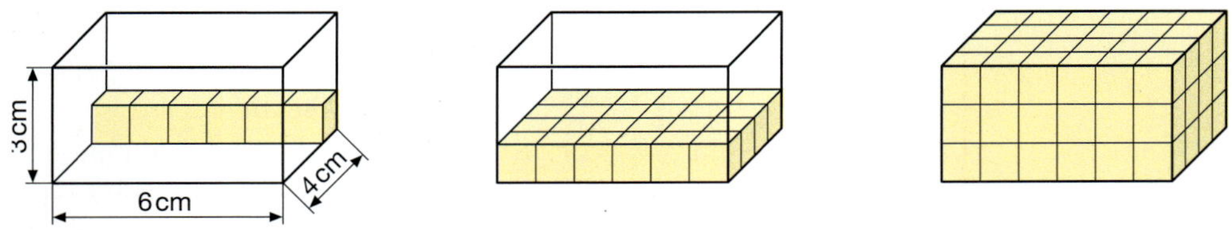

Kannst du vorteilhaft berechnen, wie viele Würfel mit dem Volumen 1 cm^3 in den Quader passen? Denke dir deshalb den Quader in Stangen und Schichten aufgeteilt. Erläutere den Lösungsweg.

2 In dem Beispiel wird das Volumen eines Quaders mit den Kantenlängen 5 cm, 4 cm und 3 cm bestimmt.

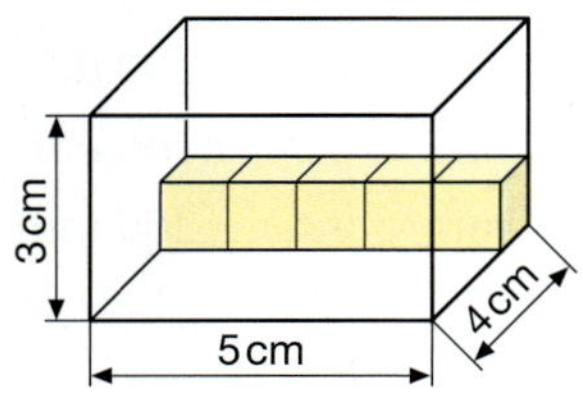

Volumen einer Stange · Anzahl der Stangen · Anzahl der Schichten = Volumen des Quaders

$5\ cm^3 \cdot 4 \cdot 3 = 60\ cm^3$

Berechne jeweils das Volumen der abgebildeten Quader.

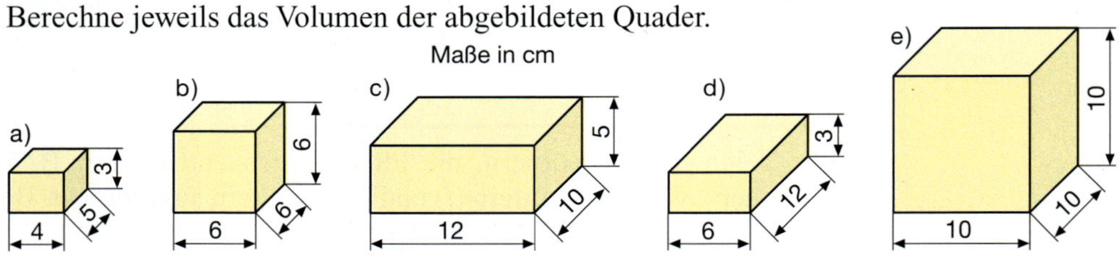

3 Der Luftraum eines 6 m langen, 4 m breiten und 3 m hohen Raumes soll ermittelt werden.
Um den Zahlenwert des Volumens V zu berechnen, werden die Zahlenwerte der Kantenlängen miteinander multipliziert.
Bestimme ebenso das Volumen V eines Quaders mit a = 17 dm, b = 12 dm und c = 8 dm sowie den eines Würfels mit der Kantenlänge a = 5 m.

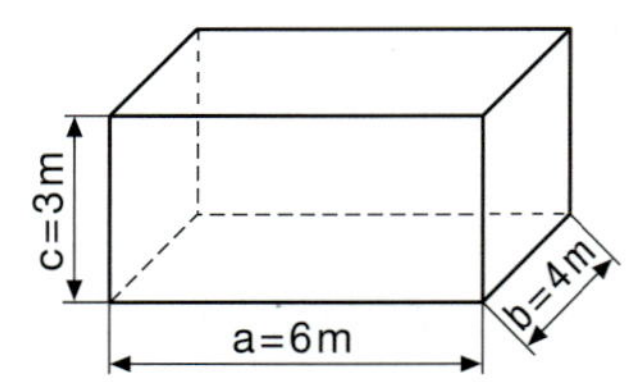

Volumen eines Quaders
$V = 6\ m \cdot 4\ m \cdot 3\ m$
$V = 72\ m^3$

Volumen (Rauminhalt)

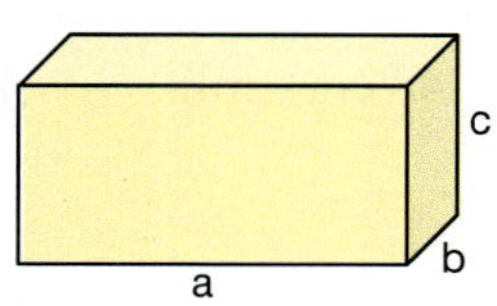

Volumen eines Quaders mit den Kantenlängen a, b und c

$V = a \cdot b \cdot c$

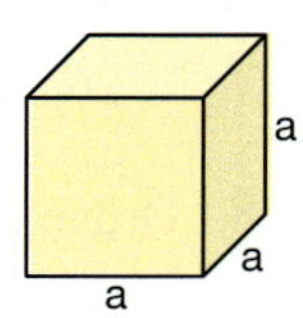

Volumen eines Würfels mit der Kantenlänge a

$V = a \cdot a \cdot a = a^3$

4 Berechne das Volumen der einzelnen Körper.

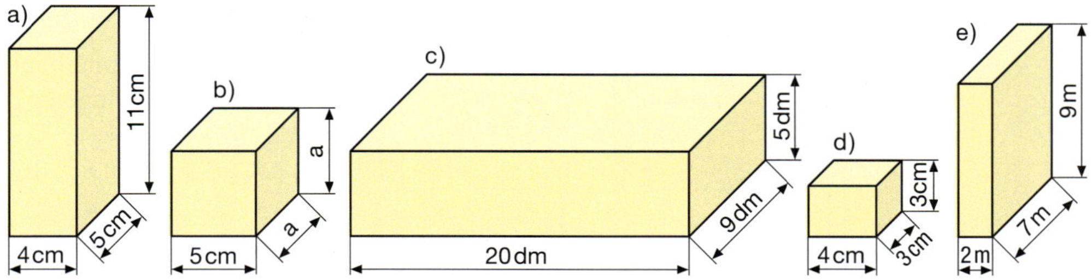

5 Berechne das Volumen folgender Quader. Bringe, falls notwendig, die Kantenlängen a, b, c auf dieselbe Einheit.

Kantenlänge	a)	b)	c)	d)	e)	f)	g)
a	4 cm	17 dm	25 m	12 cm	3 m	6,4 m	1,5 cm
b	6 cm	6 dm	8 m	12 cm	25 dm	50 dm	24 mm
c	8 cm	6 dm	12 m	5 cm	2 m	3 m	6 cm

6 Ein Spielwürfel hat eine Kantenlänge von 2 cm, ein Schaumstoffwürfel eine Kantenlänge von 20 cm. Berechne das Volumen jedes Würfels.

7 Eine Turnhalle ist 21 m breit, 45 m lang und 6 m hoch. Wie viel Kubikmeter Luft fasst die Turnhalle?

8 Ein Holzwürfel hat eine Kantenlänge von 5 cm (20 cm, 15 cm). Berechne sein Volumen.

9 Eine Milchpackung hat die Maße 13 cm lang, 6 cm breit und 13 cm hoch. Wie groß ist das Volumen?

10 Carsten plant, das Wasser in seinem Aquarium durch neues zu ersetzen. Vorher will er wissen, wie viel Liter er braucht.

a) Berechne das Volumen in Kubikzentimetern. Beachte die Glasstärke.
Gib dein Ergebnis auch in Litern an.

b) Wie viel Liter Wasser braucht er, wenn er einen Teil des Wassers wie abgebildet im Aquarium lässt?

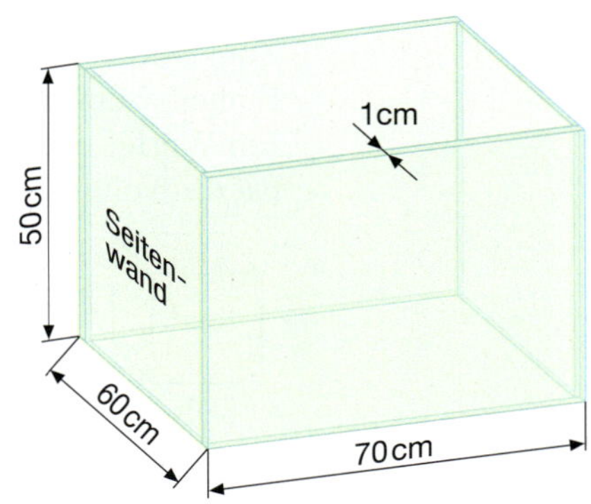

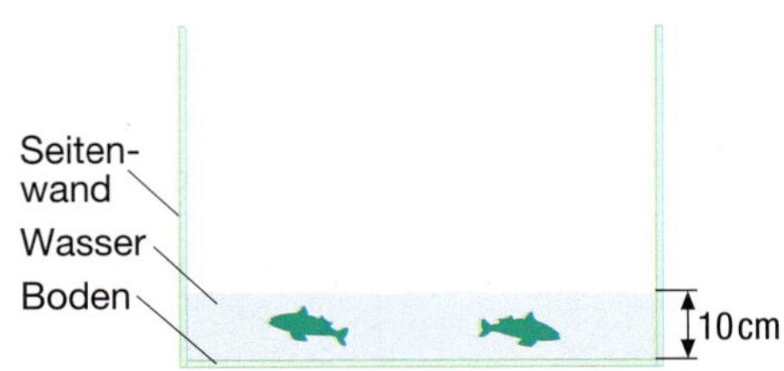

11 Berechne, wie viel Liter Wasser in ein Aquarium mit den folgenden Maßen passen: Länge 85 cm, Breite 55 cm, Höhe 70 cm, Glasstärke 1 cm.

Oberflächeninhalt

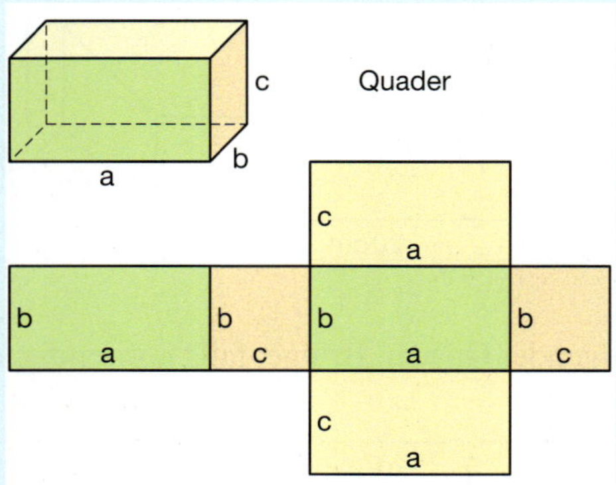

Oberflächeninhalt eines Quaders mit den Kantenlängen a, b und c

$A_O = 2 \cdot a \cdot b + 2 \cdot b \cdot c + 2 \cdot a \cdot c$

oder:

$A_O = 2\,(a \cdot b + b \cdot c + a \cdot c)$

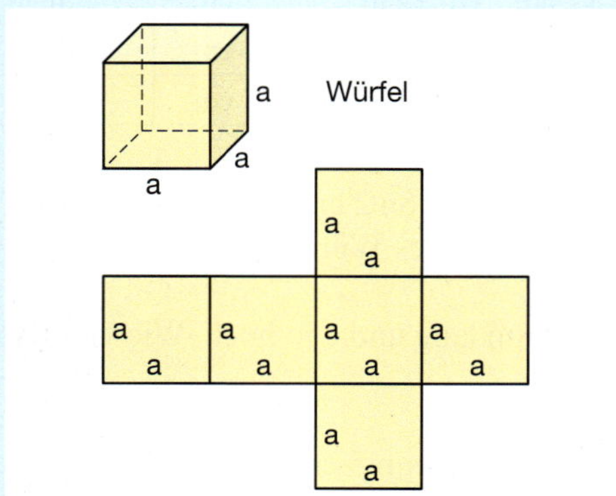

Oberflächeninhalt eines Würfels mit der Kantenlänge a

$A_O = 6 \cdot a \cdot a$

oder:

$A_O = 6 \cdot a^2$

Volumeneinheiten

Zum Messen von Volumen werden Einheitswürfel verwendet.
Ein Würfel mit der Kantenlänge 1 cm hat das Volumen 1 cm³.

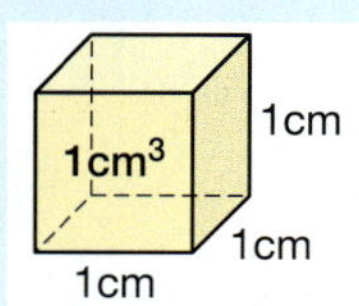

$1\ m^3 = 1000\ dm^3$
$1\ dm^3 = 1000\ cm^3$
$1\ cm^3 = 1000\ mm^3$

---

1 *l* (Liter) = 1 dm³
1 ml (Milliliter) = 1 cm³

1 hl (Hektoliter) = 100 *l*

Volumen

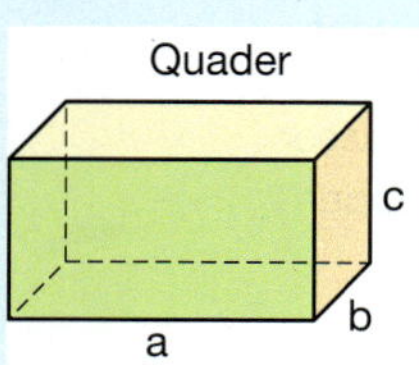

Volumen eines Quaders mit den Kantenlängen a, b und c

$V = a \cdot b \cdot c$

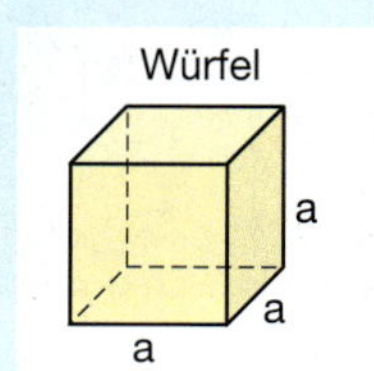

Volumen eines Würfels mit der Kantenlänge a

$V = a \cdot a \cdot a = a^3$

1

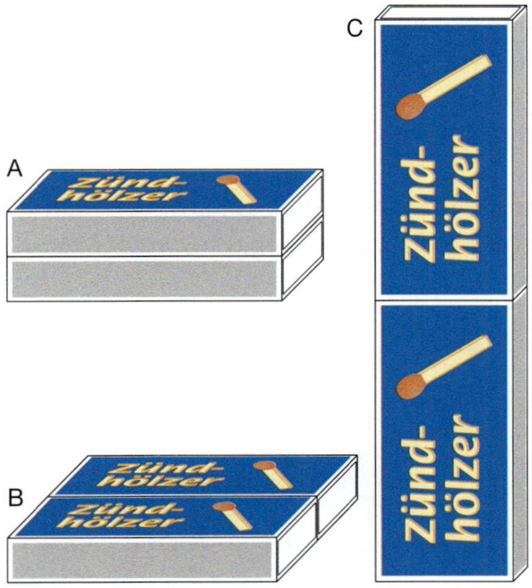

Hinweise zum Lösen von Sachaufgaben

1. Lies dir den Aufgabentext genau durch.
2. Formuliere eine Aufgabenstellung.
3. Finde heraus, welche Informationen dazu im Text und in Abbildungen wesentlich sind.
4. Veranschauliche den Sachverhalt mit einer Skizze.
5. Plane die einzelnen Lösungsschritte und führe sie aus.
6. Überprüfe das Ergebnis am Sachverhalt.
7. Formuliere das Ergebnis in einem Satz.

Jenni hat Körper aus Streichholzschachteln zusammengesetzt. Sie behauptet, dass alle Körper den gleichen Oberflächeninhalt haben.

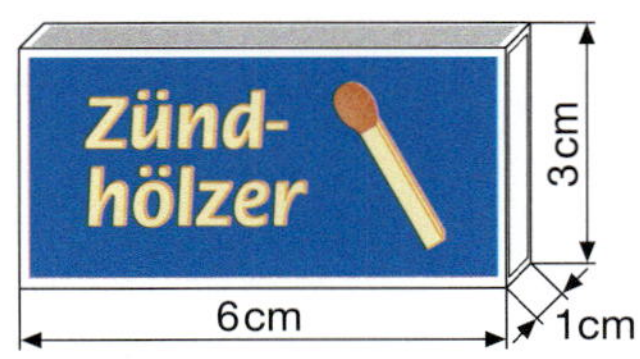

Lars will die Behauptung von Jenni überprüfen und berechnet jeweils die Oberflächeninhalte der zusammengesetzten Körper A, B, C. Er vermutet, dass die Oberflächeninhalte nicht gleich sind.

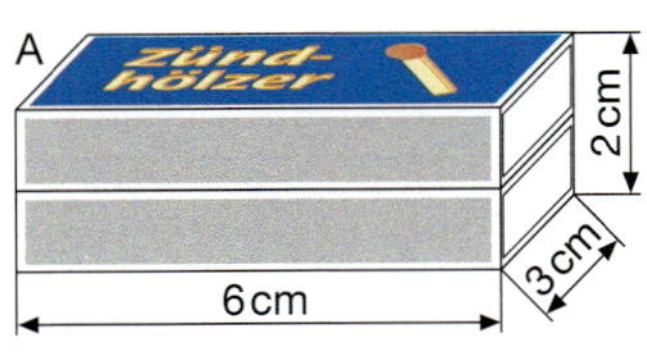

$A_O = 2 \cdot (6 \cdot 3 + 6 \cdot 2 + 3 \cdot 2)\,cm^2$
$= 72\,cm^2$

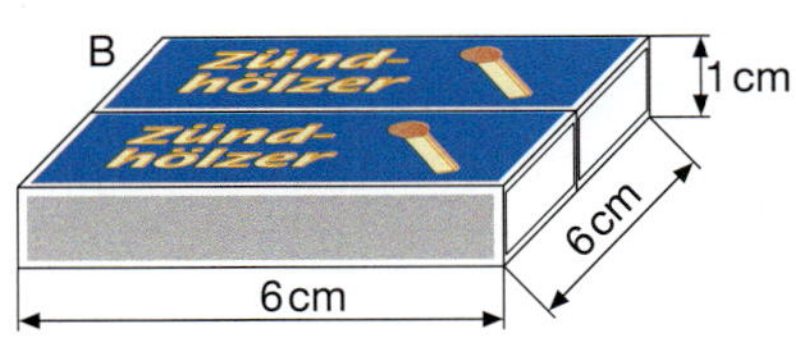

$A_O = 2 \cdot (6 \cdot 6 + 6 \cdot 1 + 6 \cdot 1)\,cm^2$
$= 96\,cm^2$

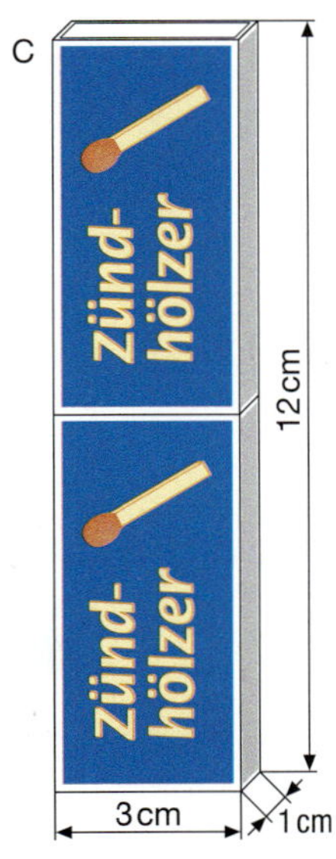

$A_O = 2 \cdot (3 \cdot 1 + 3 \cdot 12 + 1 \cdot 12)\,cm^2$
$= 102\,cm^2$

Die Vermutung von Lars hat sich bestätigt. Die Oberflächeninhalte sind nicht gleich groß. Jennis Behauptung ist falsch.

a) Erläutere das Ergebnis.

b) Trifft Jennis Behauptung auf das Volumen zu?

2 Ein quaderförmiges Schwimmbecken ist 8 m lang und 3 m breit. Die Wassertiefe soll 1,70 m betragen. Wie viel Liter Wasser müssen eingefüllt werden?

3 Zwei Flachdachhäuser haben die unten abgebildeten Grundrisse. Beide Häuser sind 3 m hoch.

a) Berechne für beide Bungalows den „umbauten Raum“, d. h. den Rauminhalt.

b) Berechne die ungefähren Kosten für jeden Bungalow, wenn 1 m^3 umbauter Raum etwa 800 € kostet.

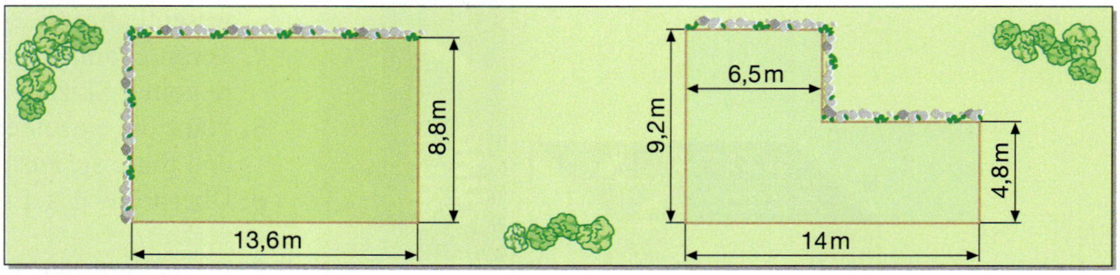

4 Markus möchte seine Musikboxen mit Furnierfolie bekleben. Die Vorderseite bleibt für eine Stoffbespannung frei.
Wie viel Folie benötigt er?

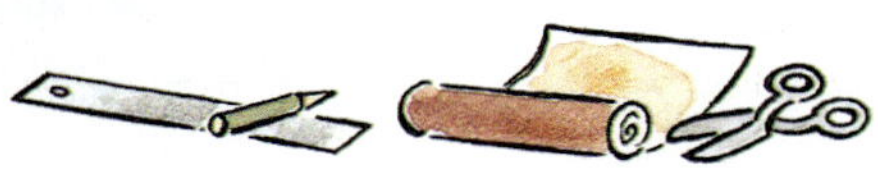

5 Berechne das Volumen der zusammengesetzten Körper.

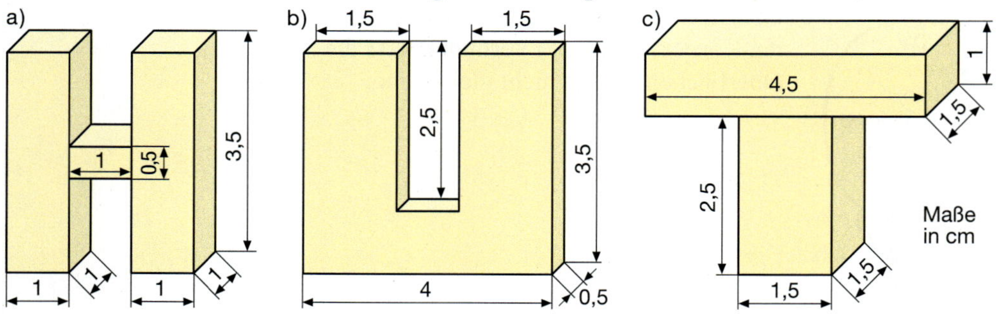

6 Berechne in deinem Heft die fehlenden Größen (e und f sind Würfel).

	a)	b)	c)	d)	e)	f)
Länge	3 dm	3 dm	14 dm	24 dm	10 dm	5 dm
Breite	4 dm	■	5 dm	12 dm	■	■
Höhe	5 dm	5 dm	■	25 dm	■	■
Oberfläche	■	■	■	■	■	■
Volumen	■	105 dm^3	700 dm^3	■	■	■

L 60; 7200; 94; 600; 1000; 125; 150; 142; 520; 2376; 7; 10; 10; 10; 5; 5

7 Die Größe des abgebildeten Kofferraumes wird mithilfe gleich großer Quader bestimmt. Das Volumen eines Quaders beträgt ein Liter. Welche ganzzahligen Kantenlängen (in cm) könnte ein Quader haben?

8 a) Im Prospekt werden zwei Kühlschränke mit 160 Liter und mit 210 Liter Fassungsvermögen angeboten. Kontrolliere die Angaben.
b) Bei einem anderen Kühlschrank misst Bert folgende Innenmaße: 80 cm breit, 40 cm tief, 50 cm hoch. Berechne seinen Inhalt (in *l*).

9 Herr Heinsen hat Bretter aus Tannenholz gekauft und möchte sie auf dem Dach seines Autos nach Hause bringen. Der Dachgepäckträger darf mit 50 kg belastet werden. Jedes Brett ist 4,20 m lang, 18 cm breit und 2 cm dick. 1 dm^3 Holz wiegt 0,5 kg. Wie viele Bretter darf Herr Heinsen höchstens aufladen?

10 Wie verändert sich die Oberfläche eines Würfels mit 10 cm Kantenlänge, wenn die Kantenlänge a) verdoppelt b) verdreifacht wird?

11 Berechne den Rauminhalt dieser zusammengesetzten Körper.

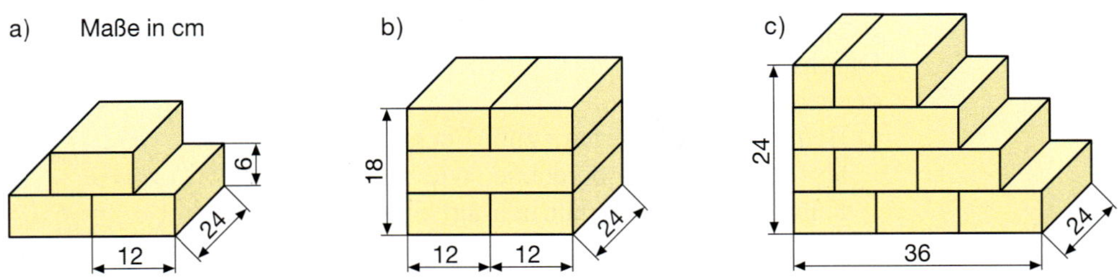

12 Ein blau angestrichener Würfel mit 6 cm Kantenlänge wird in kleine Würfel mit 2 cm Kantenlänge zerschnitten.
a) Wie viele Würfel entstehen?
b) Wie viele Würfel entstehen, die drei (zwei, eine) blaue Fläche haben?
c) Wie viele Würfel haben keine blaue Fläche?

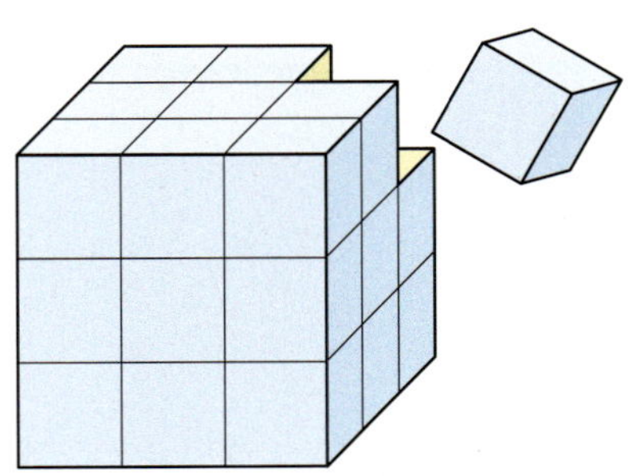

13 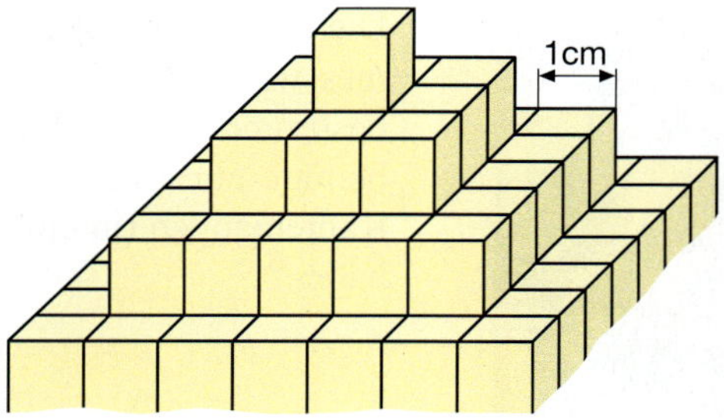

Peter will aus Würfelbausteinen eine Stufenpyramide bauen, die zehn Schichten hoch ist. Jede Stufe soll nur die Höhe und die Breite eines Würfels haben.

a) Wie viele Würfel muss Peter in der untersten Schicht legen?
b) Wie viele Würfel braucht Peter für die ganze Pyramide?
c) Wie groß ist die Fläche, auf der die fertige Stufenpyramide steht?
d) Gib das Volumen der Pyramide an.

14 Ein Aquarium ist 1 m lang, 4 dm breit und 6 dm hoch. Es soll zu drei Viertel mit Wasser gefüllt werden. Wie viel Liter Wasser müssen eingelassen werden?

15 Durch eine Weide sollen Entwässerungsrohre gelegt werden. Dazu muss ein Bagger einen 425 m langen Graben ziehen, 1,2 m tief und 0,90 m breit. Wie viel Kubikmeter Erde sind auszubaggern?

16 Die Größe eines Schiffes wird in Bruttoregistertonnen (BRT) angegeben. Diese Zahl gibt den Rauminhalt des Schiffes an. (1 BRT = 2,832 m^3)
Das Foto zeigt ein Schiff mit 42289 BRT. Vergleiche mit dem Rauminhalt eines Klassenraums von 5 m Länge, 6 m Breite und 3 m Höhe.

17 Der Harz ist ein Wasserfänger und Wasserspeicher. Hier werden pro Jahr im Durchschnitt 1400 mm Niederschlag gemessen.

a) Betrachte den Oberharz zum Rechnen als Rechteck und berechne, wie viel Kubikmeter Wasser jährlich auf diese Fläche fallen.
b) Wie viele Bürger können mit dem Wasser ein Jahr lang versorgt werden, wenn jeder von ihnen täglich 115 l benötigt?

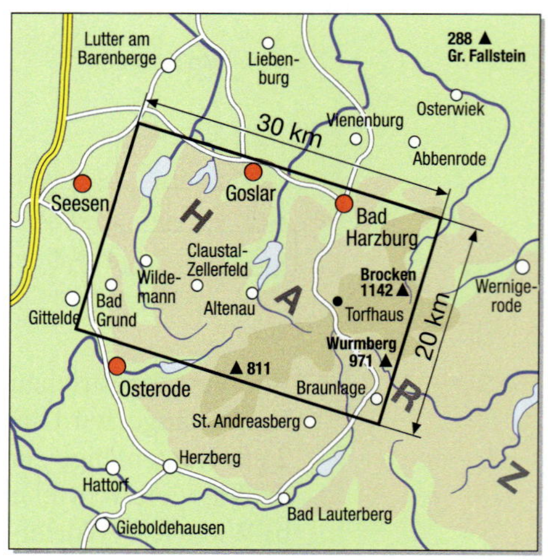

18 Nach einem Gewitterregen hat sich in einer tiefgelegenen Garage das Wasser 30 cm hoch angesammelt. Die Garage ist 4,5 m lang und 3,6 m breit. Wie viele Eimer (10 *l*) Wasser müssen hinausgetragen werden?

19 Ein Swimmingpool mit den Abmessungen a = 5,8 m, b = 2,1 m und c = 12 m soll für den Sommer neu hergerichtet werden.

a) Berechne die zu streichende Fläche.

b) Der Pool wird bis 30 cm unter den Rand gefüllt. Gib die Wassermenge in Litern an, die dazu benötigt wird.

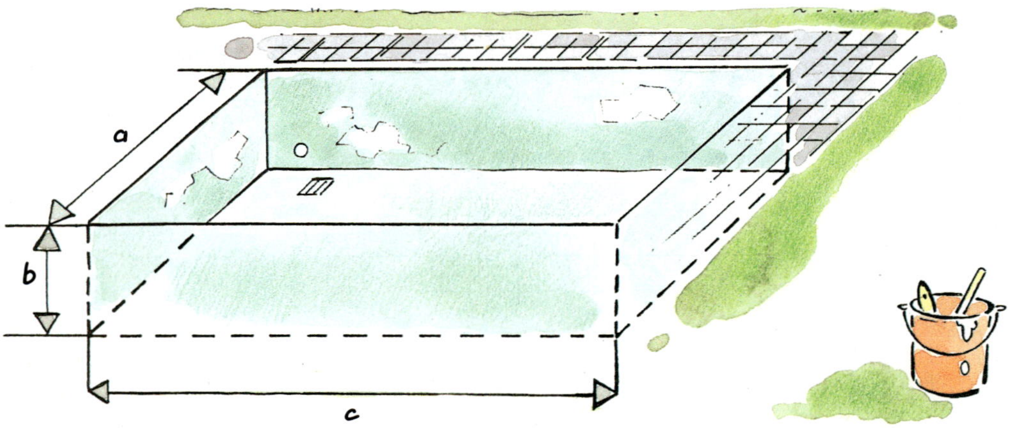

20 Der abgebildete Körper ist Teil eines Quaders. Er ist aus einzelnen Würfeln mit der Kantenlänge 1 cm zusammengesetzt. An den verdeckten Seiten fehlen keine Würfel.

a) Bestimme das Volumen des abgebildeten Körpers.

b) Wie viele kleine Quadrate benötigt man, um die Oberfläche des Körpers bekleben zu können?

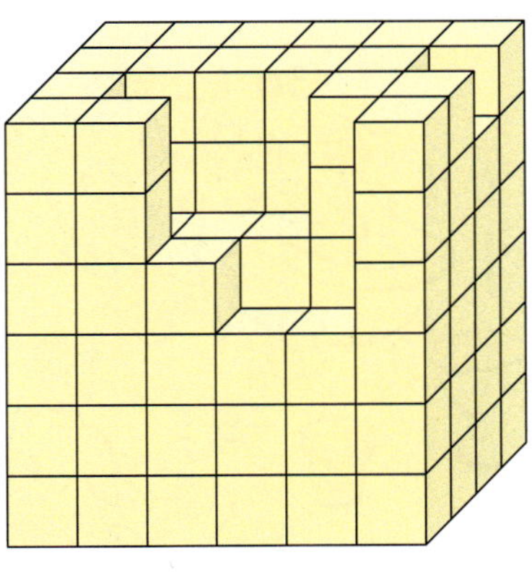

1

Durchschnittliche Niederschlagsmenge (in mm)

Jan	Feb	Mrz	Apr	Mai	Jun	Jul	Aug	Sep	Okt	Nov	Dez
17	94	20	40	39	63	50	77	75	20	65	55

Familie Tatjen leitet seit dem 1. Juli das Regenwasser vom Dach in den neuen Wasserbehälter. In welchem Monat wird die Zisterne voraussichtlich gefüllt sein?

2 a) Ergänze die Tabelle in deinem Heft. Zeichne für den Pro-Kopf-Verbrauch ein Säulendiagramm (1 cm ≙ 5 *l*).

Pro-Kopf-Verbrauch Zweck	Pro-Tag in Liter
Toilettenspülung	35
Baden, Duschen	30
Wäsche waschen	
Essen zubereiten	

b) Ermittle den Pro-Kopf-Verbrauch bei dir Zuhause pro Woche (Monat). Wo kannst du im Haushalt Wasser sparen?

Teilbarkeit

(A)

1 Bestimme alle Teiler a) von 48 b) von 60.

2 Wo ist die Menge aller Vielfachen richtig angegeben?
a) $V_{30} = \{60, 90, 120, 150, \dots\}$ b) $V_8 = \{8, 16, 24, 32, 40\}$ c) $V_{13} = \{13, 26, 39, 52, \dots\}$

3 Sind die Aussagen wahr (w) oder falsch (f)?
a) $9 \nmid 24$ b) $12 \mid 48$ c) $18 \mid 54$ d) $4 \mid 82$ e) $24 \mid 6$

4 Untersuche, ob die Zahlen 144, 2400, 4896 und 13 005 teilbar sind durch 2 (3, 4, 5, 9).

5 Bestimme den größten gemeinsamen Teiler (ggT) von
a) 18 und 30 b) 15 und 45 c) 36 und 54 d) 16, 24 und 48.

6 Bestimme das kgV von
a) 4 und 6 b) 8 und 11 c) 16 und 20 d) 75 und 100.

7 Suche die Primzahlen heraus: 1, 2, 5, 9, 21, 23, 35, 39, 41, 45, 49

8 Vor dem Bahnhof fahren um 6.50 Uhr die Busse der Linie 1 und 10 gemeinsam ab. Die Busse der Linie 1 fahren alle 8 Minuten, die Busse der Linie 10 alle 12 Minuten. Um wie viel Uhr fahren beide Busse das nächste Mal wieder gleichzeitig vom Bahnhof ab?

(B)

1 a) Schreibe alle Teiler von 84 auf.
b) Vervollständige folgende Teilermenge: $T_{\square} = \{—, —, —, —, 33, —\}$

2 a) Schreibe die kleinste fünfstellige Zahl auf, die durch 9 teilbar ist.
b) Gib die größte vierstellige Zahl an, die durch 4 teilbar ist.

3 Untersuche, ob die Zahlen 96, 675, 2790 und 18 900 teilbar sind durch 4 (6, 9, 25).

4 Nenne alle Primzahlen zwischen 50 und 70.

5 Bestimme den ggT mithilfe der Primfaktorzerlegung:
a) 36 und 60 b) 72 und 180 c) 175, 280 und 245

6 Bestimme das kgV mithilfe der Primfaktorzerlegung.
a) 56 und 84 b) 35, 54 und 63 c) 28, 35 und 56

7 Rainer, Dirk und Dieter treffen sich am 1. Ferientag in den Sommerferien im Freibad. Rainer geht jeden dritten Tag zum Schwimmen. Dirk regelmäßig alle sechs Tage und Dieter jeden 5. Tag. An welchem Ferientag treffen sich die drei Jungen wieder gemeinsam im Schwimmbad?

8 Die Weide des Pferdezüchters Köllner ist 150 m lang und 144 m breit. Sie soll neu eingezäunt werden. An der Längs- und auch an der Breitseite sollen Pfosten im gleichen Abstand stehen. Berechne den größtmöglichen Abstand.

A

1 a) $\frac{11}{21} + \frac{4}{21}$ b) $\frac{9}{12} + \frac{5}{12}$ c) $\frac{23}{44} - \frac{15}{44}$ d) $\frac{6}{35} + \frac{13}{35} - \frac{14}{35}$

e) $\frac{3}{4} - \frac{3}{8}$ f) $\frac{7}{12} + \frac{1}{3}$ g) $9 - \frac{2}{7}$ h) $\frac{3}{4} + \frac{2}{3}$

2 a) $\frac{5}{12} + \frac{3}{8}$ b) $\frac{3}{4} - \frac{3}{10}$ c) $\frac{1}{8} + \frac{3}{10}$ d) $\frac{5}{6} - \frac{1}{4}$

e) $\frac{2}{9} + \frac{7}{12}$ f) $\frac{7}{8} - \frac{5}{6}$ g) $\frac{2}{3} + \frac{3}{8}$ h) $\frac{19}{24} - \frac{11}{16}$

3 Von einer Tafel Schokolade gibt Carsten seiner Schwester den vierten Teil, seinem Bruder den dritten Teil. Welcher Bruchteil der Schokolade bleibt ihm noch?

4 Karin hat eingekauft: $2\frac{1}{2}$ kg Fleisch, $1\frac{1}{4}$ kg Gemüse und $2\frac{1}{8}$ kg Obst. Wie viel Kilogramm muss Karin in ihrem Korb tragen?

5 Ein Lastwagen darf $8\frac{1}{2}$ t Ladung transportieren. $2\frac{1}{5}$ t werden zugeladen. Mit wie viel Tonnen darf er höchstens noch beladen werden?

B

1 a) $\frac{7}{8} - \frac{1}{3} - \frac{5}{24}$ b) $\frac{5}{6} + \frac{2}{3} - \frac{7}{10}$ c) $\frac{11}{12} + 1\frac{3}{8}$ d) $3\frac{2}{5} - \frac{10}{12}$

2 a) Addiere zu einer Zahl $\frac{4}{5}$, so erhältst du $2\frac{3}{10}$. Wie heißt die Zahl?
b) Von welcher Zahl musst du $\frac{3}{4}$ subtrahieren, um $\frac{5}{6}$ zu erhalten?

3 a) $\frac{7}{20} - \frac{7}{30} + \frac{4}{5} + \frac{11}{12} - \frac{1}{3} + 4$ b) $9\frac{3}{8} - 5\frac{5}{6}$ c) $\left(8\frac{3}{5} + 4\frac{2}{3}\right) - \left(8\frac{3}{5} - 4\frac{3}{4}\right)$

4 Die erste von drei Zahlen ist $\frac{1}{4}$, die zweite ist um $\frac{1}{8}$ kleiner, die dritte um $\frac{1}{16}$ größer als die erste Zahl. Wie groß ist die Summe der drei Zahlen?

5 Bauer Schürmann hat Äcker, Weiden und Wald. $\frac{7}{12}$ seines Besitzes bestehen aus Äckern, $\frac{2}{9}$ aus Weiden.
a) Welcher Bruchteil seines Landes entfällt auf den Wald?
b) Veranschauliche die Bruchteile in einem Rechteck, das 9 cm lang und 4 cm breit ist.

6 Welche Zahl muss man zur Differenz der Zahlen $\frac{5}{6}$ und $\frac{3}{4}$ addieren, um $\frac{5}{24}$ zu erhalten?

7 Anke verschenkt $\frac{1}{3}$ ihrer Bonbons, später noch einmal 4 Bonbons. Jetzt hat sie noch 2 Bonbons.

A

1 a) $\frac{2}{7} \cdot 3$ b) $\frac{4}{5} : 7$ c) $\frac{2}{9} \cdot 6$ d) $\frac{12}{13} : 8$

2 a) $\frac{5}{7} \cdot \frac{3}{8}$ b) $\frac{3}{4} \cdot \frac{9}{11}$ c) $\frac{9}{10} \cdot \frac{2}{5}$ d) $\frac{3}{11} \cdot \frac{5}{6}$

3 a) $\frac{5}{8} : \frac{7}{9}$ b) $\frac{3}{7} : \frac{1}{4}$ c) $\frac{2}{15} : \frac{7}{10}$ d) $\frac{9}{20} : \frac{3}{5}$

4 a) $\frac{4}{9} \cdot \frac{3}{8}$ b) $\frac{7}{8} \cdot \frac{10}{21}$ c) $\frac{6}{11} \cdot \frac{22}{27}$ d) $\frac{9}{13} \cdot \frac{26}{27}$

5 Frau Müller trinkt jeden Tag $\frac{3}{4}$ *l* Milch.Wie viele Liter sind das in zwei Wochen?

6 Für das Klassenfest hat Sabrina 9 *l* Fruchtsaft eingekauft. Das Getränk wird in Gläser gefüllt. Jedes Glas fasst $\frac{3}{10}$ *l*. Wie viele Gläser kann Sabrina mit Saft füllen?

7 Die Klasse 6a hat 30 Schüler. $\frac{3}{5}$ davon sind Jungen. Wie viele Jungen und wie viele Mädchen sind in der Klasse?

8 Eine Flasche Cola enthält $1\frac{1}{2}$ *l*. Peter trinkt $\frac{1}{4}$ des Inhalts. Wie viele Liter Cola hat er getrunken?

B

1 a) $\frac{3}{7} \cdot \frac{4}{9}$ b) $\frac{2}{15} \cdot \frac{5}{7}$ c) $\frac{3}{4} \cdot \frac{2}{9}$ d) $\frac{10}{11} \cdot \frac{22}{25}$

2 a) $\frac{1}{3} : \frac{8}{9}$ b) $\frac{4}{9} : \frac{8}{11}$ c) $\frac{7}{10} : \frac{21}{25}$ d) $\frac{9}{49} : \frac{6}{7}$

3 a) $\frac{2}{5} \cdot \frac{3}{8} \cdot \frac{5}{12}$ b) $\frac{10}{11} \cdot \frac{13}{20} \cdot \frac{22}{39}$ c) $\frac{\frac{4}{7}}{\frac{20}{21}}$ d) $\frac{\frac{7}{15}}{\frac{14}{25}}$

4 a) $4\frac{1}{5} \cdot 3\frac{3}{4}$ b) $3\frac{1}{5} \cdot 1\frac{1}{9}$ c) $5\frac{1}{3} : 6\frac{2}{3}$ d) $2\frac{13}{16} : 1\frac{7}{20}$

5 a) $\left(\frac{9}{16} + \frac{5}{8}\right) \cdot \frac{8}{19}$ b) $\left(\frac{5}{6} - \frac{7}{10}\right) \cdot \frac{3}{8}$ c) $\frac{5}{14} \cdot \frac{21}{25} + \frac{2}{15}$ d) $\frac{8}{9} \cdot \frac{3}{4} + \frac{9}{20} \cdot \frac{10}{27}$

6 Von den 168 Schülerinnen und Schülern des 6. Jahrgangs fahren $\frac{1}{4}$ mit dem Bus und $\frac{3}{7}$ mit dem Fahrrad zur Schule, die übrigen gehen zu Fuß. Wie viele Schülerinnen und Schüler kommen mit dem Bus (dem Fahrrad, zu Fuß)?

7 Ein Fahrrad bewegt sich bei einer vollen Drehung der Pedalen $4\frac{1}{2}$ m weiter. Jeder Tritt bewirkt eine halbe Drehung. Wie oft muss man treten, um eine Strecke von 2700 m zurückzulegen?

8 Ein Gastwirt kauft 12 Flaschen Wein. Jede Flasche enthält $\frac{3}{4}$ *l* und kostet 4,50 €. Der Gastwirt verkauft ein Glas mit $\frac{1}{5}$ *l* Wein für 3 €. Wie viele Gläser kann er ausschenken? Wie viel verdient er insgesamt?

A

1 Wandle in Dezimalbrüche um.

a) $\frac{7}{100}$, $\frac{3}{10}$, $\frac{18}{1000}$ b) $3\frac{9}{10}$, $22\frac{17}{1000}$, $1\frac{3}{100}$ c) $\frac{7}{4}$, $\frac{3}{5}$, $\frac{1}{8}$

2 Schreibe als Bruch und kürze, wenn möglich. a) 0,8 b) 0,002 c) 1,05

3 Ordne jeweils der Größe nach. Beginne mit der kleinsten Zahl.
a) 4,3051 4,3501 4,0351 4,351 4,30501 4,03051
b) 19,004 19,408 19,804 19,480 19,040 19,84

4 Runde die Dezimalbrüche 7,1459; 0,5548 und 0,05388
a) auf Zehntel b) auf Hundertstel c) auf Tausendstel.

5 a) 421,8 + 39 + 0,051 b) 47,98 − 18 − 0,031 c) 20 − 1,435 − 0,8 + 1,12

6 a) 7,82 · 10 b) 5,5 · 100 c) 0,3 · 0,2 d) 6,9 · 17,8 e) 0,007 · 29,7

7 a) 36,45 : 10 b) 8,9 : 100 c) 0,4 : 2 d) 12,3 : 5 e) 1,56 : 12

8 Frau Otten tankt 53,6 *l* Superbenzin. 1 Liter kostet 0,86 €. Wie viel Euro muss sie bezahlen?

9 Herr Tröstrum kauft 1,5 kg Bananen zu einem Preis von 1,50 € je Kilogramm, 10 Kiwis für 0,15 € pro Stück und 3,4 kg Äpfel zu 1,80 € je Kilogramm. Wie viel Euro hat er zu bezahlen?

B

1 Bestimme den Platzhalter.
a) 4,563 + ■ + 204,6 + 8,77 = 400,5 b) 0,6 · ■ = 0,18
c) 50,11 − 4,811 − ■ = 23,33 d) 0,084 : ■ = 0,7

2 Rechne mit Brüchen oder Dezimalbrüchen.

a) $27{,}33 + 5\frac{47}{50}$ b) $141{,}5 - 78\frac{1}{4}$ c) $6\frac{1}{4} : 2{,}5$ d) $1\frac{5}{6} \cdot 1{,}2$

3 Runde dein Ergebnis auf Hundertstel. a) 0,973 · 6,07 b) 0,7 : 50

4 Herr Oltmann kauft 6 Weißwein-, 6 Rotwein- und 6 Sektgläser. Er zahlt dafür 160,20 €. Das Weißweinglas kostet 8,40 €, das Rotweinglas 0,80 € weniger. Wie teuer ist ein Sektglas?

5 Herr Rüther lässt das Öl seines Autos wechseln. Er zahlt für 4 *l* Motorenöl 31,20 €. Einige Wochen später muss er 0,75 *l* nachfüllen. Was muss er bezahlen?

6 Beachte die Regel „Punktrechnung vor Strichrechnung“.
a) 0,6 · 3,4 − 2,4 · 0,5 b) 8 − 3,5 · 2,25 + 0,65 c) 40,5 − 2,7 : 9 + 6,5
0,8 · 2,9 − 1,8 · 0,7 26,7 − 6,2 · 3,5 + 2,025 30,05 − 4,8 : 16 + 0,6

A

1 Übertrage die Figur in dein Heft und spiegele sie an der Spiegelachse s. Benenne die Bildpunkte.

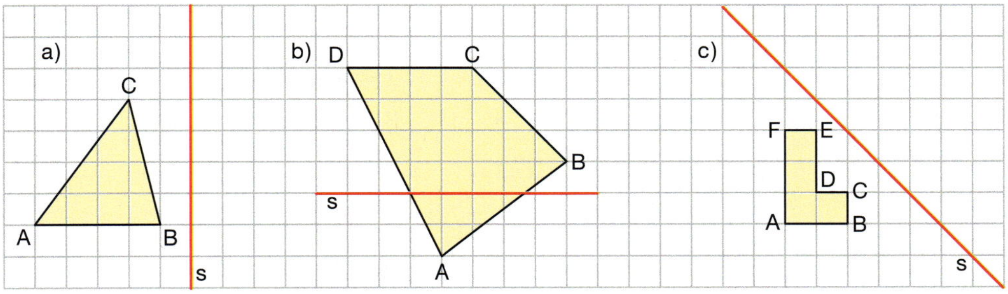

2 Zeichne das Viereck mit den Eckpunkten A(6|2), B(9|4), C(9|10) und D(2|8) in ein Koordinatensystem (Einheit 0,5 cm).
Spiegele das Viereck ABCD so, dass B auf B′(15|8) abgebildet wird. Zeichne die Spiegelachse ein und gib die Koordinaten der fehlenden Bildpunkte an.

3 Zeichne die Figur in dein Heft und verschiebe sie mithilfe des angegebenen Verschiebungspfeils.

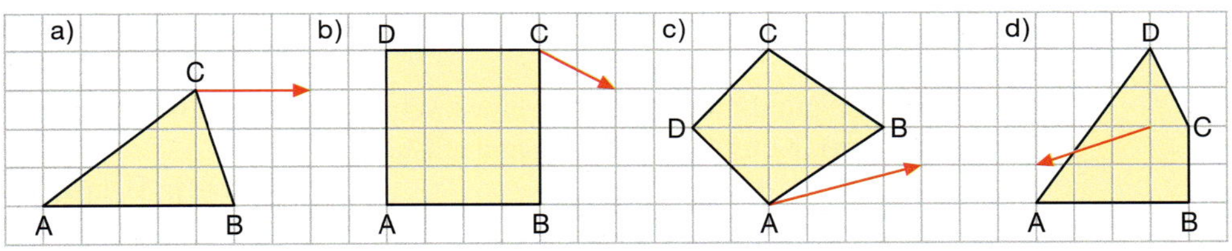

4 Zeichne in ein Koordinatensystem das Dreieck mit den Eckpunkten A(2|2), B(6|2) und C(5|5). Verschiebe das Dreieck so, dass C auf C′(12|3) fällt. Gib die Koordinaten von A′ und B′ an.

5 Zeichne die Figur in dein Heft und drehe sie um 90° um den Punkt Z.

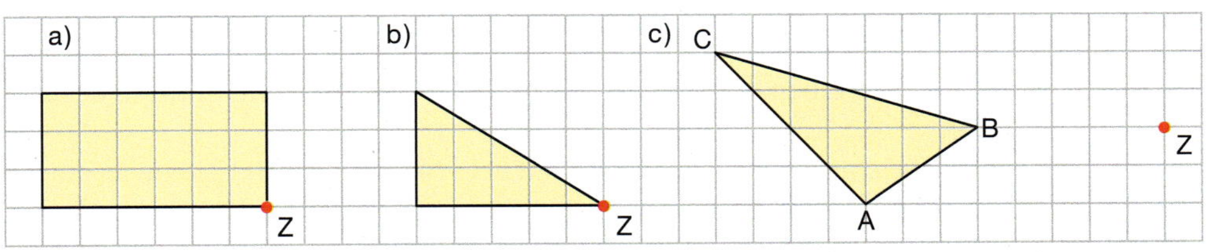

6 Zeichne in ein Koordinatensystem das Viereck mit A(2|1), B(6|1), C(7|4) und D(1|5). Drehe es um 180° um Z(8|5). Gib die Koordinaten der Bildpunkte an.

7 Setze das folgende Bandmuster fort.

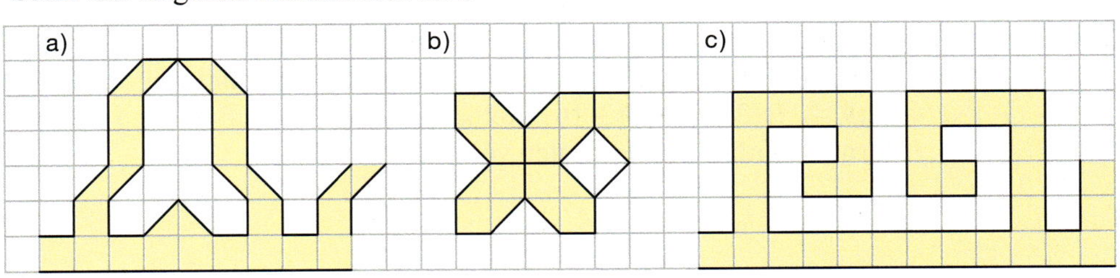

B

1 Gib an, um welche Abbildungsart es sich handelt. Überprüfe deine Lösung durch eine Zeichnung.

a)

Originalfigur	Bildfigur
A(4|10)	A′(19|1)
B(9|16)	B′(24|7)
C(5|16)	C′(20|7)

b)

Originalfigur	Bildfigur
A(5|3)	A′(17|15)
B(10|1)	B′(19|10)
C(4|8)	C′(12|16)

c)

Originalfigur	Bildfigur
A(15|1)	A′(12|14)
B (18|6)	B′(7|17)
C(12|7)	C′(6|11)

2 a) Zeichne ein Rechteck mit den Eckpunkten A(13|17), B(18|12), C(21|15) und D(16|20) in ein Koordinatensystem (Einheit 0,5 cm).
b) Durch eine Halbdrehung um den Drehpunkt Z soll der Originalpunkt B auf den Bildpunkt B′(6|10) abgebildet werden. Zeichne das Bildrechteck und gib die Koordinaten der Bildpunkte und des Drehpunktes an.

3 Konstruiere mit Zirkel und Lineal die Mittelsenkrechte.

	a)	b)	c)
Strecke	$\overline{AB}$	$\overline{CD}$	$\overline{EF}$
Länge	7 cm	4,8 cm	57 mm

4 Teile eine 9 cm lange Strecke $\overline{AB}$ mithilfe des Zirkels in vier gleich lange Abschnitte.

5 Zeichne Original- und Bildpunkt einer Achsenspiegelung in ein Koordinatensystem (Einheit 0,5 cm). Konstruiere die Spiegelachse.
a) A(3|6); A′(9|4) b) B(11|2); B′(15|10)

6 Zeichne einen Winkel folgender Größe und konstruiere mit Zirkel und Lineal seine Winkelhalbierende.
a) 40° b) 120° c) 165°

7 Konstruiere zu einer Geraden g jeweils eine Parallele mit dem angegebenen Abstand. Die Gerade g soll nicht auf einer Gitterlinie deines karierten Papieres liegen.
a) 4,5 cm b) 2,5 cm c) 32 mm

8 Zeichne einen 37° großen Winkel und verdoppele ihn mithilfe des Zirkels.

9 a) Zeichne eine Gerade AB mit A(3|4) und B(19|12) sowie die Punkte P(3|14) und Q(18|4) in ein Koordinatensystem (Einheit 0,5 cm).
b) Konstruiere mit Zirkel und Lineal jeweils das Lot von P und von Q auf die Gerade AB. Bestimme jeweils die Koordinaten des Fußpunktes des Lotes auf AB.

10 Zeichne eine Gerade g durch die Punkte A(2|6) und B(18|2) in ein Koordinatensystem (Einheit 0,5 cm). Errichte in P(11|8) die Senkrechte zu g und konstruiere durch den Punkt Q(16|11) eine zu g parallele Gerade.

11 Zeichne ein Koordinatensystem (Einheit 0,5 cm) und trage die folgenden Punkte ein: A(9|4), B(21|8). C(13|16). Konstruiere den Punkt P, der von A, B und C gleichweit entfernt ist. Gib die Koordinaten von Punkt P an.

1 Jana hat das abgebildete Glücksrad mehrmals gedreht und die Ergebnisse des Zufallsexperiments in einer Urliste aufgeschrieben.

a) Bestimme die absoluten Häufigkeiten mithilfe einer Strichliste.

b) Stelle die absoluten Häufigkeiten in einem Säulendiagramm dar.

c) Berechne die relativen Häufigkeiten und trage sie in eine Häufigkeitstabelle ein.

d) Berechne das arithmetische Mittel der erhaltenen Ergebnisse.

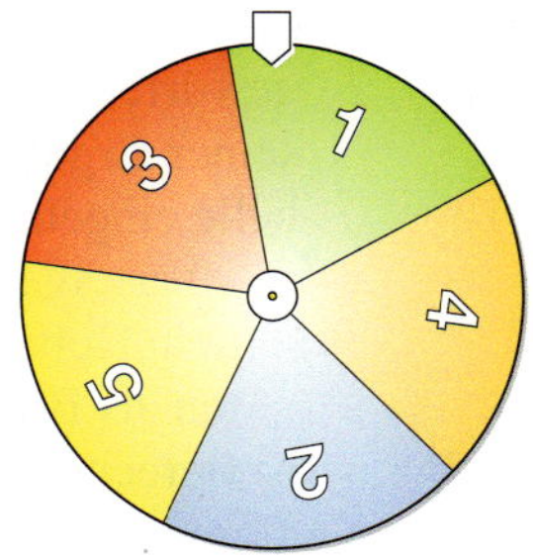

Ergebnisse beim Drehen des Glückrades
5 4 1 2 1 2 1 4 4 5 3 2 1 2 3 4 1
1 5 3 4 3 5 2 2 4 3 2 5 3 4 3 5 3
2 2 3 1 1 3 4 5 4 4 5 5 3 1 2 3

2

Anzahl der Fernseher	absolute Häufigkeit
1	11
2	30
3	6
4	3
Summe	

Mehrere zufällig ausgewählte Schülerinnen und Schüler wurden gefragt, wie viele Fernsehgeräte sich bei ihnen zu Hause befinden. Das Ergebnis der Befragung wurde in der Häufigkeitstabelle festgehalten.

a) Berechne die relativen Häufigkeiten und trage sie in eine Häufigkeitstabelle ein.

b) Stelle die absoluten Häufigkeiten in einem Balkendiagramm dar.

c) Berechne das arithmetrische Mittel mithilfe der absoluten Häufigkeiten.

3

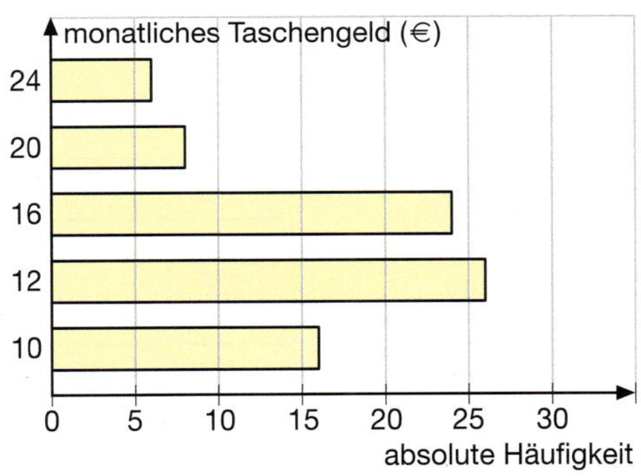

Das Diagramm zeigt das Ergebnis einer Umfrage im 6. Jahrgang zum Thema „monatliches Taschengeld“.

a) Stelle die absoluten und die relativen Häufigkeiten in einer Tabelle dar.

b) Berechne das arithmetische Mittel mithilfe der absoluten Häufigkeiten.

4

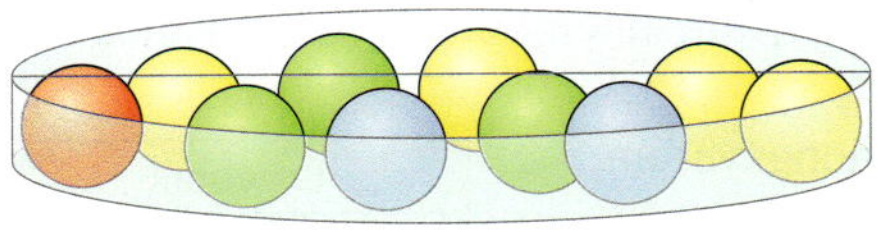

Aus der abgebildeten Urne wurde 100-mal eine Kugel gezogen. Das Ergebnis des Zufallsexperiments wird im Säulendiagramm dargestellt.

a) Stelle die relativen Häufigkeiten in einer Tabelle dar.

b) Ordne die Farben zu. Begründe.

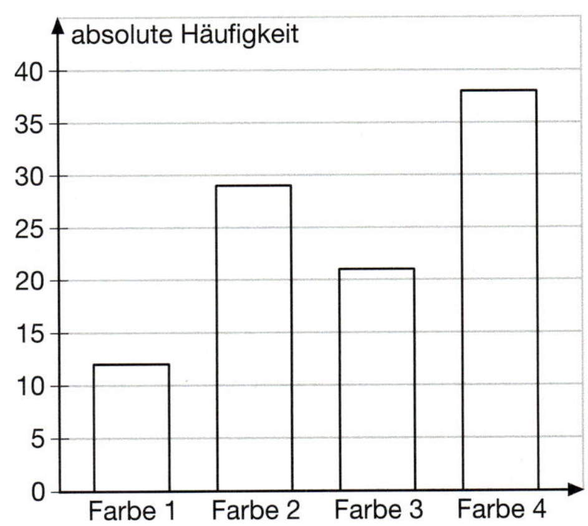

1 Tobias hat fünfzigmal mit einem Würfel gewürfelt und die absoluten Häufigkeiten seiner Ergebnisse in eine Häufigkeitstabelle eingetragen.
a) Übertrage die Häufigkeitstabelle in dein Heft. Gib die relativen Häufigkeiten als Bruch an.
b) Berechne auch die relativen Häufigkeiten als Dezimalbruch.
c) Stelle die absoluten Häufigkeiten in einem Säulendiagramm dar.

50 Würfe						
Augenzahl	1	2	3	4	5	6
absolute Häufigkeit	9	11	5	10	9	6
relative Häufigkeit als Bruch	■	■	■	■	■	■
relative Häufigkeit als Dezimalbruch	■	■	■	■	■	■

2 Tina hat mehrmals hintereinander eine Heftzwecke geworfen und die absoluten Häufigkeiten in eine Häufigkeitstabelle eingetragen.
a) Übertrage die Häufigkeitstabelle in dein Heft. Berechne die relativen Häufigkeiten als Bruch und als Dezimalbruch.
b) Zeichne das zugehörige Streifendiagramm (Gesamtlänge 10 cm).

Heftzweckwürfe		
Ergebnis	Kopf	Seite
absolute Häufigkeit	88	112
relative Häufigkeit als Bruch	■	■
relative Häufigkeit als Dezimalbruch	■	■

3 In einer Urne befinden sich zehn gleich große Kugeln unterschiedlicher Farben. Aus der Urne wurde mehrmals mit Zurücklegen gezogen, die absoluten Häufigkeiten der einzelnen Ergebnisse werden in dem Balkendiagramm grafisch dargestellt.
a) Berechne zu jeder Farbe die relative Häufigkeit.
b) Wie viele Kugeln sind deiner Meinung nach rot, wie viele Kugeln blau (gelb, grün)?

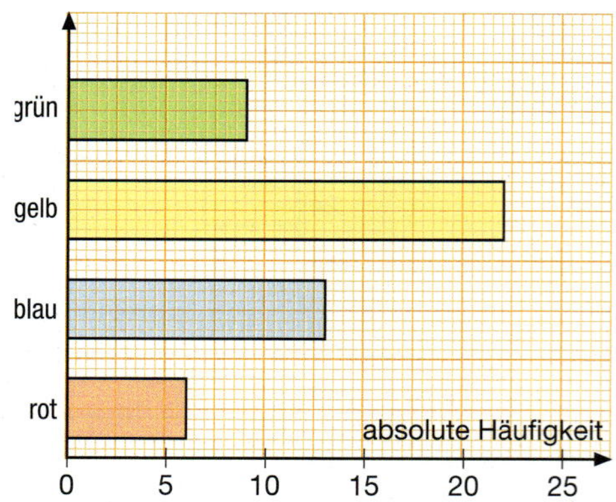

4 In einer Urne befinden sich zwanzig gleichartige Kugeln. Davon sind acht Kugeln rot, fünf Kugeln weiß, drei Kugeln blau und vier Kugeln schwarz gefärbt. Eine Kugel wird aus der Urne gezogen. Berechne die Wahrscheinlichkeiten aller möglichen Ergebnisse.

5 Der Technische Überwachungsverein (TÜV) überprüft ältere Gebrauchtwagen auf ihre Verkehrssicherheit. Die Häufigkeitstabelle zeigt das Resultat der Überprüfung.
Wie groß ist die Wahrscheinlichkeit dafür, dass ein zufällig ausgewählter älterer Gebrauchtwagen leichte Mängel (keine Mängel, erhebliche Mängel) aufweist?

Ergebnis	absolute Häufigkeit
keine Mängel	1275
leichte Mängel	875
erhebliche Mängel	350

(A)

1 Zeichne ein Dreieck ABC mit den angegebenen Eckpunkten in ein Koordinatensystem (Einheit 0,5 cm). Miss die Winkelgrößen und gib an, ob es sich um ein spitzwinkliges, rechtwinkliges oder stumpfwinkliges Dreieck handelt.
a) A(1|7); B(4|1); C(16|7) b) A(1|3); B(6|0); C(16|9) c) A(0|12); B(5|1); C(11|16)

2 Können die folgenden drei Längen die Seitenlängen eines Dreiecks sein? Begründe deine Antwort.
a) 8 cm; 5 cm; 6 cm b) 12 m; 15 m; 3 m c) 4,50 m; 7,50 m; 2,50 m

3 a) In einem Dreieck ist $\alpha = 85°$ und $\beta = 37°$. Berechne die Größe des dritten Innenwinkels γ.
b) In einem Viereck ist $\alpha = 80°$, $\beta = 35°$ und $\gamma = 125°$. Bestimme die Größe des fehlenden Innenwinkels δ.

4 a) In einem gleichschenkligen Dreieck hat ein Basiswinkel eine Größe von 38°. Wie groß ist der Winkel an der Spitze?
b) Der Winkel an der Spitze eines gleichschenkligen Dreiecks hat eine Größe von 48°. Wie groß ist jeweils ein Basiswinkel?

5 Berechne die Größe der fehlenden Winkel.

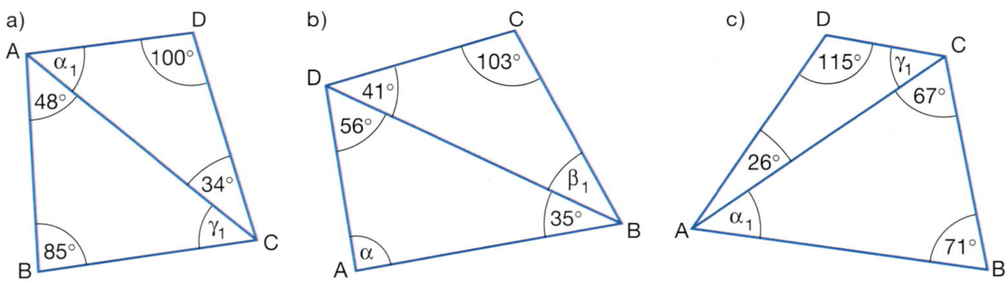

(B)

1 Bestimme die Größe der einzelnen Winkel.

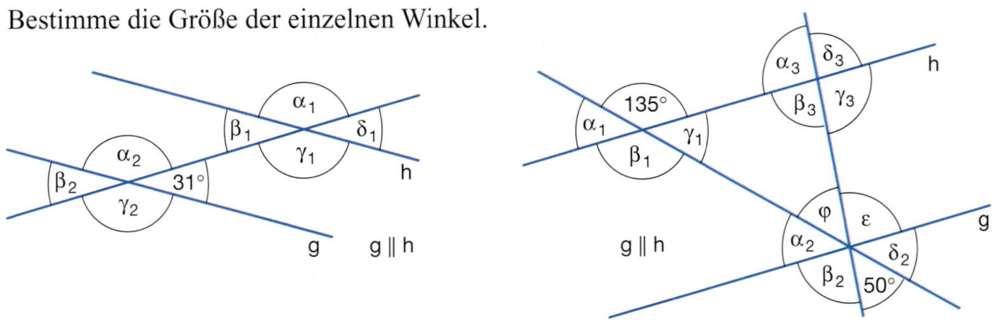

2 Zeichne das Dreieck ABC mit den Eckpunkten A(3|4), B(18|2) und C(15|12) in ein Koordinatensystem (Einheit 0,5 cm). Zeichne den Schwerpunkt des Dreiecks und gib seine Koordinaten an.

3 Zeichne das Dreieck ABC mit den Eckpunkten A(5|11), B(17|3) und C(21|11) in ein Koordinatensystem (Einheit 0,5 cm). Zeichne den Umkreis des Dreiecks und gib die Koordinaten seines Mittelpunktes an.

4 Zeichne das Dreieck ABC mit den Eckpunkten A(0|0), B(16|8) und C(10|20) in ein Koordinatensystem (Einheit 0,5 cm). Zeichne den Inkreis des Dreiecks und gib die Koordinaten seines Mittelpunktes an.

A

1 Berechne jeweils den Wert des Terms.
a) $6{,}5 \cdot 4 + 2{,}5 \cdot 2$ b) $11{,}4 \cdot 5 - 9{,}1 \cdot 6$ c) $(4{,}6 + 3{,}4) \cdot 1{,}5$

2 Setze für x die Zahlen 1, 2, 3 … 10 ein und berechne jeweils den Wert des Terms.
a) $4 \cdot x + 13$ b) $8 \cdot x - 5$

3 Bestimme jeweils die Lösung der Gleichung.
a) $3 \cdot x = 9$
$6 \cdot x = 30$
b) $12 \cdot x = 80 - 8$
$15 \cdot x = 23 + 7$

4 Schreibe als Gleichung und bestimme die Lösungsmenge.
a) Mit welcher Zahl musst du 12 multiplizieren, um 276 zu erhalten?
b) Multipliziere eine Zahl mit 7. Du erhältst die Differenz aus 546 und 56.

5 Eine Flasche Multivitaminsaft kostet 1,10 €, ein Müsliriegel 0,30 €. Sascha kauft eine Flasche Multivitaminsaft und dazu Müsliriegel. Er bezahlt insgesamt 2,30 €. Wie viele Müsliriegel hat er gekauft?

B

1 Setze für x die Zahlen 1, 2, 3, … 10 ein und berechne jeweils den Wert des Terms.
a) $1{,}5 \cdot x + 5{,}5$ b) $4 \cdot (2 \cdot x + 3)$

2 Schreibe als Term mit der Variablen x.
a) das Neunfache einer Zahl b) die Summe aus dem Dreifachen einer Zahl und 27

3 Bestimme jeweils die Lösung der Gleichung.
a) $12 \cdot x = 95 - 23$
$16 \cdot x = 49 + 31$
b) $x : 8 = 26 - 21$
$x : 7 = 13 + 37$

4 Schreibe zu jeder Gleichung ein passendes Zahlenrätsel auf und bestimme die Lösung.
a) $6 \cdot x = 24 + 18$ b) $(x + 4) \cdot 5 = 35$

5 Sven spart für ein neues Fahrrad, das 295 € kostet. Jeden Monat legt er von seinem Taschengeld 15 € zurück. Zum Geburtstag erhält er von seinen Großeltern den Restbetrag von 190 €. Wie viele Monate hat er gespart?

6 Bestimme die Lösungsmenge. $\mathbb{G} = \mathbb{N}$
a) $x \cdot 4 > 36$ b) $x + 37 < 72$ c) $7 \cdot x > 11 + 10$ d) $30 < 5 \cdot x$

7 Setze das richtige Zeichen (<, =, >).
a) $x + 12 \;\square\; 22$ $\mathbb{L} = \{0; 1; 2; 3; 4; 5; 6; 7; 8; 9\}$ b) $4 \cdot x \;\square\; 50$ $\mathbb{L} = \{13; 14; 15; \ldots\}$

1 a) Aus wie vielen Würfeln bestehen die einzelnen Körper?
b) Ergänze die Körper zu Quadern. Wie viele Würfel musst du jeweils hinzufügen?

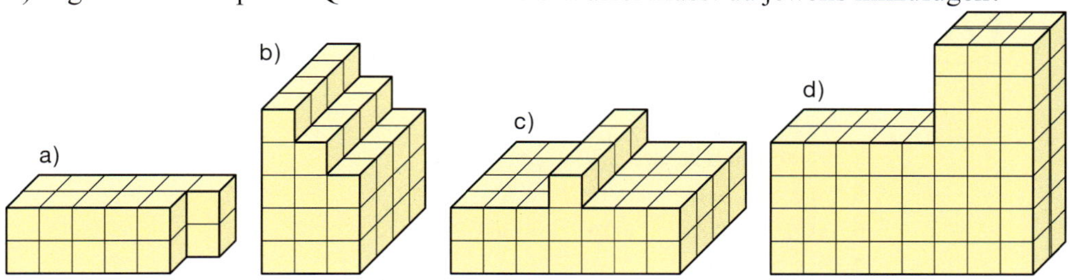

2 Verwandle in die angegebenen Einheiten.

a) 245 cm³ (mm³)	b) 50 000 cm³ (dm³)	c) 0,308 cm³ (mm³)	d) 124 hl (*l*)
700 dm³ (cm³)	3330 mm³ (cm³)	1,357 dm³ (cm³)	8,26 hl (*l*)
8,145 m³ (dm³)	129 dm³ (m³)	4000 cm³ (*l*)	26 m³ (*l*)

3 Berechne das Volumen und den Oberflächeninhalt eines Würfels mit der Kantenlänge 12 cm.

4 Berechne den Oberflächeninhalt und das Volumen eines Quaders, der 12 m lang, 4 m breit und 5 m hoch ist.

5 Ein Aquarium ist 8 dm lang, 4,5 dm breit und 65 cm hoch.
a) Wie viel Liter fasst das Aquarium, wenn es bis 5 cm unter der Oberkante gefüllt wird?
b) Durch Verdunstung ist der Wasserstand um 1 cm gefallen. Wie viel Liter sind verdunstet?

6 Ein Schwimmbecken ist 8 m lang, 3 m breit und 1,50 m tief.
a) An den Wänden und auf dem Boden sollen quadratische Fliesen gelegt werden. Wie viel Quadratmeter Fliesen werden benötigt?
b) Wie viel Liter Wasser können eingefüllt werden?

7

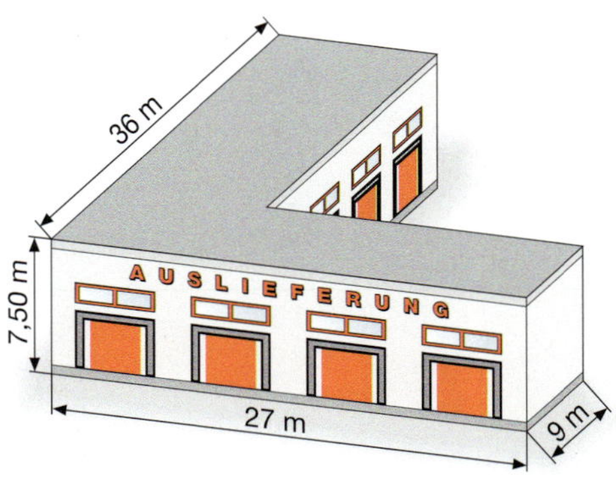

Die Baugesellschaft Peter + Pan baut die abgebildete Lagerhalle.
a) Berechne den Inhalt der Dachfläche.
b) Bestimme den umbauten Raum (das Volumen) des Gebäudes.

8 In das abgebildete Aquarium wird ein Metallwürfel mit der Kantenlänge 20 cm ganz eingetaucht. Um wie viel Zentimeter steigt der Wasserspiegel?

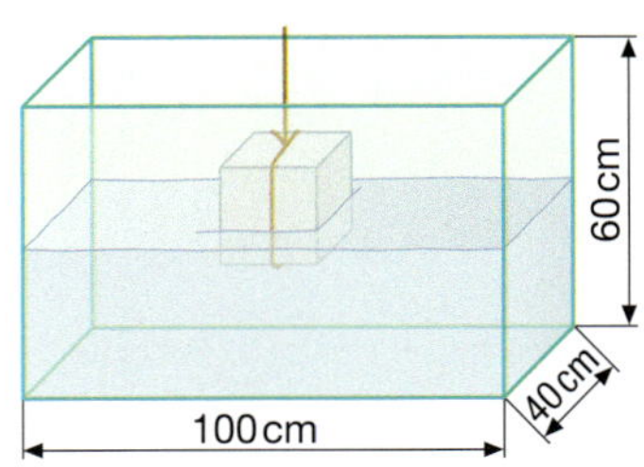

zu Seite 185

A

1 a) Teiler von 48: 1, 2, 3, 4, 6, 8, 12, 16, 24, 48
b) Teiler von 60: 1, 2, 3, 4, 5, 6, 10, 12, 15, 20, 30, 60

2 richtig bei c)

3 a) wahr b) wahr c) wahr d) falsch e) falsch

4 144 teilbar durch 2, 3, 4, 9
2400 teilbar durch 2, 3, 4, 5
4896 teilbar druch 2, 3, 4, 9
13005 teilbar durch 3, 5, 9

5 a) 6 b) 15 c) 18 d) 8

6 a) 12 b) 88 c) 80 d) 300

7 2, 5, 23, 41

8 7.14 Uhr

B

1 a) Teiler von 84: 1, 2, 3, 4, 6, 7, 12, 14, 21, 28, 42, 84
b) $T_{99} = \{1, 3, 9, 11, 33, 99\}$

2 a) 10008 b) 9996

3 96 teilbar durch 4, 6
675 teilbar durch 9, 25
2790 teilbar durch 6, 9
18900 teilbar durch 4, 6, 9, 25

4 53, 59, 61, 67

5 a) $36 = 2 \cdot 2 \cdot 3 \cdot 3$
$60 = 2 \cdot 2 \cdot 3 \cdot 5$
ggT (36, 60) $= 2 \cdot 2 \cdot 3 = 12$

b) $72 = 2 \cdot 2 \cdot 2 \cdot 3 \cdot 3$
$180 = 2 \cdot 2 \cdot 3 \cdot 3 \cdot 5$
ggT (72, 180) $= 2 \cdot 2 \cdot 3 \cdot 3 = 36$

c) $175 = 5 \cdot 5 \cdot 7$
$280 = 2 \cdot 2 \cdot 2 \cdot 5 \cdot 7$
$245 = 5 \cdot 7 \cdot 7$
ggT (175, 280, 245) $= 5 \cdot 7 = 35$

6 a) $56 = 2 \cdot 2 \cdot 2 \cdot 7$
$84 = 2 \cdot 2 \cdot 3 \cdot 7$
kgV (56, 84) $= 2 \cdot 2 \cdot 2 \cdot 3 \cdot 7 = 168$

b) $35 = 5 \cdot 7$
$54 = 2 \cdot 3 \cdot 3 \cdot 3$
$63 = 3 \cdot 3 \cdot 7$
kgV (35, 54, 63) $= 2 \cdot 3 \cdot 3 \cdot 3 \cdot 5 \cdot 7 = 1890$

c) $28 = 2 \cdot 2 \cdot 7$
$35 = 5 \cdot 7$
$56 = 2 \cdot 2 \cdot 2 \cdot 7$
kgV (28, 35, 56) $= 2 \cdot 2 \cdot 2 \cdot 5 \cdot 7 = 280$

7 Am 30. Ferientag

8 größtmöglicher Abstand: 6 m

---

zu Seite 186

A

1 a) $\frac{5}{7}$ b) $1\frac{1}{6}$ c) $\frac{2}{11}$ d) $\frac{1}{7}$ e) $\frac{3}{8}$ f) $\frac{11}{12}$ g) $8\frac{5}{7}$ h) $1\frac{5}{12}$

2 a) $\frac{19}{24}$ b) $\frac{9}{20}$ c) $\frac{17}{40}$ d) $4\frac{7}{12}$ e) $\frac{29}{36}$ f) $\frac{1}{24}$ g) $1\frac{1}{24}$ h) $\frac{5}{48}$

3 $\frac{5}{12}$

4 $5\frac{7}{8}$ kg

5 $6\frac{3}{10}$ t

B

1 a) $\frac{1}{3}$ b) $\frac{4}{5}$ c) $1\frac{7}{24}$ d) $2\frac{17}{20}$

2 a) $1\frac{1}{2}$ b) $1\frac{7}{12}$

3 a) $5\frac{1}{2}$ b) $3\frac{13}{24}$ c) $9\frac{5}{12}$

4 $\frac{11}{16}$

5 a) $\frac{7}{36}$ Wald

b)

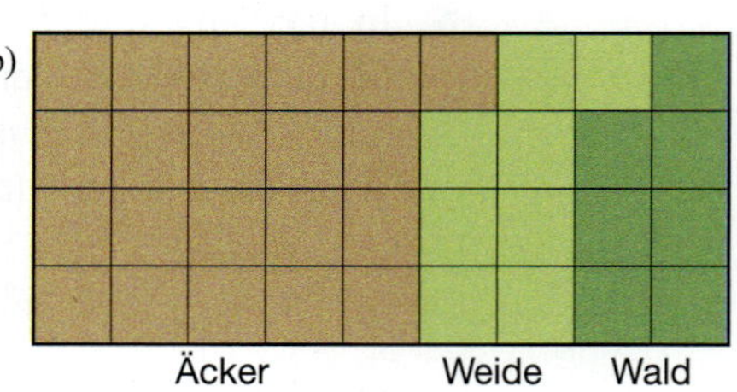

6 $\frac{1}{8}$ **7** 9 Bonbons

---

zu Seite 187

A

1 a) $\frac{6}{7}$ b) $\frac{4}{35}$ c) $\frac{4}{3}$ d) $\frac{3}{26}$

2 a) $\frac{15}{56}$ b) $\frac{27}{44}$ c) $\frac{9}{25}$ d) $\frac{5}{22}$

3 a) $\frac{45}{56}$ b) $\frac{12}{7}$ c) $\frac{4}{21}$ d) $\frac{3}{4}$

4 a) $\frac{1}{6}$ b) $\frac{5}{12}$ c) $\frac{4}{9}$ d) $\frac{2}{3}$

5 $10\frac{1}{2}\,l$

6 30 Gläser

7 18 Jungen, 12 Mädchen

8 $\frac{1}{8}\,l$

B

1 a) $\frac{4}{21}$ b) $\frac{2}{21}$ c) $\frac{1}{6}$ d) $\frac{4}{5}$

2 a) $\frac{3}{8}$ b) $\frac{11}{18}$ c) $\frac{5}{6}$ d) $\frac{3}{14}$

3 a) $\frac{1}{16}$ b) $\frac{1}{3}$ c) $\frac{3}{5}$ d) $\frac{5}{6}$

4 a) $15\frac{3}{4}$ b) $3\frac{5}{9}$ c) $\frac{4}{5}$ d) $2\frac{1}{12}$

5 a) $\frac{1}{2}$ b) $\frac{1}{20}$ c) $\frac{13}{30}$ d) $\frac{5}{6}$

6 42 mit dem Bus; 72 mit dem Fahrrad; 54 zu Fuß

7 1200 Mal

8 45 Gläser, 81 €

---

zu Seite 188

A

1 a) 0,07 0,3 0,018 b) 3,9 22,017 1,03 c) 1,75 – 0,6 – 0,125

2 a) $\frac{4}{5}$ b) $\frac{1}{500}$ c) $1\frac{1}{20}$

3 a) $4{,}03051 < 4{,}0351 < 4{,}30501 < 4{,}3051 < 4{,}3501 < 4{,}351$
b) $19{,}004 < 19{,}040 < 19{,}408 < 19{,}480 < 19{,}804 < 19{,}84$

4 a) 7,1; 0,6; 0,1 b) 7,15; 0,55; 0,05 c) 7,146; 0,555; 0,054

5 a) 460,851 b) 29,949 c) 18,885

6 a) 78,2 b) 550 c) 0,06 d) 122,82 e) 0,2079

7 a) 3,645 b) 0,089 c) 0,2 d) 2,46 e) 0,13

8 46,10 €

9 9,87 €

B

1 a) 182,567 b) 0,3 c) 21,969 d) 0,12

2 a) $33{,}27 = 33\frac{27}{100}$ b) $63{,}25 = 63\frac{1}{4}$ c) $2{,}5 = 2\frac{1}{2}$ d) $2\frac{1}{5} = 2{,}2$

3 a) 5,91 b) 0,014

4 10,70 € **5** 5,85 €

6 a) 0,84 1,06 b) 0,775 7,025 c) 46,7 30,35

---

zu Seite 189

A

1

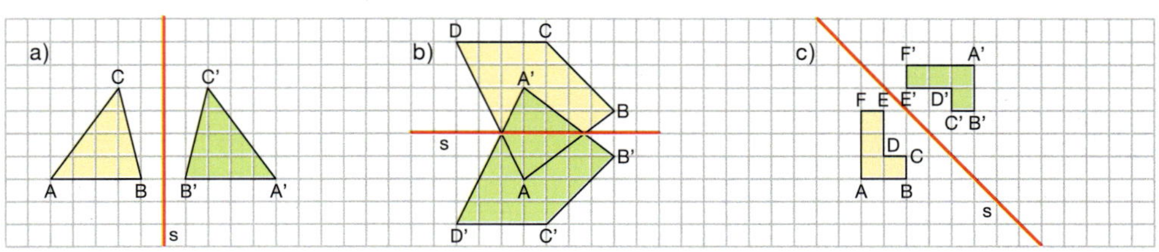

2 $A'(18|10)$, $C'(11|14)$, $D'(14|16)$

3

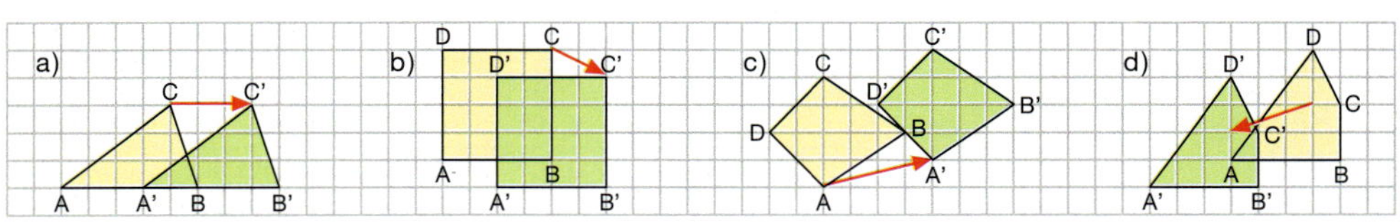

4 $A'(9|0)$, $B'(13|0)$

5

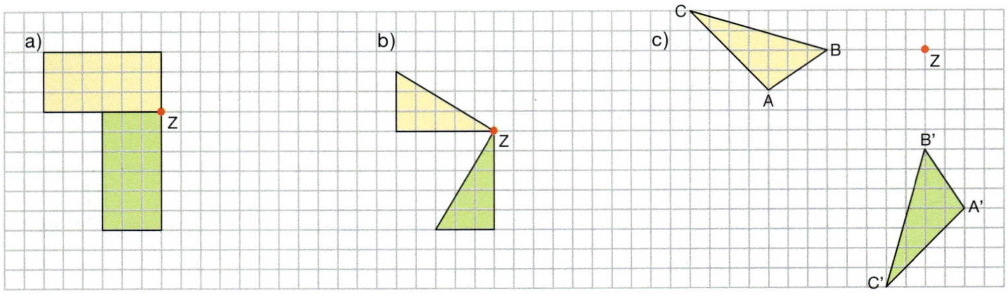

6 A′(14|3), B(10|9), C′(9|6), D′(15|5)

7

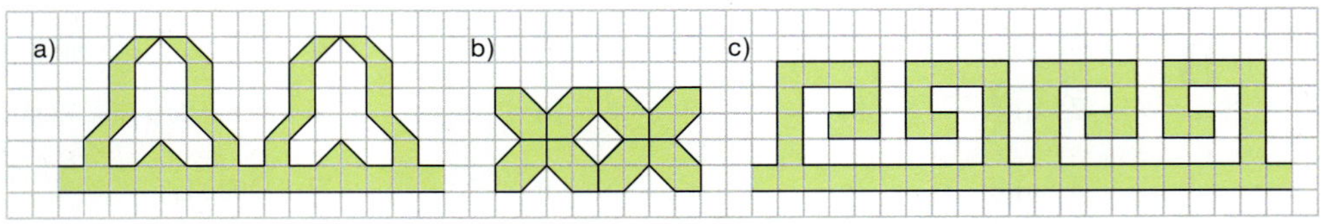

---

zu Seite 190

B

1 a) Verschiebung b) Spiegelung c) Drehung um 90°

2 a) – b) A′(11|5), C′(6|10), D′(8|2), Z′(12|11)

3 –

4 –

5 a) Mittelpunkt der Strecke $\overline{AA'}$: (6|4)
b) Mittelpunkt der Strecke $\overline{BB'}$: (13|6)

6 –

7 –

8 –

9 a) –
b) Fußpunkt von P auf AB: (7|6)
Fußpunkt von Q auf AB: (15|10)

10 –

11 P(14|9)

---

zu Seite 191

1 a)

1	𝍸 IIII
2	𝍸 𝍸
3	𝍸 𝍸 II
4	𝍸 𝍸
5	𝍸 IIII

b)

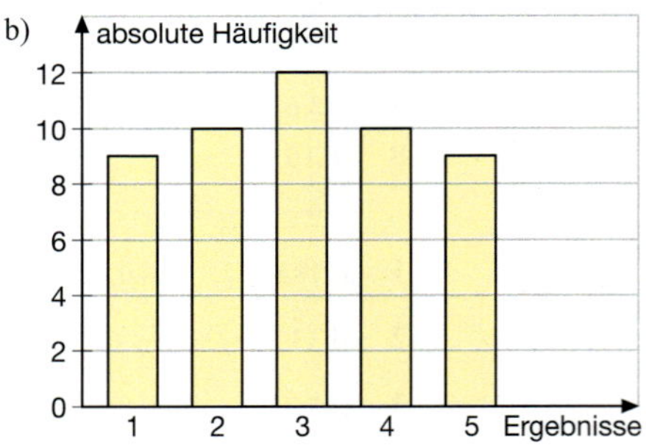

c)

Ergebnis	absolute Häufigkeit	relative Häufigkeit
1	9	0,18
2	10	0,20
3	12	0,24
4	10	0,20
5	9	0,18

d) $\bar{x} = 3$

2 a)

Anzahl	absolute Häufigkeit	relative Häufigkeit
1	11	0,22
2	30	0,60
3	6	0,12
4	3	0,06
Summe	50	1,00

b)

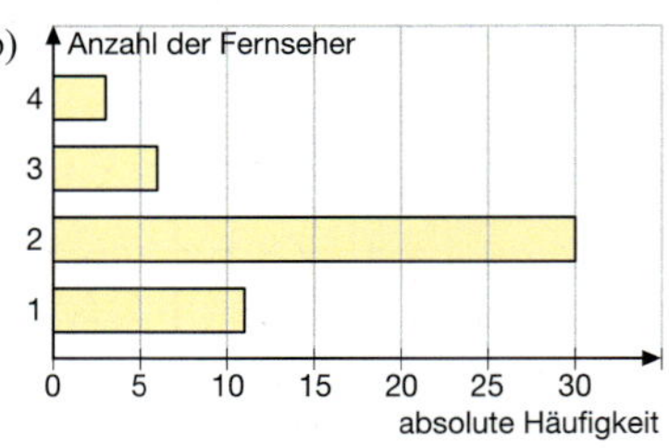

c) $\bar{x} = 2{,}02$

3 a)

Taschengeld (€)	abs. Häufigkeit	rel. Häufigkeit
10	16	0,200
12	26	0,325
16	24	0,300
20	8	0,100
24	6	0,075
Summe	80	1,000

b) $\bar{x} = 14{,}50$ €

4 a)

Ergebnis	absolute Häufigkeit	relative Häufigkeit
Farbe 1	12	0,12
Farbe 2	29	0,29
Farbe 3	21	0,21
Farbe 4	38	0,38
Summe	100	1,00

b) Farbe 1 = rot, Farbe 2 = grün, Farbe 3 = blau und Farbe 4 = gelb, weil die Anteile der entsprechenden farbigen Kugeln in der Urne 0,1; 0,3; 0,2 und 0,4 sind.

zu Seite 192

1 a, b)

50 Würfe						
Augenzahl	1	2	3	4	5	6
absolute Häufigkeit	9	11	5	10	9	6
relative Häufigkeit als Bruch	$\frac{9}{50}$	$\frac{11}{50}$	$\frac{5}{50}$	$\frac{10}{50}$	$\frac{9}{50}$	$\frac{6}{50}$
relative Häufigkeit als Dezimalbruch	0,18	0,22	0,10	0,20	0,18	0,12

2 a)

Heftzweckwürfe		
Ergebnis	Kopf	Seite
absolute Häufigkeit	88	112
relative Häufigkeit als Bruch	$\frac{88}{200}$	$\frac{112}{200}$
relative Häufigkeit als Dezimalbruch	0,44	0,56

b) –

3 a)

Ergebnis	rot	blau	gelb	grün
relative Häufigkeit als Bruch	$\frac{6}{50}$	$\frac{13}{50}$	$\frac{22}{50}$	$\frac{9}{50}$
relative Häufigkeit als Dezimalbruch	0,12	0,26	0,44	0,18

b) rot: 1 Kugel
blau: 3 Kugeln
gelb: 4 Kugeln
grün: 2 Kugeln

4

Ergebnis	rot	weiß	blau	schwarz
Wahrscheinlichkeit	$\frac{8}{20}$	$\frac{5}{20}$	$\frac{3}{50}$	$\frac{4}{20}$

5

Ergebnis	Wahrscheinlichkeit
keine Mängel	$\frac{1275}{2500}$
leichte Mängel	$\frac{875}{2500}$
erhebliche Mängel	$\frac{350}{2500}$

---

zu Seite 193

A

1 a) rechtwinkliges Dreieck b) stumpfwinkliges Dreieck c) spitzwinkliges Dreieck

2 a) ja; 8 cm + 5 cm > 6 cm ; 8 cm + 6 cm > 5 cm; 5 cm + 6 cm > 8 cm
b) nein; 12 m + 3 m = 15 m
c) nein; 4,50 m + 2,50 m < 7,50 m

3 a) $\gamma = 58°$ b) $\delta = 120°$

4 a) 104° b) 66°

5 a) $\alpha_1 = 46°$; $\gamma_1 = 47°$ b) $\alpha = 89°$; $\beta_1 = 36°$ c) $\alpha_1 = 42°$; $\gamma_1 = 39°$

B

1 a) $\alpha_1 = \alpha_2 = \gamma_1 = \gamma_2 = 149°$; $\beta_1 = \beta_2 = \delta_1 = 31°$
b) $\alpha_1 = \alpha_2 = \gamma_1 = \delta_2 = 45°$; $\beta_1 = 135°$; $\varphi = 50°$; $\beta_2 = \beta_3 = \delta_3 = \varepsilon = 85°$; $\alpha_3 = \gamma_3 = 95°$

2 S (12|6)

3 M (13|10)

4 O (10|10)

---

zu Seite 194

A

1 a) 31 b) 2,4 c) 12

2 a) 17, 21, 25, 29, 33, 37, 41, 45, 49, 53
b) 3, 11, 19, 27, 35, 43, 51, 59, 67, 75

3 a) 3; 5 b) 6; 2

4 a) $12 \cdot x = 276$
$x = 23$
b) $7 \cdot x = 546 - 56$
$x = 70$

5 4 Müsliriegel

B

1 a) 7; 8,5; 10; 11,5; 13; 14,5; 16; 17,5; 19; 20,5
b) 20; 28; 36; 44; 52; 60; 68; 76; 84; 92

2 a) $9 \cdot x$ b) $3 \cdot x + 27$

3 a) 6; 5 b) 40; 350

4 a) 7; 3

5 7 Monate

6 a) $\mathbb{L} = \{10; 11; 12; \ldots\}$ b) $\mathbb{L} = \{0; 1; 2; \ldots; 33; 34\}$
c) $\mathbb{L} = \{4; 5; 6; \ldots\}$ d) $\mathbb{L} = \{7; 8; 9; \ldots\}$

7 a) < b) >

---

zu Seite 195

1 a) 22, 48, 60, 82 b) 2, 12, 24, 30

2 a) 245 000 mm^3
700 000 cm^3
8 145 dm^3
b) 50 dm^3
3,330 cm^3
0,129 m^3
c) 308 mm^3
1357 cm^3
4 *l*
d) 12 400 *l*
826 *l*
26 000 *l*

3 $V = 1728\ cm^3$ $A_O = 864\ cm^3$

4 $A_O = 256\ m^2$ $V = 240\ m^3$

5 a) 21,6 Liter b) 3,6 *l*

6 a) 57 m^2 b) 36 m^3

7 a) 486 m^2 b) 3645 m^3

8 2 cm

Bildquellennachweis
Avenue Images GmbH, Hamburg: 146.1
Bernd Bäuml, Lichtenfels: 134.1
Bpk Bildarchiv Preußischer Kulturbesitz, Berlin: 75.3
Centre de Technologie de l'Education, Walferdange: 133.3/4
Corbis, Düsseldorf: Titelbild (Häuser), 108.1
Ddp Nachrichtenagentur GmbH, Berlin: 128.1
Das Fotoarchiv Christoph & Friends, Essen: 111.5 (Manfred Vollmer)
Fotostudio Druwe & Polastri, Weddel: 7.2, 13.1, 24.1, 24.3, 40.1, 48.1, 55.1, 55.2, 57.1, 57.2, 61.1, 62.1, 64.2, 75.1/2/4, 77.1–4, 80.1, 81.1, 91.1, 104.1/2, 111.1–3, 112.1, 113.1, 114.1, 115.1, 118.1, 119.1/2, 1231., 127.1/2, 129.1, 132.1, 134.2, 135.1, 137.1, 138.1, 144.1, 147.1–3, 153.1, 154.1, 158.2, 159.2, 161.1, 174.1–4, 181.1–3
Foto und Film Klaus Wefringhaus, Braunschweig: Titelbild
Hessischer Rundfunk, Wiesbaden: 111.4
Hockenheim-Ring GmbH, Hockenkeim: 57.3
IFA-Bilderteam GmbH, Ottobrunn/München: 103.1, 109.1, 133.5, 145.1
Karl-Heinz Kuhlmann, Bielefeld: 103.4–9
MAN Nutzfahrzeuge AG, München: 64.1
mauritius images GmbH, Mittenwald: 131.3 (Manfred Mehlig), 133.1, 171.1
Wilhelm Melk Spielwarenfabrik, Egelsbach: 62.2
Okapia KG, Frankfurt/M.: 177.1
photoplexus, Bonn: 182.1 (Stefan Paulin)
picture alliance GmbH, Frankfurt/M.: 67.1 (dpa), 103.2 (dpaweb), 109.2 (Bildagentur Huber), 130.1 (dpa), 131.1 (ZB), 131.2 (dpa), 143.1 (ZB), 165.1 (dpaweb)
Dieter Rixe, Braunschweig: 133.2
TV-yesterday, München: 103.3, 109.3
Kristina Weidelhofer, Kassel: 78.1/2

Alle Illustrationen: Irmgard Arnold, Negenborn
Alle technischen Zeichnungen wurden von der Technisch-Graphischen-Abteilung Westermann, Braunschweig und der Firma O & S Satz GmbH, Hildesheim, angefertigt.

Kopfrechentraining

36

36 · 2 = 72
72 : 9 = 8
8 · 11 = 88
88 + 18 = 106
106 − 41 = 65
65 + 12 = 77
77 : 7 = 11
11 · 8 = 88

1

14
· 4
+ 19
: 75
+ 44
: 9
· 11
: 5
· 9

2

33
: 3
· 5
+ 17
: 8
+ 23
: 4
· 11
+ 15

3

12
· 2
+ 17
· 2
− 69
· 2
− 26
· 3
+ 39

4

26
+ 14
: 2
− 26
: 6
+ 33
: 7
· 12
+ 19

5

90
− 48
· 2
− 30
: 9
· 12
: 9
+ 55
: 7

6

150
: 5
− 19
· 3
· 2
− 12
: 6
· 8
− 27

7

28
+ 27
: 11
· 9
+ 44
+ 11
: 5
+ 39
− 18

8

13
· 5
− 41
· 2
: 6
· 9
+ 24
− 89
· 7

9

17
+ 45
+ 19
: 9
+ 29
+ 28
: 2
: 11
+ 69

10

72
: 8
· 11
− 33
: 6
· 4
− 26
: 3
· 12

11

44
: 2
: 22
· 9
· 2
: 8
+ 27
· 2
: 9

12

3
· 32
− 48
− 24
· 2
: 8
− 6
· 25
+ 47

13

50
: 2
+ 38
: 7
· 4
· 2
: 36
· 45
− 44